高等职业教育精品规划教材

煤矿智能化技术概论

主编　陈继勋

应急管理出版社

·北　京·

图书在版编目（CIP）数据

煤矿智能化技术概论/陈继勋主编．--北京：应急管理出版社，2023

高等职业教育精品规划教材

ISBN 978-7-5020-9578-9

Ⅰ.①煤… Ⅱ.①陈… Ⅲ.①智能技术—应用—煤矿开采—高等职业教育—教材 Ⅳ.①TD82-39

中国版本图书馆 CIP 数据核字（2022）第 207388 号

煤矿智能化技术概论（高等职业教育精品规划教材）

主　　编　陈继勋
责任编辑　肖　力
责任校对　李新荣
封面设计　王　滨

出版发行　应急管理出版社（北京市朝阳区芍药居 35 号　100029）
电　　话　010-84657898（总编室）　010-84657880（读者服务部）
网　　址　www.cciph.com.cn
印　　刷　北京地大彩印有限公司
经　　销　全国新华书店

开　　本　787mm×1092mm 1/16　**印张**　15 1/2　**字数**　330 千字
版　　次　2023 年 2 月第 1 版　2023 年 2 月第 1 次印刷
社内编号　20221400　**定价**　56.00 元

本书编写人员

主　　编　陈继勋

编写人员　焦　健　杨昌臻　周继国

序

改革开放以来，我国职业教育迅速发展。2019年国务院印发《国家职业教育改革实施方案》，进一步肯定了职业教育的作用及现实意义，要求要牢固树立新发展理念，服务建设现代化经济体系和实现更高质量更充分就业需要，对接科技发展趋势和市场需求，完善职业教育和培训体系，优化学校、专业布局，深化办学体制改革和育人机制改革，以促进就业和适应产业发展需求为导向，鼓励和支持社会各界特别是企业积极支持职业教育，着力培养高素质劳动者和技术技能人才。2020年《教育部 甘肃省人民政府关于整省推进职业教育发展打造“技能甘肃”的意见》出台，明确提出了部省合作推进甘肃职业教育发展，聚焦打造“技能甘肃”，树立西部职业教育发展示范，全面推进本科职业教育改革试点工作。甘肃高等职业教育发展迎来了新机遇、踏上了新征程。为了实施科教兴国战略，发展职业教育，提高劳动者素质，促进社会主义现代化建设，2022年国家颁布了《中华人民共和国职业教育法》，鼓励并组织职业教育的科学研究。

在此关键时期，恰逢世行贷款甘肃职业教育发展项目助推甘肃省职业教育发展。世行贷款甘肃职业教育发展项目，是经国务院批准，由甘肃省人民政府担保，借用世界银行贷款以提高甘肃省职业院校开展职业教育与培训整体能力的改革创新项目；是全面贯彻全国职教工作会议精神，落实《甘肃省人民政府关于贯彻落实国务院加快发展现代职业教育决定的实施意见》，针对甘肃省经济产业发展战略中技能型人才不足的实际，通过利用外资，同时引进国际先进的职业教育发展理念和经验，进一步促进甘肃省现代职业教育体系建设的重要支撑项目。

甘肃能源化工职业学院子项目是该项目的重要组成部分。项目的实施，为学校引智引资，改善办学条件，改革教育教学方法，推进课程体系建设，提升人才培养质量，促进学校高质量发展奠定了基础。学校以此为契机，积极推进职业教育教材编写工作，遴选资深教师和企业专家组成编委会，编写了这套

“高等职业教育精品规划教材”。在此过程中，我们始终得到了世行专家团队、教育主管部门和相关院校的大力支持和积极参与，对此深表感谢。

我们要抢抓“一带一路”建设和新一轮西部大开发的历史机遇，探索经济欠发达地区职业教育与区域产业互动发展、融合发展、高质量发展的路径，推动高等职业教育发展，打造“技能甘肃”职业教育高地，为新时代甘肃融入“一带一路”建设培养技术技能型人才。

高等职业教育精品规划教材编委会

2022年9月

前　　言

互联网+、人工智能和大数据等智能化技术的发展，推动了煤炭行业的技术革命，也成为“智慧矿山”建设的重要技术支撑，推广智能化开采技术是煤矿实现少人（无人）化目标的关键环节。

本书以煤矿生产工艺为主线，按项目-任务的模式组织教学内容，教学内容选取采煤、掘进、运输、提升、供电、防治水、“一通三防”等煤矿生产关键环节的智能化技术，力争使本书符合煤矿智能化技术教学的需要，满足职业院校的教学要求。

全书共分为12个项目、35个任务，主要介绍了综掘工作面智能化技术及装备、综采工作面智能化技术及装备、煤矿主运输系统智能化技术及装备、煤矿辅助运输系统智能化技术及装备、“一通三防”智能化技术、煤矿排水智能化系统、煤矿智能化供电装备及系统、煤矿变频调速装备及应用、矿井通信网络技术、煤矿机器人、煤矿移动目标定位系统等内容。

本书由兰州石化职业技术大学副教授陈继勋任主编。具体分工如下：焦健（兰州石化职业技术大学）编写了项目一；杨昌臻（兰州石化职业技术大学）编写了项目二、项目三、项目七；周继国（兰州石化职业技术大学）编写了项目四、项目五、项目六；陈继勋编写了项目八、项目九、项目十、项目十一、项目十二及附录，并负责全书的统稿。

在本书编写过程中得到了兰州石化职业技术大学相关同事和靖远煤业集团、窑街煤业集团、华亭煤业集团等企业相关人员的大力支持和帮助，在此一并致以诚挚的谢意。

限于编者水平有限，书中难免存在不妥之处，恳请读者批评指正。

编　者

2022年10月

目　录

项目一　煤矿智能化技术概述 …… 1
任务一　智能化技术在煤矿中的应用 …… 1
任务二　煤矿智能化技术及煤矿发展前景 …… 5
项目二　综掘工作面智能化技术及装备 …… 10
任务一　矿井巷道及生产系统的认识 …… 10
任务二　综掘工作面施工工艺及装备的认识 …… 15
任务三　掘进装备智能化技术 …… 27
任务四　锚护智能化装备 …… 33
任务五　综掘工作面配套智能化装备 …… 38
项目三　综采工作面智能化技术及装备 …… 43
任务一　采煤机智能化技术 …… 43
任务二　液压支架智能化技术 …… 54
任务三　工作面运输“三机”智能化技术 …… 60
项目四　煤矿主运输系统智能化技术及装备 …… 67
任务一　煤矿主运输系统 …… 67
任务二　带式输送机智能化控制装备 …… 69
任务三　矿井提升机的智能控制 …… 79
项目五　煤矿辅助运输系统智能化技术及装备 …… 82
任务一　辅助运输装备智能化技术 …… 82
任务二　井下轨道运输的智能化管理系统 …… 89
任务三　井下无轨胶轮车运输智能化管理系统 …… 96
项目六　“一通三防”智能化技术 …… 108
任务一　矿井通风智能化技术 …… 108

任务二　矿井瓦斯防治智能化技术 …… 122
任务三　矿井火灾防治智能化技术 …… 129
任务四　矿井粉尘防治智能化技术 …… 133

项目七　煤矿排水智能化系统 …… 137

任务一　矿井水害与防治概述 …… 137
任务二　矿井排水系统及无人值守控制系统 …… 140
任务三　矿井水文动态监测 …… 150

项目八　煤矿智能化供电装备及系统 …… 155

任务一　煤矿供电系统 …… 155
任务二　煤矿供电系统的主要装备 …… 161
任务三　煤矿智能供电系统 …… 172

项目九　煤矿变频调速装备及应用 …… 182

任务一　煤矿防爆变频器 …… 182
任务二　变频器在煤矿中的应用 …… 185

项目十　矿井通信网络技术 …… 191

任务一　矿井常用的通信技术 …… 191
任务二　智慧矿山“一张网”融合通信网络 …… 197

项目十一　煤矿机器人 …… 200

任务一　煤矿机器人的种类 …… 200
任务二　煤矿机器人的常用功能和控制方法 …… 204
任务三　几种在用煤矿机器人 …… 205

项目十二　煤矿移动目标定位系统 …… 214

任务一　煤矿移动目标定位的分类与特性 …… 214
任务二　移动目标定位技术在煤矿中的应用 …… 215

附录　智能化综采工作面设计规范（NB/T 10742—2021） …… 224
参考文献 …… 236

项目一 煤矿智能化技术概述

我国煤炭资源开采条件差异较大，既有赋存稳定的特厚煤层，也有地质条件差的薄煤层，尤其是一些老矿区，地质条件复杂，煤矿五大灾害俱全，巷道系统复杂，自动化水平低，开采难度大。本项目通过智能化技术在煤矿中的应用和煤矿智能化技术及煤矿发展前景2个子任务，了解智能化技术的概念，掌握煤矿智能化技术应用的必要性等主要内容，为后续课程的学习奠定基础。

任务一 智能化技术在煤矿中的应用

【学习目标】

知识目标：

(1) 了解智能化、物联网、大数据、云计算、人工智能、5G等新技术的概念。

(2) 掌握煤矿智能化技术应用的必要性和重要意义。

(3) 了解煤矿生产过程各工艺环节的智能化技术应用。

技能目标：

(1) 对智能化矿山有感性的认识。

(2) 能够利用互联网等资源查询煤矿智能化技术的相关信息。

【任务描述】

煤矿智能化开采是以信息化、数字化、自动化为基础，以无人或少人化开采为目标，能够极大地提高劳动生产率，减少井下现场作业人员。智能化综采工作面可以减少一半以上作业人数，在实现高产高效的同时，充分体现了“少人则安、无人则安”的安全理念。本任务通过智能化新技术等知识的学习，进一步掌握煤矿智能化技术应用的必要性和重要意义。

【任务知识】

一、智能化技术的基本概念

1. 智能化（intelligentize）

智能化是指事物在网络、大数据、物联网和人工智能等技术的支持下，所具有的能动地满足人的各种需求。比如，无人驾驶汽车就是一种智能化的事物，它将传感器物联网、移动互联网、大数据分析等技术融为一体，从而能动地满足人的出行需求。它之所以是能动的，是因为它不像传统的汽车需要人为操作驾驶。

煤矿智能化是指煤矿开拓设计、地测、采掘、运输、通风、选煤、安全保障、生产管理等主要系统具有自感知、自学习、自决策和自执行的基本能力。煤矿智能化是一个不断发展的过程，智能化程度也是一个不断进步的过程。

2. 大数据（big data）

大数据是指无法在一定时间范围内用常规软件工具进行捕捉、管理和处理的数据集合，是需要新处理模式才能具有更强的决策力、洞察发现力和流程优化能力的海量、高增长率和多样化的信息资产。

在维克托·迈尔-舍恩伯格及肯尼斯·库克耶编写的《大数据时代：生活、工作与思维的大变革》中大数据指不用随机分析法（抽样调查）这样捷径，而采用所有数据进行分析处理。IBM 提出了大数据的 5V 特点：Volume（大量）、Velocity（高速）、Variety（多样）、Value（低价值密度）、Veracity（真实性）。

3. 物联网（internet of things，简称 IoT）

物联网是指通过各种信息传感器、射频识别技术、全球定位系统、红外感应器、激光扫描器等各种装置与技术，实时采集任何需要监控、连接、互动的物体或过程，采集其声、光、热、电、力学、化学、生物、位置等各种需要的信息，通过各类可能的网络接入，实现物与物、物与人的泛在连接，实现对物品和过程的智能化感知、识别和管理。物联网是一个基于互联网、传统电信网等的信息承载体，它让所有能够被独立寻址的普通物理对象形成互联互通的网络。

4. 人工智能（artificial intelligence，缩写为 AI）

人工智能是研究、开发用于模拟、延伸和扩展人的智能的理论、方法、技术及应用系统的一门新的技术科学。人工智能是计算机科学的一个分支，它企图了解智能的实质，并生产出一种新的能以人类智能相似的方式做出反应的智能机器，该领域的研究包括机器人、语言识别、图像识别、自然语言处理和专家系统等。

人工智能从诞生以来，理论和技术日益成熟，应用领域不断扩大，可以设想，未来人工智能带来的科技产品将会是人类智能的“容器”。人工智能可以对人的意识、思维的信息过程进行模拟。人工智能不是人的智能，但能像人那样思考，也可能超过人的智能。

人工智能与能源技术的融合将极大地推动能源结构转型，未来必将深刻影响煤炭生产、加工、利用和转化的发展模式与形态，加速煤炭革命。

5. 多元融合技术（multiple fusion technology）

多元融合技术是指多种数据的融合或集成技术。数据融合是 20 世纪 80 年代形成和发展起来的一种综合信息处理技术，它充分利用多源数据的互补性和计算机的高速运算与智能来提高结果信息的质量。

6. 边缘计算（edge computing）

边缘计算起源于传媒领域，是指在靠近物或数据源头的一侧，采用网络、计算、存储为一体的开放平台，就近提供最近端服务。其应用程序在边缘侧发起，产生更快的网络服务响应，满足行业在实时业务、应用智能、安全与隐私保护等方面的基本需求。边缘计算处于物理实体和工业连接之间或处于物理实体的顶端，云端计算可以访问边缘计算的历史数据。

7. 云平台（cloud computing platform）

云计算平台也称为云平台，是指基于硬件资源和软件资源的服务，提供计算、网络和存储能力。云计算平台可以划分为 3 类：以数据存储为主的存储型云平台、以数据处理为主的计算型云平台以及计算和数据存储处理兼顾的综合云计算平台。

8. 5G（第五代移动通信技术）

5G 作为一种新型移动通信网络，不仅要解决人与人通信，为用户提供增强现实、虚拟现实、超高清（3D）视频等更加身临其境的极致业务体验，更要解决人与物、物与物通信问题，满足移动医疗、车联网、智能家居、工业控制、环境监测等物联网应用需求。最终，5G 将渗透到经济社会的各行业各领域，成为支撑经济社会数字化、网络化、智能化转型的关键新型基础设施。

二、煤矿智能化技术应用的必要性和重要意义

我国富煤、贫油、少气，煤炭是我国的主体能源，是我国能源工业的基础，在未来较长的一段时期内，煤炭在我国一次能源供应保障中的地位作用难以改变。但由于煤炭开采主要是地下作业，生产环境恶劣多变，并受地质条件及瓦斯、水、火、冲击地压等多种自然灾害的威胁，给煤矿安全生产带来了极大的挑战。此外，由于我国人口老龄化趋势的加快，劳动人口比重开始下降，劳动力资源明显减少，矿山企业面临招工难和人力成本高的突出问题，给煤矿企业未来的发展带来了巨大的影响。随着科技的进步，信息化和智能化建设已成为新一轮科技革命及产业升级的重要着力点。应用智能化技术改善煤矿生产环境条件，提升煤矿装备水平，实现少人化、无人化开采，对解决煤矿安全生产问题、提高生产效率、降低人力成本具有十分重要的意义。

我国国民经济已由高速增长阶段转向高质量发展阶段，正处在转变发展方式、优化经济结构、转换增长动力的攻关期。互联网、大数据、人工智能、5G、区块链等新技术的飞速发展，给许多传统行业带来了颠覆性变革。同样，也会推动煤炭产业巨大进步，也将彻底改变煤炭行业的发展进程。通过开发应用矿山物联网、云计算、5G 通信等各类新技术改造煤矿传统的生产方式，应用智能化无人开采技术，大幅度提高生产效率实现井下无人值守、少人化作业。将高新技术与传统技术装备、管理融合，促使煤炭行业转型升级。采用新一代智能化技术打造智慧矿山和无人或少人矿山已经成为煤炭企业转型升级发展的重要举措。国家在推进煤炭企业智能化建设方面做了许多政策性指导。原国家安全生产监督管理总局（2015 年）发布在重点行业领域开展“机械化换人、自动化减人”科技强安专项行动的通知，重点以机械化生产替换人工作业，以自动化控制减少操作人员，大力提高

企业安全生产科技保障能力。国务院安全生产委员会《“十四五”国家安全生产规划》提出“全面推进智能化煤矿建设”的具体要求。原国家煤矿安全监察局（2019）发布了《煤矿机器人重点研发目录》公告等，这些政策措施的制订，为煤炭企业开展智能化建设指明了方向，将进一步促进智能化技术在煤矿的应用，实现产业技术升级，减少井下作业人员，对保障煤矿安全并提高生产效率有着重要作用。

三、煤矿智能化技术的应用

随着煤炭工业的快速发展，智能化技术取得了长足进步。我国煤炭行业通过引进先进的技术和装备，在消化、吸收相关技术的基础上自主创新，形成了新的煤炭工业装备技术体系，研发了各类智能化新技术，如矿山地理信息系统、矿山通信技术、移动目标定位技术等的开发与应用，以及煤矿生产过程各工艺环节的智能化技术应用。

地理信息系统（geographic information system，GIS）是矿山智能化技术的重要组成部分，是数字化矿山建设的基础。经过多年的研究，可通过空间地理坐标组织构建矿山信息模型，对矿山资源、地质勘探、矿山开采、地下水资源实现三维建模和可视化展示，可将井下人员定位、视频监控、辅助运输、带式输送机运输、提升设备、安全监测、瓦斯抽采、供电、排水、大型机电设备等大量监控系统放在统一的平台上集中展示，为实现煤矿生产与安全管理、灾害分析与防治、应急救援、无人开采多业务的协同与信息透明共享打下了基础。

矿山通信技术的发展与矿山智能化技术的应用息息相关，矿山智能化技术需要依托矿山通信网络发挥作用。目前煤矿以太网已普遍应用，达到千兆级或万兆级网络带宽，解决了井下大量的视频数据传输。井下无线通信也由小灵通、3G 通信，发展到了 LTE-4G 通信技术，LTE-4G 正在推广应用，5G 已进入井下研究与应用测试状态。LTE-4G 通信技术开启了煤矿智能化技术应用发展的新阶段。

掘进是煤炭开采的重要工序，提高掘进效率对煤炭开采具有重要意义。我国大型煤矿已普遍采用综合机械化掘进方式，但大部分工作面存在掘支不平衡，采掘衔接失调等问题。高效、快速掘进是近年来研究的主要方向，其研究内容有：新的截割技术、快掘系统成套装备集成技术，以及掘进装备智能控制技术（包括智能导航、全功能遥控、智能监测、故障诊断与预警、数据远程传输等技术）等。

煤矿带式输送机、提升机、主排水泵、压风机、主要通风机等是煤矿生产的主要设备，随着我国企业生产规模的不断提升，固定装备朝着大功率、智能化、节能环保的方向发展，在装备制造、电气传动、智能控制等方面也取得了较大进步。带式输送机控制，通过采用输送机智能保护技术、智能调速技术、煤流监测技术，实现了主运输系统的远程集中控制，达到减人增效、节能降耗的目标。同时通过利用多机分组功率平衡控制技术，解决了长距离带式输送机运行振荡问题，满足了长距离带式输送机通常要求的重载启动、动态张力均衡控制、速度同步及功率平衡等工况要求。矿井提升机控制，采用数字调速装置，实现了全数字、网络化控制，实现了精确的位置速度调节，部分主井提升机已经达到自动装卸载及无人操作的自动化控制水平。矿井主要通风机、压风机控制，采用先进的监测控制技术，实现了自动调速、节能控制、远程在线监测，在技术上达到无人值守的控制水平。井下主排水泵控制，采用了视频监视与图像识别技术，对水泵房设备进行远程可视化操控，实现了水泵自动轮换，根据水仓水位自动启停泵，根据用电峰谷实现避峰填谷运行。各系统利用远程数据监控平台，可实现设备故障诊断、智能分析、故障应急处置、远程管理等功能，减少了井下现场值守人员，提升了煤矿固定设备智能化水平。

煤矿辅助运输是煤矿运输系统的重要组成部分，它的技术装备水平直接关系到辅助运输的效率和生产安全。我国辅助运输装备技术发展较快，不仅总装机功率在增加，智能化水平也得到了较大提高。例如，研制开发了防爆电喷柴油发动机、防爆蓄电池动力车、车载智能终端等，同时对辅助运输系统的智能化管理也取得了重要成果，研制开发了“基于物联网的井下智能交通管理系统”，集成了井下巷道信号管理、车辆精确定位、车辆防撞预警、车辆测速管理、车辆智能调度等功能，采用地理信息平台、宽带无线通信技术对车辆实现集中调度与管理，推动了煤矿井下辅助运输智能化进程，为煤矿安全高效生产起到了重要作用。

煤矿安全监控系统在通风、防尘、防火、防瓦斯、防治水及地测等领域，经过多年的研究与开发，从专用设备到安全监测仪器都取到了全面发展，形成了一些适用于我国煤矿生产及灾害防治的技术体系，为安全生产提供了重要保障。在安全监测传感器方面，激光甲烷传感器、光纤温度传感器，具有结构简单、无源、防干扰、体积小、阻燃防爆、稳定、可靠的特点，能够实现长距离在线测量和分布式测量。在安全监测信息化方面，形成了网络化、智能化的监测体系。

煤矿智能化技术应用不仅体现在煤矿生产各个工艺环节及装备的智能控制与监测，还体现在对各环节的综合管理上，我国煤炭工业经过多年的两化融合推进发展，综合自动化与信息化系统在一些大型矿井得到了应用，实现了煤矿各子系统在调度中心的数据集成，并建立了煤炭运销、财务、人力资源等信息化管理平台，提高了煤矿生产经营管理能力。

任务二　煤矿智能化技术及煤矿发展前景

【学习目标】

知识目标：

（1）了解传感器技术和宽带通信网络在矿山信息中的应用。

（2）了解矿山物探技术在智慧矿山中的应用。

（3）了解特种机器人在智慧矿山中的应用。

技能目标：

能够利用互联网等资源查询智慧矿山的相关知识。

【任务描述】

近年来，我国煤矿生产效率大幅提高，煤矿安全也得到了很大改善，但是煤矿井下恶劣的环境一直是煤矿安全生产面临的巨大挑战，瓦斯、水害、冒顶、火灾等多种灾害一直威胁着矿工生命安全。随着科技的不断进步，物联网、大数据、云计算、人工智能等新技术在生产与安全中发挥着越来越重要的作用，很多艰苦工作逐渐被机器人取代。这些技术将彻底改变目前煤矿生产的作业模式，将以人为中心的管理变成以计算机为中心的分析判断与决策系统。智慧矿山的建设将会取得长足的发展，本任务主要介绍几种煤矿智能化技术及煤矿发展前景。

【任务知识】

一、几种煤矿智能化技术

1. 微功耗传感器技术实现矿山信息全面感知

随着矿山物联网技术的不断发展，针对矿山的全面感知越来越迫切。煤矿井下特殊的环境，充满各种危险的易燃易爆和有毒有害气体；随着采煤作业和掘进作业的进行，矿压也在不断发生变化；井下的各种设备随着运行时间的积累，磨损也在不断加大。这些信息都需要大量的微功耗传感器监测，将这些信息采集转换为数字信息，通过网络传输到系统平台。随着光纤传感器、MEMS 传感器、超声波传感器等微功耗传感器的广泛应用，在井下布设大量的各种不同功能的传感器，这些低成本、微功耗的传感器分布在各关键位置，随时监测各种环境参数、地质参数和设备状态参数，不再需要人工去监测观察与记录，全面实时准确地反映着矿山环境变化、矿山灾害风险和设备健康状态，使矿山建设各个环节得到全面感知。

2. 宽带通信网络搭起智慧矿山的信息高速公路

随着通信技术的更新换代，从 LTE-4G 网络到 LTE-5G 网络，通信速率快速提升，可实现煤矿井下的无线宽带全覆盖。无线通信网络将成为主要的通信方式，可以更好地适应井下移动设备的工作。通信的带宽越来越高，通信延迟时间会越来越小，通信的覆盖也会越来越好，更好的通信可保证矿井物联网信息的可靠传输，是矿井物联网建设重要基础；通过煤矿井下与地面所有信息有效融合，满足采煤设备远程遥控的可靠性和实时性要求，为智慧矿山的无人化采煤提供信息高速公路。5G 通信还承载着数据、图像或者影像、声音等多重多媒体信息的相互传递，可真正实现煤矿井下信息的无缝与无处不在的通信，任何人之间、任何事物之间、任何时候都可实现可靠通信。通信技术改变着煤矿的生产方式，可全面提升矿山的信息化水平。

3. 矿井物探技术使矿产资源赋存透明化

2009 年 6 月，中国科学院发布系列报告，为人们描绘了我国面向 2050 年的科技发展路线图，其中一项是“中国地下 4000 m 透明计划”。该计划力争到 2040 年，使我国主要区域地下 4000 m 以内变得“透明”，为寻找深部矿产资源提供基础资料。地球物探通过打钻孔取出岩芯了解地下煤层与岩层的分布，这只不过是“一孔之见”。虽然通过科学取点能够具有一定的代表性，但是由于地下煤层分布与变化还存在起伏与不均匀的情况，无法获得全面的数据。随着矿井物探技术的不断发展，新的钻探技术、航空重力梯度测量、电磁法、同位素跟踪、地下水化学研究等技术的进步，将地面物探、井测、矿井物探多种勘探技术相结合，获得精准的数据，提高测量分辨率与成像精度，实现地质资料的三维可视化，全数字、高精度成像，能够“透视”地下煤层的分布，实现煤层厚度的准确检测，煤与瓦斯突出灾害带的精确识别，煤层顶底板参数的准确估算，顶底板岩体富水区及导水断层的精准预测。在新的矿井建设中，为采区规划设计和先期采区设计提供详细的地质依据；在生产过程中，为井巷道工程合理布置和采煤工艺的选择提供详细的地质资料，也为以后无人开采提供技术支撑。随着地球物理勘探技术的发展，深层煤炭资源开采也得到快速推进，煤矿开采将进入 1000~1500 m 的深度，这将为智慧矿山奠定坚实的基础。

4. 视觉识别让摄像机代替了煤矿工人值班

图像识别技术将人从枯燥图像观测工作中解放出来。在矿井中安装了大量的摄像机，主要用于人员对现场工作情况的远程监控，现场情况正常与否需要操作人员依靠经验分析和识别。虽然部分摄像机也有一些简单的识别功能，但由于识别率低，实时性不强，远远不能满足实际生产的需要。随着图像识别技术的不断提高，逐渐到达并且超过了人眼能够识别的水平，现场的每一台摄像机都好比一个现场管理人员，24 h 不知疲倦地工作，而且摄像机还可以监控到人们肉眼看不到的红外光，获得更为丰富的信息，实现对输送带撕裂、跑偏、设备倾斜、人员进入危险区等各种故障诊断与异常情况报警，及时发现异常，就好像有成百上千的兢兢业业的值班人员工作在现场第一线，一旦出现异常马上报警，极大地降低了现场作业人员的工作强度。

二、煤矿发展前景

1. 煤矿灾害事故将逐渐成为历史

随着大数据、物联网、智能化、云计算等技术的不断发展，新技术将在煤矿开采中得到广泛地推广应用。通过对瓦斯涌出量、环境温度变化、地压、电磁辐射、瓦斯含量、瓦斯压力、采掘位置、赋存条件、地质构造等相关数据的检测，实现煤与瓦斯突出、冲击地压灾害的超前预报；监测监控涌水量变化、声音、水压、水质、水温、环境温度、环境湿度、水文地质、气象环境等多种与水害有关的数据，实现水害的超前预报；通过对环境温度、气味、链烷比、烯烷比、氧气、C_2H_2、C_2H_4 等气体含量的连续监测，并与煤种、采煤工艺、通风情况相结合，实现火灾的超前预报；将大数据用于煤与瓦斯突出、冲击地压、水害、火灾等煤矿事故分析，实现煤矿重大灾害超前预测预报。在事故发生之前，就可以采取有效的防范措施，制定科学的应急预案，将风险降到最低，使灾害得到有效控制，煤矿生产将不再是高危行业。

2. 精确定位提升安全生产管理水平

在煤矿井下的作业现场，有很多目标位置是不断移动的，如人员、车辆、采煤机、掘进机等设备。精确的定位坐标，可实现车辆、人员、设备的有效管理：井下人员准确定位，能给发生矿难后营救工作带来很大的便利，可节省抢救时间，减少人员伤亡；车辆精准定位，可实现车辆科学调度；设备精确定位，可以远程遥控作业生产，优化采煤机的作业，遥控掘进机作业，也可以对巷道壁的变形等变化实现精准的测量。精确定位能提高煤的生产效率，提升安全管理水平。

3. 办公室里完成采煤作业将成为现实

虚拟现实可生成一种逼真的视觉、听觉、触觉和动感等感觉的虚拟环境，使办公室作业人员如同置身于煤矿生产的实际场景。虚拟现实技术被应用到煤矿生产，将对煤矿采煤作业进行一场前所未有的变革，身处千里之外的办公室如同置身煤矿井下实际环境中一样，给作业人员身临其境的感觉。作业人员拿着遥控器，实现对井下环境实际设备的各种操作与指挥，真正用于指挥生产，使采煤作业变得省力。同样，应急演练和救援是煤炭行业生产作业的重要内容，虚拟现实为应急演练提供了一种全新模式，将煤炭灾害的事故现场模拟到虚拟场景中去，通过仿真各种灾害情况，组织参演人员做出正确响应。降低了投入成本，提高实训时间，打破空间的限制，进行针对性训练，保证了作业人员面对事故灾害时的应对技能。

4. 矿井特种机器人被广泛应用

随着人工智能技术的不断发展，机器人具有的智能化水平不断提高，在煤矿井下作业的工人逐渐被各种不同功能的机器人所取代。煤矿井下机器人主要包括四大类：①掘进机器人，如钻孔机器人、掘挖机器人、锚装机器人、掘锚机器人、喷浆机器人；②采煤机器人，如割煤机器人、支架机器人、装载机器人；③运输机器人，如机器人化提升机、机器人化输送机、无人驾驶轨道车；④应急救援机器人，如探测机器人、巡检机器人、清障机器人等。采煤工作面的采煤作业由采煤机器人、支护机器人、装载机器人相互协作完成采煤、掘进、支护、转运一体化作业。井下的运输车辆实现了无人驾驶、自动导航。机器人可根据环境和工艺的变化自动调整作业程序，实现自动感知、远程遥控、自动导航与精准定位等功能，机器人之间通过通信网络协同工作，将采煤工人从艰苦作业环境中解放出来。

5. 实现煤炭全领域精准调度

煤炭从生产到运输再到用户是一个多环节的流程，截至 2021 年底，全国生产和建设煤矿 4500 处，除了山西、陕西、内蒙古、宁夏 4 个主要产煤区，还有安徽、河南、山东、贵州、四川、新疆等多个产煤省份，分布范围广，此外还从越南等国家进口煤炭，煤种有电煤、焦煤、无烟煤等。在运输领域全国有 700 多个煤炭货运装车点、2000 多个运煤站、100 多个重要煤炭中转港口，再加上汽车运输，客户分布在全国各地，是一个庞大的运输系统。依靠大数据与物联网技术，使用户需求和产煤企业实现时空上短距离的对接，实现经济与快捷的运输调度，降低运输成本、缩短运输时间，提高运输效率。通过煤矿物联网和大数据，监控煤矿的煤炭产量、煤种、煤质和库存数据，铁路、船舶、公路等运输资源，发电厂、焦化厂、热源厂等煤炭用户煤炭库存和用量，科学调度，减少煤炭产品的积压。通过煤炭市场交易数据、供需企业经营数据、运输资源数据、大宗商品市场数据、宏观经济及下游行业运行数据等，结合市场变化趋势，预测市场走势，提前预测客户需求信息，实现有计划地生产，科学调度，达到供需平衡。

【习题】

1. 简述智能化、物联网、大数据、云计算、5G 等新技术的基本概念。
2. 简述煤矿智能化应用的必要性和重要意义。
3. 哪些技术将改变煤矿目前的生产作业模式？

项目二　综掘工作面智能化技术及装备

煤矿近现代巷道掘进施工方法主要有钻爆法和综合机械化掘进法（以下简称综掘法）两种，综掘法又可以分为以悬臂式掘进机为主的部分断面掘进法和全断面岩巷掘进机法两种方式。煤和半煤岩巷掘进主要采用悬臂式掘进机法，少量采用钻爆法掘进，还有全断面煤巷掘进机法。岩巷掘进主要采用硬岩悬臂式掘进机法，钻爆法掘进使用较少，全断面岩巷掘进机法处于试验阶段。本项目包括矿井巷道及生产系统的认识、综掘工作面施工工艺及装备的认识、掘进装备智能化技术、锚护智能化装备、综掘工作面配套智能化装备等5个子任务。通过本项目的学习，学生对矿井巷道及智能化技术在掘进工作面的应用有初步的认识。

任务一　矿井巷道及生产系统的认识

【学习目标】

知识目标：

掌握矿井巷道的概念、各类矿井巷道的名称、特点和用途。

技能目标：

(1) 能在矿井巷道布置平、剖图上指认矿井巷道名称及用途。

(2) 能熟练描述矿井生产系统（井下生产系统和地面生产系统）。

【任务描述】

井田开拓是为了开采煤炭，从地面向井下开掘一系列井巷进入煤体，并建立完善的提升、运输、通风、排水和动力供应等生产系统。井田开拓是矿井建设和开采的基础，主要内容包括：井田的划分及主要参数、开拓方式的确定，主要开拓巷道布置和矿井的开采顺序，矿井延深与技术改造方案的确定等。本任务主要是认识矿井巷道和矿井生产系统。

【任务知识】

一、矿井巷道

矿井开采需要在地下煤岩层中开凿大量的井巷和硐室。图2-1为矿井巷道系统示意图。图中井巷按其作用和服务的范围不同，可分为开拓巷道、准备巷道和回采巷道3种类型；按其空间位置不同，可分为垂直巷道、水平巷道和倾斜巷道。

（一）开拓巷道、准备巷道和回采巷道

1. 开拓巷道

开拓巷道是指为全矿井、一个水平或若干采区服务的巷道，如井筒、井底车场、主要石门、运输大巷和回风大巷、回风井等。开拓巷道是从地面到采区的通路，这些通路在一个较长时期内为全矿井或阶段服务，服务年限一般在10~30 a以上。由开拓巷道构成完整的矿井生产系统。

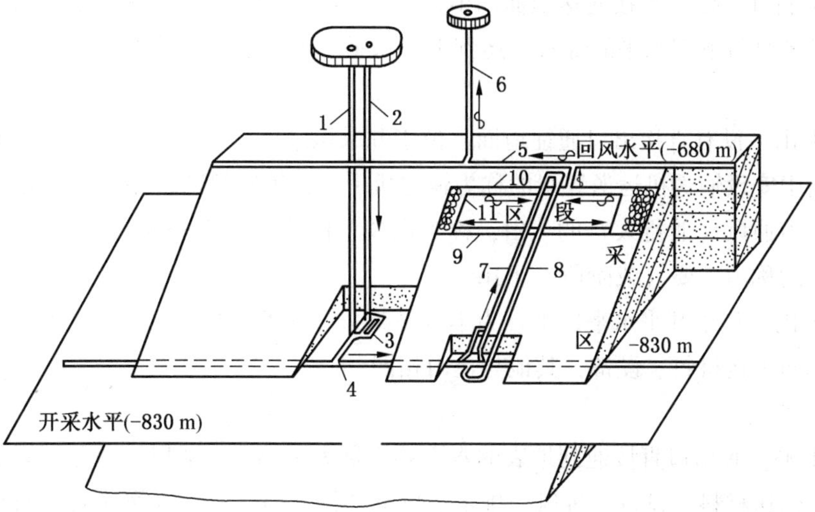

1—主井；2—副井；3—井底车场；4—阶段运输大巷；5—阶段回风大巷；6—回风井；7—输送机上山；8—轨道上山；9—区段运输平巷；10—区段回风平巷；11—采煤工作面

图2-1 矿井巷道系统示意图

2. 准备巷道

准备巷道是指为一个采区或数个区段服务的巷道，如采区上（下）山、采区车场、采区硐室等。准备巷道是在采区范围内从已开掘好的开拓巷道起到达区段的通道。准备巷道服务年限一般在3~5 a以上。由准备巷道构成采区的生产系统。

3. 回采巷道

回采巷道是指仅为采煤工作面生产服务的巷道，如区段运输平巷、区段回风平巷、开切眼。回采巷道服务年限较短，一般在1 a左右。回采巷道的作用在于切割出新的采煤工作面并进行生产。

（二）垂直巷道、水平巷道和倾斜巷道

1. 垂直巷道

（1）立井。有出口直接通达地面的垂直巷道叫作立井，又称竖井，立井一般位于井田中部。担负全矿煤炭提升任务的叫主立井，担负人员升降和材料、设备、矸石等辅助提升任务的为副立井。

（2）暗立井。装有提升设备，没有直接通达地面出口的立井叫暗立井。暗立井通常用

作上下两个水平之间的联系，即将下水平的煤炭提升到上一个水平，将上一个水平的材料、设备和人员等转运到下水平。担负自上而下溜放煤炭任务的暗立井称为溜井。

2. 倾斜巷道

（1）斜井。有出口直接通达地面的倾斜巷道叫斜井。主要担负全矿井煤炭提升任务的斜井叫主斜井；只担负矿井通风、行人、运料等辅助提升任务的斜井叫副斜井；主要作为回风（兼作安全出口），一般布置在井田浅部的斜井叫风井。

（2）暗斜井。没有直接通达地面的出口、用作相邻的上下水平联系的倾斜巷道叫作暗斜井，其任务是将下部水平的煤炭转运到上部水平，将上部水平的材料、设备等转运到下部水平。

（3）上山。没有直接出口通往地面，位于开采水平以上，为本水平或采区服务的倾斜巷道。上山中安设输送机运送煤炭的称为输送机上山；铺有轨道，用绞车运输物料的称轨道上山；专为通风（兼行人）的上山，称为通风上山。服务于采区的上山叫作采区上山，服务于阶段的称为主要（或阶段）上山。

（4）下山。位于开采水平以下，为本水平或采区服务的倾斜巷道。从下向上运煤、矸石等，从上向下运材料、设备，其他与上山相同。

3. 水平巷道

（1）平硐。有出口直接通到地表的水平巷道称为平硐。一般以一条主平硐担负全矿运煤、出矸、运送材料、设备、进风、排水、供电和行人等任务。专作通风用的平硐称为通风平硐。

（2）石门。和煤岩层走向垂直或斜交的水平岩石巷道称为石门。服务于全阶段、一个采区、一个区段的石门，分别称为阶段石门（又称主石门或集中石门）、采区石门、区段石门。作运输用的石门称运输石门，通风用的石门称为通风石门。例如：阶段运输石门、采区回风石门等。

（3）煤门。开掘在煤层中并与煤层走向垂直或斜交的水平巷道称为煤门。煤门的长度取决于煤层的厚度，只有在特厚煤层中才有必要掘进煤门。

（4）平巷。没有出口直接通达地表，沿煤层走向开掘的水平巷道。开掘在岩层中的叫岩石平巷，开掘在煤层中的叫煤层平巷。根据平巷的用途，可将平巷分为运输平巷、通风（进风或回风）平巷等。按平巷服务范围，将为全阶段、分段、区段服务的平巷分别称为阶段平巷（习惯上也称阶段大巷）、分段平巷、区段平巷。例如：阶段运输大巷、区段回风平巷等。

二、矿井生产系统

矿井生产系统分井下生产系统和地面生产系统。

（一）井下生产系统

井下生产系统主要包括运煤系统、通风系统、运料排矸系统、排水系统、动力供应系统、矿山救援系统等。图 2-2 为井下生产系统示意图，其主要生产系统如下。

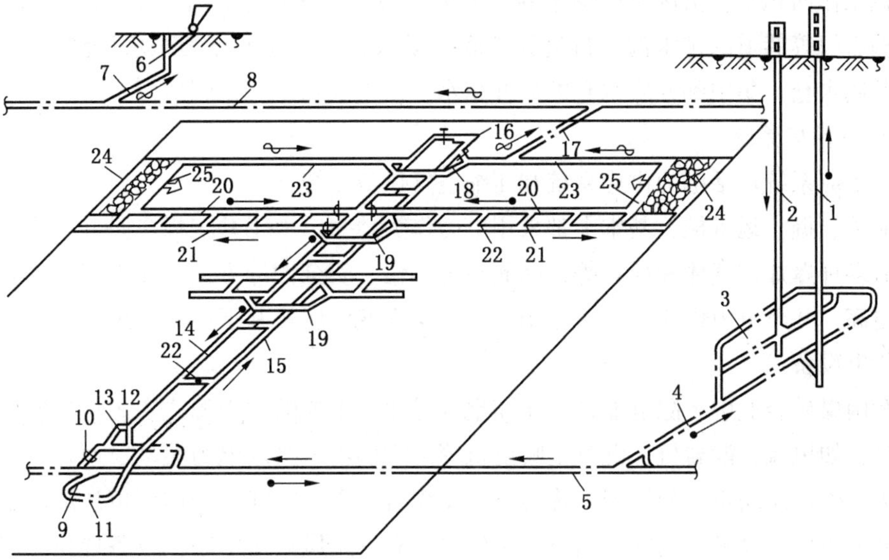

1—主井；2—副井；3—井底车场；4—主要运输石门；5—阶段运输大巷；6—回风井；7—回风石门；8—回风大巷；9—采区运输石门；10—采区下部车场；11—采区下部材料车场；12—采区煤仓；13—行人进风巷；14—采区输送机上山；15—采区轨道上山；16—上山绞车房；17—采区回风石门；18—采区上部车场；19—采区中部车场；20—区段运输平巷；21—下区段回风平巷；22—联络巷；23—区段回风平巷；24—开切眼；25—采煤工作面

图 2-2　井下生产系统示意图

1. 运煤系统

从采煤工作面（25）破落下的煤炭，经区段运输平巷（20）带式输送机、采区输送机上山（14）带式输送机送到采区煤仓（12），在采区下部车场（10）内装车，经阶段运输大巷（5）、主要运输石门（4）运送到井底车场煤仓，由主井（1）箕斗提升到地面。

2. 通风系统

新鲜风流从地面经副井（2）进入井下，经井底车场（3）、主要运输石门（4）、阶段运输大巷（5）、采区下部材料车场（11）、采区轨道上山（15）、中部车场（19）、区段运输平巷（20）进入采煤工作面（25）。清洗工作面后，污风经区段回风平巷（23）、采区回风石门（17）、回风大巷（8）、回风石门（7），从回风井（6）排入大气。

3. 运料排矸系统

采煤工作面所需材料和设备，用矿车由副井（2）罐笼下放到井底车场（3），经主要运输石门（4）、运输大巷（5）、采区运输石门（9）、采区下部材料车场（11）、由上山绞车房（16）绞车牵引，经采区轨道上山（15）进入采区上部车场（18），经区段回风平巷（23），再运到采煤工作面（25）。采煤工作面回收的材料、设备和掘进工作面运出的矸石，用矿车经由与运料系统相反的方向运至地面。

4. 排水系统

采掘工作面积水，由区段运输平巷、采区上山排到采区下部车场，经水平运输大巷、主要运输石门等巷道的排水沟，自流到井底车场水仓。其他地点的积水排到水平大巷后，自流到井底水仓。集中到井底水仓的矿井积水，由中央水泵房排到地面。

5. 动力供应系统

动力供应系统包括电力供应系统和压缩空气供应系统。

煤矿采、掘、运机械，基本上都采用电力作为动力。由于井工煤矿是井下作业，用电环境中有多种爆炸性气体和煤尘等，因此在可靠性、安全性等方面，比地面其他企业的供电要求更高。井下电力供应一般由专用电缆从地面变电所经井下中央变电所、采区变电所送到各用电设备。

在我国煤矿企业中，除电能外，压缩空气是比较重要的动力源之一。煤矿使用着各种风动机具，如风镐、凿岩机、混凝土喷射机等。它们不直接用电力驱动，而是由压缩空气作为动力。生产压缩空气的机器，称为空气压缩机，压缩空气由专用管道从地面空气压缩机送到井下各风动设备。选择压缩空气站位置宜靠近用风负荷中心，设备选择应符合下列规定：

（1）矿井地面应设置空气压缩机站，集中布置不宜超过 6 台。

（2）瓦斯矿井中，送气距离较远时，可在井下主要运输巷道附近新鲜风流通过处增设压缩空气站；但每台空气压缩机的能力不宜大于 20 m^3/min，数量不宜超过 3 台。

（3）压缩空气站内宜设 1 台备用空气压缩机；当分散设置的压缩空气站之间有管道连接时，应统一设置备用空气压缩机。

（4）井下压缩空气站的固定式空气压缩机和储气罐应分设在 2 个硐室内。

（二）地面生产系统

地面生产系统的主要任务是煤炭经过运输提升到地面后的加工和外运，还要完成矸石排放，动力供给，材料、设备供应等工作。地面生产系统涉及的具体内容通常包括：地面提升系统、运输系统、排矸系统、选煤系统和管道线路系统等。此外，还有变电所、压风机房、锅炉房、机修厂、矿灯房、浴室及行政大楼等专用建筑物。对于水采矿井，地面还需设置高压泵房、脱水楼和煤泥沉淀池等。这些生产系统和设备、建筑物所占用的地面场地，称为地面工业场地。

1. 地面生产系统类型

（1）无加工设备的地面生产系统。这种生产系统适用于原煤不需要进行加工，或拟送往中央选煤厂去加工的煤矿。原煤提升到地面以后，经由煤仓或贮煤场直接装车外运。

（2）设有选矸设备的地面生产系统。这种生产系统适用于原煤需要去除大块矸石的煤矿，或者在生产焦煤的煤矿中，由于大块矸石多，而洗选厂又离矿较远，为了避免矸石运输的浪费和减轻洗选厂的负担，在矿井地面设置选矸设备。

（3）设有筛分厂的地面生产系统。这种生产系统适用于生产动力煤和民用煤的煤矿。

最终筛分的粒度应根据煤质、粒度组成和用户要求，经技术经济比较后确定，并应符合现行国家标准《煤炭产品品种和等级划分》（GB/T 17608—2022）的规定。

（4）设有洗选厂的地面生产系统。这种生产系统适用于产量较大，煤质符合洗选要求的矿井。

2. 地面排矸运料系统

矿井在建设和生产期间，由于掘进和回采，都要使用或补充大量的材料、更换和维修各种机电设备，同时还有大量的矸石运出矿井，特别是开采薄煤层时，矸石的排出量有时可达矿井年产量的 20% 以上。因此，地面生产系统应合理地确定排矸系统和材料运输线路。

（1）矸石场的选址及类型。由于矸石易散发灰尘，有的还有自然发火危险，在选择矸石场地时，一般选择在工业场地、居民区的下风方向，并且地形上有利于堆放矸石，尽量不占或少占良田。当矸石有自燃可能时，矸石场地边缘与主要建筑物应保持足够的安全距离。

矸石场按照矸石的堆积形式可分为平堆矸石场和高堆矸石场两种。当地面工业场地及其附近地形起伏不平，且矸石无自然发火危险时，可利用矸石将场地附近的洼地、山谷填平覆土还田，这种堆放矸石的方式，称平堆矸石场。这种矸石场的缺点是地形变化大，机械设备需要经常移动，工作起来不方便。目前采用较广泛的是高堆矸石场，这种矸石场堆积矸石的高度，一般为 25 ~ 30 m，矸石堆积的自然坡角为 40° ~ 45°，高堆矸石场的布置紧凑，设备简单，但矸石场的占地面积大，且矸石堆附近灰尘较多。

（2）材料、设备的运输。矿井正常生产期间，需要及时供应各种材料、设备，维修各种机电设备。这些物料主要经由副井上下。因此，材料、设备的运输系统都必须以副井为中心。一般副井井口至机修厂和材料库等，都铺有运输窄轨铁路。运往井下的材料设备，装在矿车或材料车上，由电机车牵引到井口，再通过副井送到井下。井下待修的机电设备，也装在矿车或平板车上，由副井提升到地面，由电机车牵引送往机修厂。

3. 地面管线系统

为了保证矿井生产及生活的需要，地面工业场地内还需设上下水道、热力管道、压缩空气管道、地下电缆、瓦斯抽放管路、灌浆管路等。这些管道线路布置是否合理、对矿井生产、环境美化都有一定影响。

任务二　综掘工作面施工工艺及装备的认识

【学习目标】

知识目标：

（1）掌握 4 种综合机械化掘进方式。

（2）了解快速掘进系统的技术发展方向。

技能目标：

（1）会描述综掘工作面的施工工艺。

（2）对照实物能说明综掘工作面主要设备的结构。

【任务描述】

综掘工作面施工工艺系统包括推进方向监控、全功能遥控、智能监测、预报型故障诊断、记忆截割及数据远程传输等系统。通过远程控制、可视化，真正实现综掘自动化、智能化，促进煤矿企业的安全高效发展。本任务主要是认识综掘工作面施工工艺及装备。

【任务知识】

一、综合机械化的掘进方式

综合机械化掘进方式主要有以下 4 种：

第一种以悬臂式煤及半煤岩巷掘进机为主的综掘作业线，这种作业方式在我国广泛应用。

第二种主要以连续采煤机和锚杆钻车配套的作业线，这种作业方式在我国神东、陕煤化神南等矿区及鄂尔多斯地区得到了推广应用，主要应用在煤巷掘进，掘进时需要多巷掘进，交叉换位施工。

第三种主要采用掘锚联合机组的掘锚一体化掘进，这种作业方式仅在部分矿区使用，主要掘进机械为掘锚机组或基于悬臂式掘进机的掘进支护一体机，主要应用在煤巷掘进。

第四种采用全断面掘进机掘进，全断面掘进机应用于各种隧道工程，尤其是大断面长距离硬岩隧道掘进。煤矿全断面煤巷、岩巷掘进机正处于试验阶段。

二、悬臂式掘进机掘、支、锚连续平行作业一体化装备

我国大部分综掘工作面掘进与支护时间比例失调，支护工作量大，劳动强度高。掘支不平衡一直是制约井下掘进机掘进速度的主要因素。大多数掘进巷道均采用人工支护锚固作业，尤其是较硬顶板支护时，人工作业劳动强度高，单体锚杆钻机效率低。锚杆支护时间占巷道掘进时间的 2/3。如何有效提高锚护作业效率是目前高产、高效矿井面临的技术难题。

基于解决掘、支失调问题，实现减人增效和安全生产的需求，实现半煤岩及岩石巷道快速掘进，当前国内开发的用于半煤岩巷及岩石巷道快速掘进的悬臂式掘进机（以下简称双锚掘进机），以及集锚护、运输功能于一体的煤矿用锚杆转载机组（也称为运锚机），解决了人工支护强度大、速度慢的问题，实现了掘、锚平行作业，提高了进尺效率。

半煤岩巷及岩石巷道快速掘进系统由具有锚护功能的悬臂式掘进机、运锚机、桥式带式转载机、除尘系统等构成，其中双锚掘进机完成巷道快速掘进、出料及部分顶锚杆或帮锚杆支护；运锚机完成物料转运、滞后帮顶锚杆和锚索支护，并根据支护工艺，选定钻臂

数量；桥式转载机、可伸缩带式输送机完成物料转运；除尘系统用于巷道粉尘的治理。

（一）适用条件

该系统可用于各种地质条件下半煤岩巷或岩石巷道的快速掘进和支护，适用于矩形、拱形、梯形、异形等巷道断面，宽度大于或等于4.5 m，高度大于或等于3 m。

（二）技术参数

该装备主要应用技术参数见表2-1。

表2-1　主要应用技术参数

特征	参数	特征	参数
适应巷道宽度/m	4.5~6.0	系统总长/m	30~50
适应巷道高度/m	3.0~5.0	截割功率/kW	220、300
输送带搭接行程/m	20	供电电压/V	1140

（三）系统特点

该系统的特点是：掘、锚、运平行作业，进尺单进水平高；集成除尘系统，创造健康的工作面作业环境；适应巷道断面范围广；系统配套完善，作业效率高。

（四）分项设备

1. 双锚掘进机

双锚掘进机身两侧各配置1套液压锚杆钻机，截割部上增加临时支护装置，完成巷道成形、截割、物料转运和巷道临时支护、永久支护。双锚掘进机可以根据巷道围岩情况和支护工艺要求，完成巷道全方位锚杆、锚索支护，主要用于半煤岩巷快速掘进和支护，实现掘锚平行作业，提高进尺效率。

1）主要技术特点

（1）可实现掘进、锚护连续作业。采用掘锚施工新工艺，将2套锚杆钻机装置布置在掘进机机身两侧，实现掘进机和锚杆钻机的有效集成与快速连续作业。该掘进机可有效缩短煤矿井下掘进、锚护顺序作业时间，提高掘进进尺；工人不需要来回搬动锚杆钻机与单体立柱，减轻了工人劳动强度。

（2）可伸缩截割机构。截割部伸缩行程500 mm，能够扩大掘进机定位截割范围，减少截割时设备的经常性调动，截割效率高。

（3）可伸缩扇形铲板。使用扇形伸缩型铲板后，铲板最大宽度增加，可以有效清理掘进巷道片帮、浮煤，达到物料一次性装载转运。机组调动时，伸缩装置缩回，方便调动行走，提高了装运效率。

（4）采用集成一体式液压油箱。掘进机机身集成了2套锚杆钻机装置，占用了整机大部分空间，在有效控制整机外形尺寸的前提下，充分考虑了整机的平衡和稳定性能。利用机身空间设计了集成一体式液压油箱，解决了空间不足的问题，保证了整机的平衡和截割稳定性。

（5）锚杆钻机采用遥控控制。锚杆钻机和钻臂动作全部采用遥控控制，操作简易，实现了锚杆钻机快速精确定位。

2）主要技术参数

EBZ220 型双锚掘进机主要技术参数见表 2-2。

表 2-2　EBZ220 型双锚掘进机主要技术参数

特征	参数	特征	参数
外形尺寸（$L\times W\times H$）/(m×m×m)	13.5×3.6×2.1	铲板宽度/m	3.6~4.3
机重/t	86	接地比压/MPa	0.16
截割功率/kW	220	适应巷道坡度/(°)	±16
可掘最大高度/m	5.2	供电电压/V	1140
可掘最大宽度/m	6.0	机载锚杆钻机/台	2
最小适应巷道高度/m	3.2	钻机最大转矩/(N·m)	450
最小适应巷道宽度/m	4.5	钻箱转速/($r\cdot min^{-1}$)	0~1000
经济截割硬度/MPa	80	钻箱工作最大行程/mm	2600

2. MZHB2-630/24 型锚杆转载机组（运锚机）

图 2-3 为 MZHB2-630/24 型锚杆转载机组，它集成锚杆支护与转载功能，主要由输送机、底盘、左右锚护装置、液压系统和电气系统等组成。机载锚杆钻机及大范围方位调整机构，可支护顶板、侧帮锚杆，主要应用于掘进工作面，实现工作面快速支护与连续运输平行作业，提高了巷道掘进施工效率。

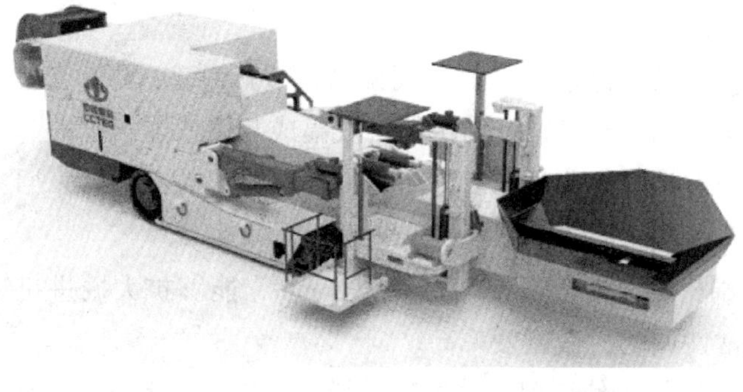

图 2-3　MZHB2-630/24 型锚杆转载机组

1）主要技术特点

（1）集转运和钻锚功能于一体，可适用于大断面、多类型巷道。左右对称布置了锚杆钻机，通过伸缩套筒和钻架升降机构来实现左右锚护钻架方位调整，调整灵活且调整范围大，可以适应于大断面巷道，以及矩形、拱形和梯形巷道。

（2）电气系统采用 PLC 控制，配有汉字显示装置，保护功能齐全。电气系统由 PLC

作为主控模块，对1台油泵电动机、1台运输电动机的启停，以及帮锚机的照明灯和语音报警器进行控制，并具有完善的整机及回路保护功能。

2）主要技术参数

MZHB2-630/24型锚杆转载机组主要技术参数见表2-3。

表2-3　MZHB2-630/24型锚杆转载机组主要技术参数

特征	参数	特征	参数
外形尺寸（$L\times W\times H$）/(mm×mm×mm)	11000×2700×2200	功率/kW	90
机重/t	约36	运输能力/(t·h^{-1})	630
钻臂数量/个	2	钻孔灭尘方式	湿式
行走速度/(m·min^{-1})	0~9		

三、掘锚机组的高效快速掘进系统

掘锚机组高效快速掘进系统配套设备由掘锚机组、破碎转载机、履带式转载破碎机、十臂锚杆钻车、可弯曲胶带转载机、迈步式自移机尾等构成，并集成通风除尘、供电、控制通信等设备。在适宜的巷道围岩条件下，掘锚机只负责掘进，支护任务由十臂锚杆钻车一次集中完成，可大幅度提高作业效率。

（一）适用条件

（1）掘进区域属于中厚煤层，煤层结构相对简单，煤层产状为平缓单斜构造。

（2）上覆基岩较厚，无断层，顶板完整无离层、破碎，顶底板总体属于半坚硬的岩石。

（3）巷道断面为矩形，宽度大于或等于5.4 m，高度大于或等于3.5 m。

（二）技术参数

掘锚机组高效快速掘进系统参数见表2-4。

表2-4　掘锚机组高效快速掘进系统参数

特征	参数	特征	参数
适应巷道宽度/m	5.4~6.0	系统总长/m	155
适应巷道高度/m	3.5~4.5	系统总重/t	420
输送带搭接行程/m	100（可调）	总装机功率/kW	1416

（三）技术特点

（1）以掘锚机组为龙头，巷道一次成形，掘进速度快。

（2）掘锚分离、平行作业，多排多臂同时锚护作业，实现掘锚匹配同步。

（3）采用可弯曲带式输送机技术，巷道适应性强，满足系统开掘联巷、开切眼的需求。

（4）带式转载机上下重叠搭接行程可达 100 m 以上，实现连续运输，增大了辅运空间。

（5）自移机尾采用“顶天立地”的迈步式自移机构，实现可伸缩带式输送机、设备列车的快速推进，极大地减少了掘进辅助工时，减轻了工人劳动强度。

（6）信息无线传输，远程操控，作业安全性高，作业环境好。

（7）采用统一的控制平台，依托设备高度自动化及系统集中协调控制功能，实现掘、锚、运多个作业单元联动，减少操作人员。

（四）分项设备

1. JM300 型掘锚机组

图 2-4 是 JM300 型掘锚机组，主要由截割部、装载部、运输部、行走部、锚钻系统、电气系统、液压系统、集尘系统等组成。掘锚机组是快速掘进巷道的龙头设备，集落煤、运煤、履带行走、锚杆支护于一体。JM300 型掘锚机组采用全宽的可伸缩截割滚筒，巷道一次成形，保障成巷速度与工程质量。机载 6 台锚杆钻臂，能在同一台设备上同步完成掘进和支护工艺。

图 2-4　JM300 型掘锚机组

1）主要技术特点

（1）截割、锚护同时作业。掘锚机截割时底盘静止，采用滑移式机架推进截割系统进行掏槽，有效地增大了截割推进力和减小了履带对地面的碾压破坏。截割的同时临时支护装置支撑顶板，为锚护等作业提供了稳固、安全的工作平台，实现了截割、锚护平行作业。

（2）巷道断面一次成形，效率高。截割系统采用可伸缩的横轴截割滚筒和采掘高度自动识别系统，通过滚筒伸缩和截割高度识别实现断面的一次成形。巷道断面成形精度高、误差小，大幅度降低了人工截割操作难度，提高了巷道成形质量标准化。

（3）整机采用自动工况检测和故障诊断及显示技术。掘锚机工作环境恶劣，故障诊断困难。掘锚机工况检测和故障诊断系统具有监控电流、电压、电机功率、油温、油位、油压等的自动监测、存储、显示、报警及故障提示等功能，方便掘锚机故障诊断。

（4）履带行走采用交流变频调速技术。掘锚机采用 1140 V 交流变频调速技术，该技术具有调速范围广、启动转矩大、过载能力强、功能保护全等优点。

2）主要技术参数

JM300 型掘锚机组主要技术参数见表 2-5。

表 2-5　JM300 型掘锚机组主要技术参数

特征	参数	特征	参数
外形尺寸（$L\times W\times H$）/(m×m×m)	11.6×4.9×2.6	机重/t	约 98
截割/m 支护高度/m	2.8~4.5 2.8~3.8	截割宽度/m	5.0/5.4/6.0
总功率/kW	742	截割掏槽行程/m	10
截割功率/kW	2×170	顶板锚杆机/台	4
生产能力/($t\cdot min^{-1}$)	25	侧帮锚杆机/台	2
经济截割煤岩硬度/MPa	单向抗压强度小于或等于 40	供电电压/V	1140

2. PZL1200/165 型履带式转载破碎机

PZL1200/165 型履带式转载破碎机，主要由装载部、破碎部、输送机、底盘、电气系统、液压系统等组成。它具有缓冲、转载、破碎、牵引等功能，跟随掘锚机组前进并接收来自掘锚机的煤流，经缓冲破碎后将煤流转运到其后的可弯曲带式转载机上，同时作为可弯曲带式转载机的牵引头车，拖动可弯曲带式转载机移动。它有可伸缩铲板式装载部，可对底板浮煤进行清理，并集成滚筒式破碎机构，破碎粒度可调。

1）主要技术特点

（1）集破碎、转载、牵引等功能于一体。PZL1200/165 型履带式转载破碎机将来自掘锚机截割下来的煤炭进行初级破碎，并均匀地转运至自适应带式转载机上，以满足自适应带式转载机对煤的块度的要求。它通过牵引装置牵引可弯曲带式转载机行走。它采用齿式破碎，破碎能力大；采用双驱动输送系统。

（2）装载部具有伸缩功能。装载部可伸缩，在提高巷道适应性的同时最大限度地提高装载能力，铲板可前后滑移装煤，减少破碎转载机和自适应带式转载机的工作循环次数，高效清理底板浮煤，有效地减轻了工人的劳动强度。

2）主要技术参数

PZL1200/165 型履带式转载破碎机主要技术参数见表 2-6。

表 2-6　PZL1200/165 型履带式转载破碎机主要技术参数

特征	参数	特征	参数
外形尺寸（$L\times W\times H$）/(mm×mm×mm)	8200×3800×2150	行走速度/($m\cdot min^{-1}$)	0~10
总功率/kW	207	接地比压/MPa	0.14

表 2-2（续）

特征	参数	特征	参数
机重/t	40	破碎功率/kW	75
装载宽度/mm	3800/4500	破碎粒度/mm	200~300
转载能力/$(t \cdot h^{-1})$	1200	泵站功率/kW	132

3. CMM10-30 型十臂锚杆钻车

CMM10-30 型十臂锚杆钻车组成如图 2-5 所示，主要由顶锚钻臂、侧帮钻臂、锚钻除尘器履带底盘、电气系统、液压系统等组成。机载 6 个顶板钻臂、4 个侧帮钻臂，10 个钻臂同时对顶板、侧帮进行全方位锚杆支护，其履带式底盘跨骑在可弯曲带式转载机上移动，实现掘、锚、运平行作业。十臂锚杆钻车是整个系统的集控中心，掘锚机组和履带式转载破碎机的操作均位于十臂锚杆钻车之上。

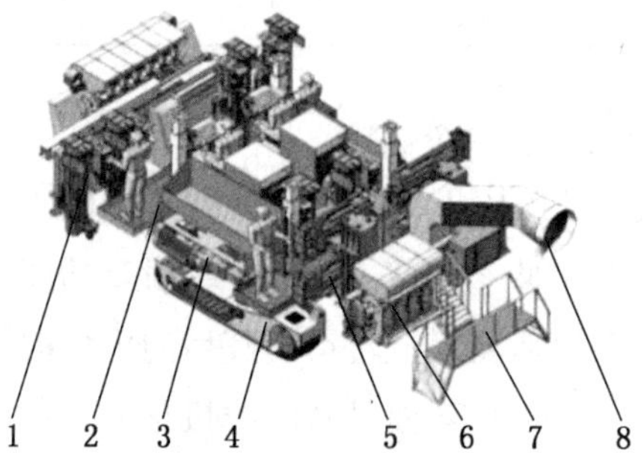

1—顶锚钻臂；2—工作台；3—泵站；4—底盘；5—侧帮钻臂；
6—除尘系统；7—附件；8—除尘风机

图 2-5 CMM10-30 型十臂锚杆钻车组成

1）主要技术特点

（1）全断面一次支护，支护效率高、质量优。整机集成 6 套顶锚钻臂和 4 套侧锚钻臂，能够同时完成整个巷道的锚杆支护。钻机采用一人多机操作的布置方式，操作人员在互不干扰的情况下实现有序操作，从而提高了巷道支护效率和支护质量。整机中配备液压负载反馈系统，可实现各个钻架在任何情况下都可以独立完成锚护作业，同时钻架还配备独立的液压操作系统。

（2）锚钻采用干式除尘技术，保证巷道良好的工作环境。采用干式机械除尘机构，在设备上搭载有多级串联的不同形式的除尘器。通过多级分离、落尘、过滤，钻孔所产生的粉尘落在固定的容器中，从而达到除尘目的。干式除尘系统可减少对井下环境的污染和对底板的破坏，保证巷道良好的工作环境。

（3）创新了跨骑式底盘结构。整机跨骑于可弯曲带式转载机上，可弯曲带式转载机可以在锚杆机底盘下自由通过，锚杆机的锚护作业与掘进、运输工序互不影响，可实现掘、锚、运平行作业。

2）主要技术参数

CMM10-30 型十臂锚杆钻车主要技术参数见表 2-7。

表 2-7　CMM10-30 型十臂锚杆钻车主要技术参数

特征	参数	特征	参数
外形尺寸（$L \times W \times H$）/（mm×mm×mm）	10500×3700×3200	行走速度/（$m \cdot s^{-1}$）	0~10
装机功率/kW	2×132	接地比压/MPa	0.16
机重/t	64	钻臂数量/个	10（6 顶 4 侧）
钻孔适应岩层硬度	$f \leq 7$	钻机除尘	干式

4. DZY100/160/135 型可弯曲带式转载机

图 2-6 是 DZY100/160/135 型可弯曲带式转载机，主要由装载部、卸料部、柔性段、输送带、动力站等组成。它能够实现移动过程中的弯曲运输，满足系统变向掘进联巷、开切眼的需求。架体下方安装有胶轮油气悬挂装置，底板适应能力强。输送带采用变频调速多点驱动，最大运力达 1600 t/h，并对启动、张紧过程进行自动控制。

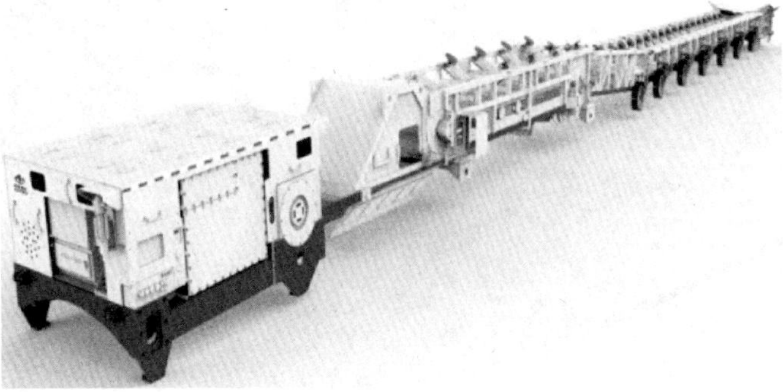

图 2-6　DZY100/160/135 型可弯曲带式转载机

1）主要技术特点

（1）可实现定点弯曲，跟随掘锚机转弯，底板适应能力强。相邻弯曲输送带架间采用关节轴承连接，每节弯曲输送带架之间可水平、垂直摆动一定幅度，使整机跟随掘锚机转弯，实现系统开掘联巷、硐室。弯曲输送带架体配置胶轮油气悬挂行走装置，行走支撑采用独立的油气悬挂，可适应巷道底板起伏等复杂底板条件。

（2）多点驱动，自动张紧。采用变频电动滚筒多点驱动，具有自动张紧功能。该自动张紧装置采用电气控制，通过压力传感器监测自动张紧油缸压力，根据启动、运转和停机等不同工况，对输送带进行自动张紧。

2）主要技术参数

DZY100/160/135 型可弯曲带式转载机主要技术参数见表 2-8。

表 2-8　DZY100/160/135 型可弯曲带式转载机主要技术参数

特征	参数	特征	参数
最大运输能力/($t\cdot h^{-1}$)	1600	驱动滚筒功率/kW	3×45
运输距离/m	130（搭接 100 m 时）	输送带宽度/m	1
带速/($m\cdot s^{-1}$)	0~4	弯曲半径/m	9

5. DWZY1000/2000 型迈步式自移机尾

图 2-7 是 DWZY000/2000 型迈步式自移机尾，主要由稳定支撑部、机尾部、转载机导向部、刚性架、轨道、电气系统、液压系统等组成。采用马蒂尔式运动机构，能够实现可伸缩带式输送机快速延伸。自带刚性架，可与弯曲带式转载机长距离重叠搭接，并兼做设备列车。采用自铺轨道技术，降低了刚性架移动过程中的移动阻力，移动效率高。具有左右调偏功能，采用遥控操作，能够极大地减小延伸输送带过程中的设备调动，降低人员劳动强度。

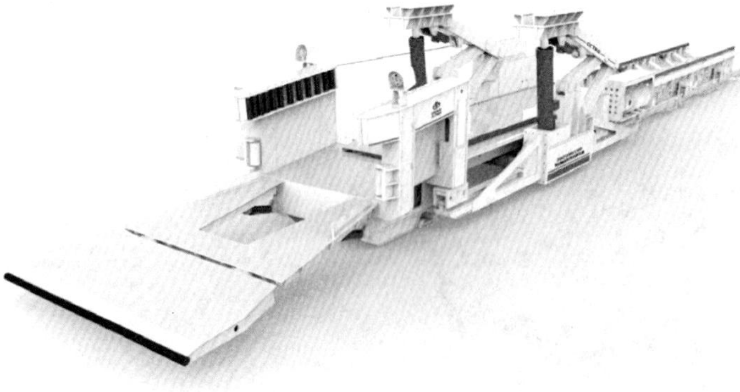

图 2-7　DWZY1000/2000 型迈步式自移机尾

1）主要技术特点

（1）与可弯曲带式转载机快速搭接。采用“顶天立地”的迈步式自移机构，移动效率高。与可弯曲带式转载机长距离重叠搭接，最大搭接行程可达 150 m。

（2）刚性架可兼作设备列车。除尘系统、材料列车、移动变电站等设备均可跨骑在刚性架上，随着刚性架同步前移，减小了劳动强度并节省了大量时间。

（3）具有左右调偏功能。在迈步尾架上设计了两组调偏机构，防止迈步式自移机尾在向前推进的过程中出现跑偏情况。需要调偏时，通过调偏举升油缸先将迈步端头抬起，然后在调偏推移油缸的作用下实现迈步自移机尾左右摆动调偏。

2）主要技术参数

DWZY1000/2000 迈步式自移机尾主要技术参数见表 2-9。

表 2-9　DWZY1000/2000 迈步式自移机尾主要技术参数

特征	参数	特征	参数
装机功率/kW	55	推移步距/mm	1200
搭接行程/m	10/14/17/20	运输能力/(t·h^{-1})	1000
适应带宽/mm	1000/800	适应带速/(m·s^{-1})	≤3.15

掘锚机组高效快掘系统在神东大柳塔矿投入使用，平均月进尺 2400 m。其中，小班最高进尺 85 m，月最高进尺 3088 m。

四、岩巷（硬岩）悬臂式掘进机

我国借鉴国外掘进机先进设计理念和制造技术，研究开发了 EBZ300、EBH300、EBH315、EBH350、EBH450 等型号的大功率硬岩掘进机。EBH450 型智能化超重型岩巷掘进机可截割岩石单轴抗压强度达 124 MPa，采用截割转矩交流变频调速控制及动载荷识别技术，实现了截割转速自适应调节。基于视觉技术的掘进机位姿检测系统及稳定支撑机构，实现了机身姿态精确定位。开发了断面成形控制及状态监测系统，实现了巷道断面自动成形。

图 2-8 为国产 T3.20 悬臂式硬岩掘进机。它采用世界领先截割破岩技术，各项技术性能卓越，智能化程度高，具有截割能力强，定位截割范围大、效率高，截齿消耗率低等特点。首创的方形伸缩截割臂技术，定位截割最大高度 7.9 m，最大宽度 9.5 m。

图 2-8　国产 T3.20 悬臂式硬岩掘进机

五、全断面煤巷、岩巷掘进机

1. 全断面煤巷掘进机

由我国自主研发的全断面煤巷掘进机，系统总长可达 210 m，总重 630 t，总装机功率超过 2400 kW。主机由截割系统、装运系统、行走系统和临时支护系统 4 部分组成，后配套设备包括十臂锚杆钻机、可弯曲带式转载机、迈步式自移机尾和自移动力站 4 种设备。该掘进机的特点是巷道一次成形、掘支同步、连续作业，集全断面连续切割技术、自动定位、无线遥控技术、快速装运、机载除尘、机载锚杆钻机、调车等功能于一体。全断面煤巷掘进机外形如图 2-9 所示。

图 2-9　全断面煤巷掘进机外形

2. 全断面岩巷掘进机

煤矿用全断面岩巷掘进机分为斜井和井下两类。我国研发的全断面岩巷掘进机主要有双模式煤矿斜井 TBM（全断面岩石隧道掘进机）和立井井下全断面岩巷掘进机。双模式煤矿斜井 TBM 可开挖直径达 7.62 m，总长 238 m，整台 TBM 设备由主机部分和 20 节后配套拖车组成，主机质量 556 t，总重超过 1200 t，可提升斜井贯通速度。岩巷全断面掘进机采用盘形滚刀破岩机理，利用全断面刀盘一次破岩成硐，将水平梁敞开式 TBM 掘进机与煤矿运输、防爆、支护等特殊施工要求相结合，集掘进、出碴、支护、除尘、通风、导向、防爆技术于一体，是高度机械化、自动化的煤矿岩巷施工设备。全断面岩巷掘进机如图 2-10 所示。

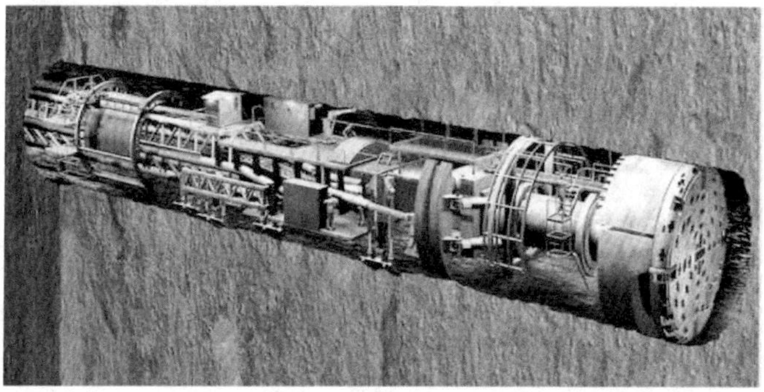

图 2-10　全断面岩巷掘进机

任务三　掘进装备智能化技术

【学习目标】

知识目标：

掌握煤矿采掘装备的智能化技术。

技能目标：

能够利用互联网等资源查询掘进装备智能化技术相关知识。

【任务描述】

煤矿采掘装备的智能化是实现煤炭安全高效开采的技术保障，对于冲击地压、煤与瓦斯突出等灾害严重的矿井具有重要意义，可实现煤矿采掘工作面无人化或少人化。本任务是初步了解掘进系统的智能化控制。

【任务知识】

掘进机智能化关键技术主要包括掘进机定位导向及姿态调整、截割轨迹规划、地质条件识别及自适应截割、状态监测与故障诊断、与配套设备远程通信等。

一、掘进机定位导航技术

掘进机定位导航技术包括基于全站仪的技术、基于结构光激光指向仪的技术、基于光测角仪的技术、基于机器视觉的技术等。

（一）基于全站仪的掘进机定位导航技术

基于全站仪的掘进机定位导航技术由固定在掘进装备后方巷道侧壁上的全站仪、全站仪后方固定的棱镜，以及掘进装备机身上若干个棱镜组成。全站仪需要具备自动识别和跟踪机身棱镜的功能，否则需要人工搜索棱镜定位。全站仪通过检测后方棱镜位置的方式确定自身基准，通过检测机身上若干个棱镜的空间位置计算机身的空间位置和姿态。优点是全站仪自身测距和测角精度较高且性能稳定。存在问题：一是对能见度和通视性要求高，机身上的棱镜需要保持清洁；二是测量过程中需要逐一扫描安装在掘进机机身上的若干个棱镜以检测其空间位置，每一点的检测及数据保存和处理时间均在 1 s 以上，在完成若干个棱镜空间位置检测过程中，机身应保持静止，否则会产生测量偏差，因此基于全站仪的检测只适用于机身静态空间位姿检测。

（二）基于结构光激光指向仪的掘进机定位导航技术

基于结构光激光指向仪的技术，由结构光激光指向仪、两轴倾角仪和安装在机身上的两列光敏元件及数据采集处理装置组成。掘进机后方巷道顶板上固定的结构光激光指向仪发出的结构光投影在机身的光敏元件上，不同位置的光敏元件输出不同信号，从而计算机身偏转角和偏移量。优点是结构简单，数据采集和处理由 PLC 完成，PLC 的优点是可靠性高，成本低。存在问题：结构光激光指向仪投射出的线形激光在穿过粉尘水雾和较远距离后，无法保证光强度，因此不能保证光敏元件可靠地接收到光信号；能见度和通视性要求高。机身上的两列光敏元件需要保持清洁，此外，无法检测机身相对巷道基准的高度差和距离。

（三）基于光测角仪的掘进机定位导航技术

基于光测角仪的技术，由激光指向仪和安装在机身上具有透光特性的两块屏幕组成，内部用摄像机采集指向仪在屏幕上形成的光斑图像判断其位置，从而计算机身的空间位置和姿态。存在问题：能见度和通视性要求高，机身上的两块屏幕要求保持清洁。此外，要求指向仪光斑能够投影在屏幕上，因此对二者的相对位置有要求。

（四）基于惯性导航的掘进机定位导航技术

国内，早些年提出了基于惯性导航的技术，并对该技术进行了部分理论研究。国外，澳大利亚在综采工作面上有应用此技术的报道，在掘进工作面上尚无应用此技术的报道。近年来，国内已有基于陀螺仪的技术用于巷道的定向掘进试验。

（五）基于机器视觉的掘进机定位导航技术

基于机器视觉的掘进机定位导航技术，属于摄影测量技术，由激光指向仪、摄像机、图像处理系统，以及光靶组成。

1. 系统结构

摄像机与激光指向仪刚性连接，并固定在掘进机后方巷道顶板上。摄像机与激光指向仪之间的相对位姿事先精确标定，激光指向仪在指向确定后固定不动。光靶（即特征点阵）固定在机身上，表示掘进机的空间位姿，随掘进机一起保持动态的工作状态。摄像机采集光靶的图像，图像处理系统解算机身空间位置和姿态。对检测掘进机机身相对于巷道设计轴线（由激光指向仪指定）之间的偏转角和偏移距离等掘进机位姿参数进行研究，与掘进机悬臂位姿数据一起，能够实时给出掘进机截割部相对于巷道设计轴线及设计断面的位置。

2. 目标自动识别技术（ATR）

由于掘进机在空间中可能呈现任意姿态，从而在图像中，特征点阵也呈现各种不同的变形模式，采用模式识别等相关方法实现特征点的自动匹配。通常采用复杂背景光及高粉尘环境中可靠识别特征点的方法、动态识别不规则光斑中心的方法及动态图像中目标识别的方法。

3. 专用图像处理方法

考虑到井下环境的复杂性和环境对图像的不利影响，专用图像处理方法需要对原始图像进行采集和分析，并采用相应的图像处理算法进行抑制。图像处理方法中最重要的一类是滤波，包括空间时域滤波和频域滤波两类。通过对井下光照环境的分析，选用形态学滤波和均值滤波两种方法进行图像处理。此外，为获得适合煤矿井下高粉尘和特定光照环境的高可靠性、实时性的专用算法，还进行了图像动态二值化和区域标记等处理。

4. 掘进机姿态求解算法

采用在成像系统线性模型的基础上进行畸变矫正的建模方法，采用平面模板标定和径向约束法（RAC）对成像模型进行标定。姿态求解算法与数学模型和标定方法密切相关，在模型标定完成后，通过矩阵变换方法即可解出掘进机姿态参数。

5. 摄像机与激光指向仪之间相对位姿的标定技术

由于机器视觉技术是在摄像机坐标系中进行目标（掘进机）空间位姿检测的技术，故需要转换到以激光指向仪为基准的理论巷道坐标系中才可用于掘进机自动导向和定位。由于摄像机光轴、摄像机轴线和摄像机防爆壳轴线存在事实上的不一致，因此任何借助第三方仪器的标定方法都存在不同程度的误差。

6. 基于机器视觉技术的掘进机定位试验

机尾横向扭动距离控制的目标是通过控制掘进机机尾在截割过程中产生的横向偏移使其尽可能保持在巷道中心位置附近，即“纠偏”。巷道中心位置由激光指向仪给出，其实现机制为：基于机器视觉技术的掘进机空间位姿检测方法开发的定位导向装置固定在掘进机后方巷道顶板上，其位置和指向均被精确标定，定位导向装置采集掘进机图像，实时解算出掘进机的机尾横向扭动距离数据，无线传输至掘进机机载计算机，并用于机尾横向扭动距离控制。机尾横向扭动距离控制精度的验证，可以通过手工测量激光光斑与掘进机机尾铅垂中心线之间的横向距离完成。

利用定位导向装置检测机尾横向扭动距离，取决于工作面除尘效果和能见度，工作距离为 30~100 m，理论上机尾横向扭动距离检测分辨率为 5~20 mm。

二、工况检测及故障诊断技术

掘进机是集机械、电气、液压于一体的大型煤矿设备，其故障隐患具有很强的隐蔽性。掘进机工作环境恶劣、煤尘严重、振动大，因此设备发热（电机、齿轮箱、轴承发热等）成为掘进机常见故障。由于液压系统的液压油污染严重，液压系统故障也是掘进机的常见故障。

掘进机常见故障包括减速器故障、悬臂端轴承与花键故障、液压系统阀组故障。减速器故障主要是由于润滑油污染或油量不合适（过多、过少）、轴承或齿轮损坏、漏油引起抱轴故障。悬臂端轴承与花键故障主要是由于截割头截割过程中受力较大，导致轴承与花键磨损严重。液压系统阀组故障包括溢流阀压力过高、过低或者损坏，换向阀泄漏或者操作失灵，液压锁泄漏或者损坏。

由于掘进机的工况监测与故障诊断受空间狭小和环境恶劣的限制，国内掘进机的工况监测与故障诊断主要停留在开停机状态、电流、电压的监测，相关内容如下。

1. 液压、润滑系统状态感知与采集装置

汇总现有压力与流量传感器现场使用中存在的问题，在考虑振动较大与现场安装方法的基础上，采用高可靠性压力传感器与流量传感器。根据掘进机润滑方式，以及监测参数种类与数量，建立综掘装备机载监测分站。汇总液压系统中泵、马达、关键阀组故障，根据掘进设备的运行状态及故障类型和部位，以实现状态信息准确及全面获取。

2. 机械传动易损部件特征识别与故障诊断

根据掘进机运行工况特点，采用振动信号时域指标、频谱分析等信号处理手段，分析故障信号特征。采用滤波方法提取减速器轴承齿轮故障特征，集成数字信号的振动峰值计算及频谱分析、包络谱分析及振动信号实时定量诊断分析等故障智能诊断算法，分析掘进机的运行状态。

3. 状态信息融合与故障预测

采集综掘装备压力、流量、油位、油质、温度、振动、电流、电压等状态参数，分析液压系统、电气系统、机械传动系统、润滑系统、冷却系统等主要故障之间的对应关系，挖掘不同状态信息参数之间的变化规则，建立不同综掘装备的故障推理专家系统，克服目前综掘装备状态信息只是数据监测与报警，不能进行故障预测与维修指导的不足。

4. 综掘设备工况监测与故障诊断系统软件

综掘设备工况监测与故障诊断系统软件实现装备运行状态信息全面实时监测、故障预警预报、维修指导、全寿命运行周期跟踪、状态信息 Web 发布与共享等功能。

5. 综掘装备远程监测诊断中心

远程监测诊断中心能够完成网络环境下的计算机协同专家会诊、远程故障诊断服务等功能。中心站点主要由数据库服务器、诊断服务器、远程故障诊断专家系统、计算机协同专家会诊平台组成。利用基于 Internet 的远程监测技术与网络信息共享技术，建立基于装备运行数据的远程管理平台、远程诊断和维护平台，以及远程信息沟通交流平台。通过访问远程监测中心网站就可以随时、随地、实时地得到所需要的设备管理信息及设备的运行状态数据，从而真正实现对设备的远程管理维护及远程专家会诊。

三、自适应截割技术

智能化截割控制系统通过使截割机构的工作状态与当前煤岩硬度相匹配，同时优化截割作业过程，达到有效降低累计截齿消耗的目标。智能化截割应结合动载荷识别，智能化截割控制系统先根据动载荷识别装置给出的煤岩硬度识别结果，调节截割电机转速，使截割头的切割线速度与当前煤岩硬度相匹配；然后控制系统进一步调节截割机构摆动牵引油缸压力和截割头摆动牵引速度，使截割电机的输出转矩（或输出功率）达到最优匹配。

1. 截割电机转速调节

对大量截割实验数据的分析研究表明，针对不同的煤岩硬度，选择一个适当的截割头切割线速度能够有效降低截齿和齿座的磨损程度。因此，对于动载荷识别装置所能够获得的几类煤岩识别结果，通过试验可以分别确定对应的切割线速度。

当动载荷识别装置得到当前煤岩硬度识别结果后，智能化截割控制专家系统将根据识别结果给出截割电机的转速调节指令，最后变频电机将稳态运行于期望的转速。然而，此时截割机构的其他参数，如摆动牵引速度、摆动油缸压力、截割电机输出转矩（功率）等，还未达到最优匹配，需要进一步调节。

2. 截割电机转矩/功率调节

当截割电机转速根据载荷识别结果调节到预设值后，为了合理利用截割电机优化截割作业，需进一步对截割电机的工作状态进行调节。首先考虑截割电机输入频率在基频以下的情况（即截割电机输出转速低于其额定转速），此时电机磁通保持不变，相同的电机电流对应相同的电磁转矩（这一范围内的调速过程称为恒转矩调速），因此宜选择截割电机的输出转矩为被调节参数，其期望值为电机额定转矩值；然后考虑截割电机输入频率在基频以上的情况（即截割电机输出转速高于其额定转速），此时由于输入电压的饱和作用，磁通随频率（转速）的不同而发生变化，从而相同的电机电流将对应不同的电磁转矩，但对应确定的电机功率（这一范围内的调速过程称为恒功率调速），因此不宜再选择转矩作为被调节参数，而应选择截割电机的输出功率为被调节参数，其期望值为电机额定功率。

四、掘进装备远程可视化监控技术

掘进装备远程可视化监控技术主要包括掘进装备数据采集、视频监控、数据通信与远程集中控制。其系统示意图如图 2-11 所示。在掘进装备本体配置一套数据采集控制装置，实现掘进机本体电气数据、环境数据、视频图像数据的采集处理，并将相关数据采用有线或无线通信方式传输到井下巷道远程监控中心，为掘进机遥控操作提供工况和视频图像依据。同时地面调度中心也可以通过光纤环网实现掘进装备远程状态监测。

1. 数据采集

在掘进装备上安装的数据采集控制装置包括车载平台、显示器、传感器等设备。数据采集控制装置通过与掘进机控制装置通信，实现掘进机电气数据（电流、电压）、保护数据（漏电、缺相、过载等）、各电磁阀工作状态、电机启停状态的采集；数据采集控制装置通过内置模拟量采集模块，实现掘进机外置传感器数据的采集，如压力、温度、速度、位移、油位、倾角、甲烷浓度等，也可实现掘进机机身各类数据的采集，如截割头伸缩油缸行程、后支撑油缸行程、回转台油缸行程、截割头升降油缸行程等。

数据采集控制装置通过通信设备与远程控制中心通信，实现工况数据的远程传输。

2. 视频监控

在掘进机机身安装配套低照度自清洁除尘矿用摄像仪，实现掘进机工作状态的实时视频监控，对周围环境、截割头姿态、机身姿态等实时图像进行监控。辅助掘进机司机能可视化远程遥控操作。在掘进机左侧安装一台本安摄像仪，机身左前方截割煤壁时，可监视截割头姿态；在掘进机右侧部位安装一台本安摄像仪，机身右前方截割煤壁时，可监视截

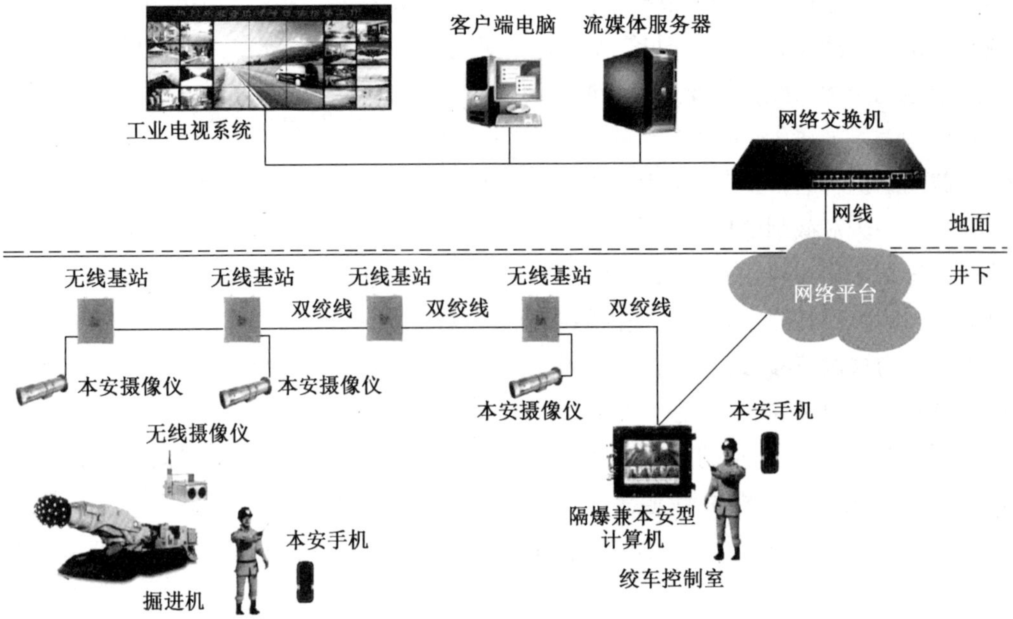

图 2-11　掘进装备远程可视化监控系统示意图

割头姿态；在掘进机正方部位安装一台本安摄像仪，机身前方截割煤壁时，可监视截割头姿态；在掘进机后方部位安装 2 台本安摄像仪，一台向后用来观察掘进机的工作状态和掘进机相对巷道姿态情况，一台面向掘进方向用来观察掘进机定位激光线。

3. 数据通信与远程集中控制

掘进装备数据通信与远程集中控制系统主要包括井下掘进机远程监控站设备和掘进巷道通信设备。掘进机远程监控站设备布置于掘进巷道掘进工作面后方较安全的地方，主要由防爆电源、监控防爆服务器、隔爆交换机、掘进机遥控设备、监控软件等组成，工作人员在监控台能对掘进机进行远程操控。监控站设备可随着掘进进尺的推进而移动。掘进巷道通信设备根据巷道实际情况可采用有线或无线通信方式，由于有线通信缆线在掘进过程中容易被挂断，维护量大，建议采用无线宽带通信方式。井下远程监控站通过建立可靠的通信网络获取掘进装备运行数据、姿态数据、定位数据等，并通过视频图像对掘进装备进行远程遥控操作。其数据也可以通过无线或有线上传到地面监控中心，实现地面远程监控。

掘进装备远程监控功能主要有：

（1）通过统一的监控平台实现掘进设备的信息采集、显示、数据汇总、人机对话操作、远程管理。

（2）通过对掘进机姿态检测、工况监测、视频监控，实现掘进机远程可视化操作。

（3）通过建立统一的通信接口和规约，可与掘进机各配套子系统进行数据通信，实现高低速截割、油泵、刮板输送机、带式输送机、锚杆机的启停控制和状态监测；对电机过载、短路、缺相、漏电、接地故障进行报警；实现设备之间的联动闭锁控制。

（4）通过在掘进机机身安装甲烷传感器，实现甲烷浓度监测，根据甲烷浓度门限级别联动闭锁掘进机。

掘进机的远程监控技术结合锚护装备智能化技术、配套装备智能化技术可形成智能化远程遥控掘进工作面。随着井下设备定位技术的成熟和装备智能化的提升，掘进作业将逐渐实现无人化开采。

任务四　锚护智能化装备

【学习目标】

知识目标：

（1）掌握掘锚一体化技术及装备。

（2）了解巷道修复、顶板临时支护、锚杆钻机自动钻锚技术发展方向。

技能目标：

（1）能够对照实物描述锚护装备。

（2）能够利用互联网等资源查询锚护装备智能化技术的相关知识。

【任务描述】

锚杆钻机是锚杆支护作业中专门用于实现钻凿锚杆孔、锚杆安装并紧固锚杆的设备，是煤矿开采和多巷掘进所必需的主要配套设备。本任务通过巷道修复、顶板临时支护等知识点来学习和掌握掘锚一体化技术及装备。

【任务知识】

锚杆支护是一种快速、安全、经济的巷道支护方式，随着传感器技术、电力电子技术、电液比例控制技术的进步，以及用户对锚杆支护安全性和支护效率要求的不断提高，采矿设备制造商纷纷开展了自动锚杆支护设备的研制。

一、掘锚一体化装备

当前，国内机掘巷道的掘锚工艺和作业方式通常为掘进机配套单体锚杆钻机，实现“掘后即锚”，顺序完成截割、装运和锚护等工序。这种作业方式存在的主要问题是辅助作业时间长、占用人员多、掘进效率低、工作环境差、工人劳动强度大。

2007 年，我国与国外液压锚杆机厂商合作开发了掘进机机载钻臂系统，并进行了井下工业性试验。该系统采用两部 1650 型液压锚杆钻机，上下撑顶的临时支护，通过在原机型履带架中后部两侧焊接支撑架，支撑二级伸缩的伸缩梁。钻臂铰接在伸缩梁上，不工作时机器收回使钻臂位于机器中部，工作时推展至掘进工作面进行锚护，回转机构完成工作位置的调节。S150 掘进机配套钻臂系统铰接在伸缩横梁上，可沿巷道宽度方向伸缩，通过一个伸展架铰接在掘进机截割悬臂两侧，形成稳定的刚性 U 形框架，由 2 组油缸推展至掘进工作面并调节钻臂的工作位置。

2008 年，在引进机载锚杆钻机的基础上，开发了滑轨式机载锚杆钻机，并配套 EBZ160 型掘进机进行了井下试验。该试验采用 1 部 1650 型液压锚杆钻机（图 2-12），通过摇臂连接在滑轨机构上，布置在掘进机机身上方，通过油缸链条倍增机构、伸缩机构和推展机构协调动作，使钻机对准锚眼，从而实现锚杆的打设。

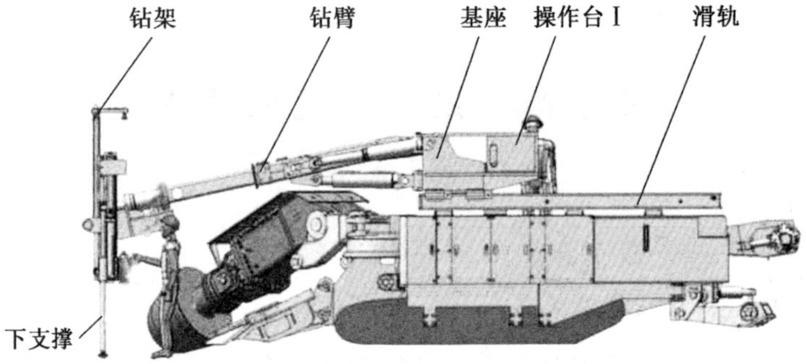

图 2-12　EBZ160 型掘进机机载锚杆钻机

2012 年，国内科研院所与煤矿企业合作开发了 EBZ300M 型岩巷掘进机机载锚杆钻机，如图 2-13 所示。其系统组成同布置在机身上的方案基本一致，具有简单实用、安全高效的特点，避免了前面几种集成方案中的不足之处。该钻机主要技术特征：掘进机长 12.8 m，宽 3.2 m，高 2.35 m，整机质量 95 t，截割功率 300 kW，最大可掘高度 4.85 m，最大可掘宽度 6.0 m，钻机定位可锚高度 4.0~7.0 m，钻机定位可锚宽度 5.0~8.0 m，钻机工作行程 2.8 m，钻机扭矩 360 N · m。

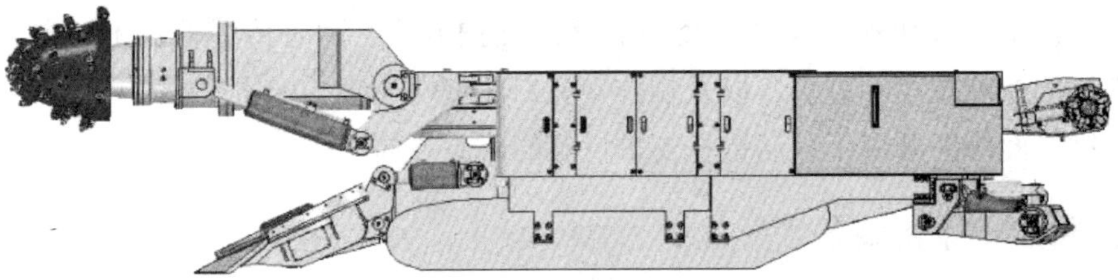

图 2-13　EBZ300M 型岩巷掘进机机载锚杆钻机

随着掘进机机载液压锚杆钻臂系统的研制及井下试验经验的不断积累，结合传统超前支护的配套方案，提出了新的单巷快速掘进配套思路。将悬臂式掘进机（图 2-14）布置在超前支护系统下方，掘进机后方配套具有接料、物料转载和锚护功能于一体的运锚机，运锚机搭接桥式带式转载机，跨骑在可伸缩带式输送机上，组成一个连续的生产系统。掘进机完成一个掘进循环后，超前支护系统向前行走一个循环，由掘进机机载锚杆钻机打设巷道顶部 3~5 根锚杆，期间，超前支护系统对顶板持续保持一定的支撑力，以确保顶板的支护安全。该工艺的关键在于：在综掘巷道进行掘锚作业时，锚杆和锚索作业分两步完成，即完成一个掘进循环后，应用机载钻臂系统打设部分顶锚杆，然后继续下一个掘进循环，剩余锚杆和锚索由料斗式 2 臂运锚机来打设。该工艺系统可在大部分煤矿井下掘进工作面推广使用，具有较好的适用性，可提高掘进机的开机率，提高了掘进效率和施工速度，减少了综掘工作面生产人员，减轻了工人劳动强度，改善了井下作业环境。

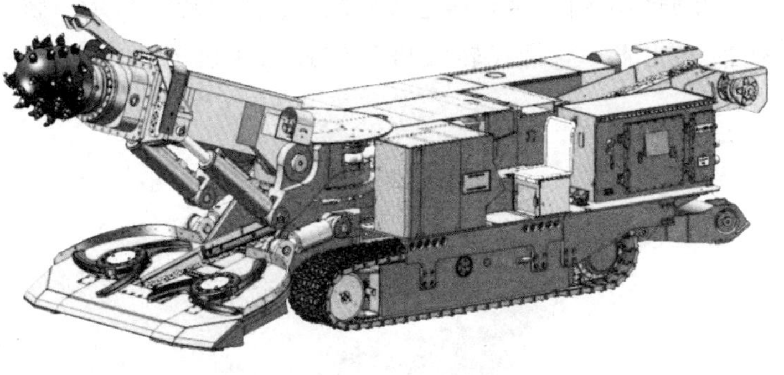

图 2-14　悬臂式掘进机

配套料斗式 2 臂运锚机主要技术特征如下：料斗式 2 臂运锚机设计质量 32 t，液压泵站功率 132 kW，配套 2 台 1650 型液压锚杆机，适合 14～20 m^2 断面锚护作业，可在掘进机后面进行锚杆打设、物料转运等工作。

图 2-15 为 EBZ220M-2 掘锚护一体机，具备巷道掘进、临时支护、锚杆锚索作业等功能，适用于矩形、梯形全煤巷道快速掘进，可同时满足单排或双排进尺施工模式。临时支护与锚杆作业采用遥控操作，省去了人工前窜梁、人工持钻、人工扶钎等工艺，降低工人劳动强度，安全性得到了根本保障。

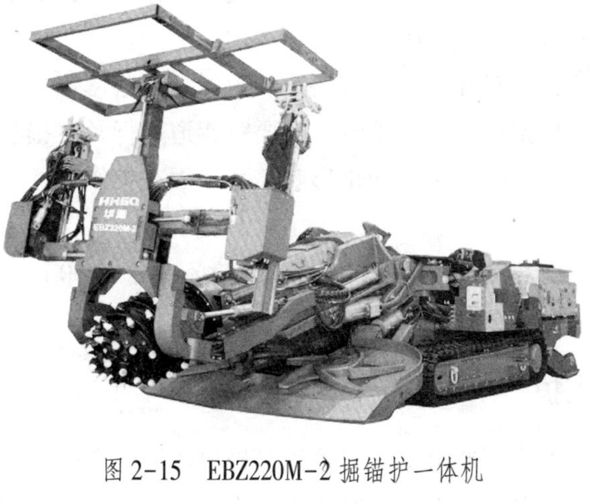

图 2-15　EBZ220M-2 掘锚护一体机

二、多功能巷道修复机

随着开采深度的增加，部分巷道变形严重，影响通风、运输和人员行走，不利于矿井安全生产，严重影响矿井生产效率。各大矿区主要采用手动风镐破碎扩巷、气动锚杆机支护、铁锹人工装载到矿车运输的方法修复。此方法效率低、安全性差，巷道维修工程量大，维修频繁产生冲突。为取代人工风镐破碎-人工锚护-手工装运清理的巷道修复工艺，提高巷道修复效率及安全性，研制了专门用于修复井下变形巷道的多功能巷道修复机，图 2-16 为 H×YL-120/90 型煤矿用多功能巷道修复机，它具有履带行走、破碎扩巷、挖掘装载、转载运输及锚护等功能，与带式转载机和带式输送机配套，实现巷道修复机械化作业。

图 2-16　H×YL-120/90 型煤矿用多功能巷道修复机

1. 主要技术特点

巷道修复施工环境复杂，为适应不同的工作条件，需要频繁更换工作装置，其中以液压破碎锤和挖斗更换使用最为频繁。为了满足巷道修复工艺及提高巷道修复效率，工作机构采用破碎锤与反铲挖斗集成结构。工作装置采用 3 节臂结构，更加符合巷道修复施工特点，提高了巷道修复时破碎挖掘范围。

在巷道修复工况下，一般控顶距要求很小。为了满足巷修锚杆支护工艺要求，在巷道扩巷达到设计尺寸且进尺到最大控顶距时，需要对巷道进行及时锚护。伸缩式机载液压锚杆机能实现及时支护，并可完成拱形和矩形巷道全断面支护作业。

2. 主要技术参数

该修复机适用于巷道高度 3600~4800 mm，宽度不小于 4000 mm，最大坡度 10°，岩石抗压强度小于 90 MPa。

三、顶板临时支护

国外煤矿井下掘进工作面巷道支护多采用多排单体液压支柱加高强度工字钢棚梁支护法。国内大多数煤矿井下掘进工作面普遍使用的临时支护形式主要有：①吊挂环穿管式前探梁临时支护；②掘进机机载临时支护装置；③采用多排单体液压支柱加高强度工字钢棚梁支护。这些方式虽然在一定程度上缓解了掘进工作面迎头支护压力，改善了工作面支护状况，但实际使用中还存在许多不足之处，仍然存在较大隐患。

随着掘进机械化程度和单产的快速提高，通风、运输和开采工艺对巷道断面尺寸的要求越来越大，巷道宽度已经达到4500~6000 mm，高度已经达到3000~4500 mm，掘进机的功率也越来越大。传统的临时支护方式从支护能力、支护高度、支护速度、自动化程度、可操作性、安全性等方面都不能满足超前支护的要求，在很大程度上制约了高性能掘进设备高产高效能力的发挥。

较为先进的临时支护方式：根据巷道掘进工作面地质条件，采用理论计算、工程类比，以及数值模拟三者相结合的方法，分析支护系统与围岩的相互作用关系，掌握掘进工作面矿压显现规律；在此基础上，确定临时支护合理的支护强度和范围。

选择性能可靠的机载锚固钻机系统，锚固钻机配置临时支护设备，实现快掘快支、前掘后支的连续平行作业，缩短支护时间，提高掘进与支护速度，降低人员的劳动强度，维护人员与掘进设备的安全。

四、智能锚杆钻机设备

随着巷道掘进速度和采煤量的提高，对锚杆钻机的操作方式、工序时间，以及安全性提出了新要求。以目前普遍使用的车载锚杆钻机为例，尽管其钻孔、紧固动作已实现液控自动运行，但是拆、装钻杆，装药卷和锚杆等工作仍需人工作业，操作人员体力消耗较大。此外呼吸性粉尘、操作人员处于空顶区等危险因素严重威胁着人员的安全和健康。采用智能锚护技术可实现锚杆作业工序（钻孔、上锚杆、紧固锚杆、锚杆连续供给等）的自动化、智能化，操作人员在支护区远程操作，可以提高操作人员的安全性，降低劳动强度。

1. 智能锚杆钻架机械设备

采用自动对中、护杆行程长且对锚杆直径变化适应范围广的机械设备，对智能锚杆钻架自动钻孔、自动上锚杆、钻箱/锚箱自动切换，以及钻箱转速、进给速度检测等，具有良好的优化效果。大容量回转式锚杆仓可存储锚杆，通过智能锚杆钻架机械系统各部件的协调工作，保证智能锚杆钻架实现钻孔、上锚杆、紧固锚杆、锚杆连续供给等工序的全自动化。

2. 智能锚杆钻架嵌入式控制系统及可视化控制站

采用扩展性强、结构紧凑的嵌入式控制器作为主控制器，通过多种功能模块组合和优化的程序设计实现总体功能要求。通过现场总线传递信号，进行精准的电液控制，实现高可靠性的智能锚护、健康诊断、设备状况自检等主要功能。智能锚杆钻架具有自动锚钻、手动锚钻、调试、锚钻参数设置、自动复位、本机/遥控操作等功能。可视化控制站是智能锚杆钻架系统人机交互的接口，通过现场总线控制一个或多个模块，既可以执行操作人员的指令，还可以实时动态反馈系统状态，具有数据记录、查询、分析、诊断和预警功能。

任务五　综掘工作面配套智能化装备

【学习目标】

知识目标：

掌握综合除尘技术和超前探测技术。

技能目标：

（1）对照实物描述综掘工作面配套装备。

（2）能够利用互联网等资源查询综掘工作面配套智能化装备的相关知识。

【任务描述】

掘进机配套装备后，要保证在不影响其他设备功能的前提下，掘进机截割、煤岩运输、材料设备辅助运输、巷道支护、通风除尘、故障诊断等各个组成系统高效运行，最大限度地提高生产效率。

【任务知识】

巷道掘进配套装备一般包括：掘进机、转载机、带式输送机、支架、锚杆机、激光指向仪、瓦斯断电仪、通风机、除尘器、辅助运输和供电等设备。设备配套后形成一条以机械化作业线为基础的高效率、相互配合、自动化生产的掘进系统。

一、掘进作业线的类型

根据运输设备的不同，掘进作业线基本上分为 5 种类型：

（1）掘进机、桥式带式转载机和可伸缩带式输送机作业线。

（2）掘进机、桥式带式转载机和刮板输送机作业线。

（3）掘进机、运锚机、桥式带式转载机和可伸缩带式输送机作业线，运锚机在截割过程中可以实现物料转运和锚杆打设。

（4）掘进机和梭车作业线。

（5）掘进机、吊挂式带式输送机和矿车作业线。

前 3 种作业线用于连续运输，用带式输送机时运输能力大，生产效率高；用刮板输送机时可适应巷道坡度变化大、长度较短的条件。后 2 种作业线属于间断装载，梭车与采掘机配合使用，矿车在小型矿井或在输送机运煤系统未建成之前使用。以上 5 种作业线，前 2 种作业线应用较多，使用效果较好，应优先考虑。但是，在选择和确定巷道配套运输方式的自动化时，不能只考虑一种配套运输方式，而应根据各矿的具体地质条件、工程条件和运输系统的自动化程度来选择。

二、综合除尘装备

我国掘进工作面采用的除尘方式主要是喷雾除尘，除尘效率低，巷道污染严重。为了克服普通通风除尘系统的缺点，研制出 3 种高效通风除尘装备：①机载湿式除尘器；②湿式除尘器；③干式除尘器。

1. 机载湿式除尘器

机载湿式除尘器与掘进机高度集成，且不改变掘进机整机的外形尺寸，降尘效率高，是掘进机的理想配套设备，如图 2-17 所示。

图 2-17　机载湿式除尘器

2. 湿式除尘器

图 2-18 为 KCS 矿用湿式除尘器。

图 2-18　KCS 矿用湿式除尘器

1）主要特点

（1）结构紧凑，性能稳定，布局短小，整体性强，维护方便。

（2）除尘器配套风机采用防爆抽出式对旋局部通风机作为除尘动力，利用清水作除尘净化剂，安全可靠，噪声小，运行成本低，除尘效果好。

（3）除尘器系统采用了长压短抽方式配套风筒，使粉尘就地净化，并配备多种形式的移动安装设备，方便用户配套使用。

（4）简单快捷的排污方法。除尘器内安装了一套自动排污装置，只需搬动排污手柄，污水就会自动从排污口流出，且不用停机，可控制排出污水数量，缩短排污时间，提高排污效率，降低用水量，减轻工人的劳动强度。

2）工作原理

KCS 矿用湿式除尘器利用水浴、水滴、离心力产生的水膜除尘功能达到除尘目的。其工作原理如下：

含尘气体由进风口首先通过除尘器向下的 V 形导流叶片，与水膜接触高速运动，部分较大尘粒由于惯性作用落入水箱中；较小的尘粒随气流通过上导叶片与水面的弯曲通道时，激起大量的水滴，充分碰撞而被捕获沉降，含尘含水的气流受离心力的作用，在除尘器内壁和上下导流叶片上形成一定厚度的水膜，将微小的小尘粒捕获下降，再由脱水器清仓水滴、水雾后，洁净气流排入巷道中。

3）适用范围/环境

（1）适用范围。KCS 型矿用湿式除尘器适应用于矿井机掘工作面、锚喷巷道（隧道）及粉尘聚集之场所，对呼吸性粉尘处理效果显著。

（2）适用环境：①环境空气温度 -15～+40 ℃；②环境空气的相对湿度不超过 90%（+25 ℃时）；③无强烈振动和腐蚀性气体等；④安装在有瓦斯气体性危险的煤矿井的进风巷道中。

3. 干式除尘器

HBKO 型干式除尘器如图 2-19 所示。经德国矿山技术研究院（DMT）检测，它的除尘效率大于或等于 99.997%，适合粉尘浓度高、粉尘二氧化硅含量高的巷道使用。该除尘器整体尺寸小，在相同处理风量的情况下，仅为一般干式除尘器体积的 2/3。该除尘器采用履带移动小车安装方式。

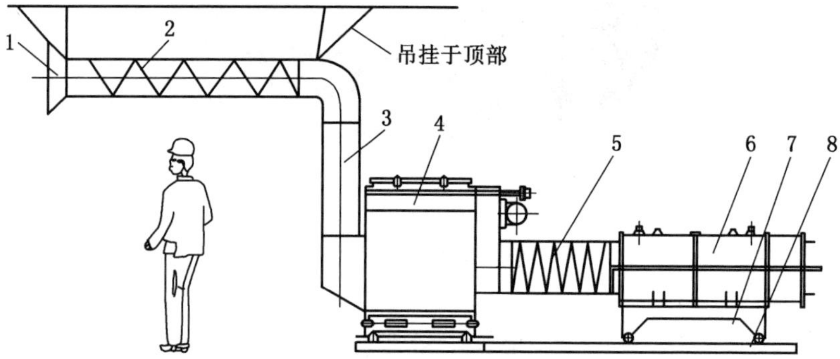

1—进风喇叭口；2—风筒 1；3—钢直管；4—除尘器本体；
5—风筒 2；6—对旋轴流风机；7—滑动小车；8—导轨

图 2-19　HBKO 型干式除尘器

1）主要技术特点

（1）采用腹膜滤料高效表面过滤技术，除尘效率接近 100%。

（2）无水除尘，节约用水，避免造成巷道水污染。

（3）采用脉冲喷吹清灰技术，实现自动清灰，操作简单，后期免维护，减少操作人员劳动强度。

2）干式除尘相比湿式除尘的优点

（1）除尘效率更高，达到99.997%，粉尘浓度高达2000 mg/m^{3}以上，净化程度仍能满足相关法规要求。

（2）对5 μm以下呼吸性粉尘捕集效率更高，满足煤矿呼吸性粉尘的治理要求。

（3）便于回收粉尘，没有废水等二次污染。

KCG600（HBKO1/600）型干式除尘器在神东公司哈拉沟煤矿使用时除尘效果非常显著，整个巷道视线清晰，空气质量明显改善。经现场测试结果认定，该设备可降低工作面的粉尘浓度，使干式除尘效果优于湿式除尘系统。因此，干式除尘技术与装备是未来的发展方向。

三、超前探测装备

“有掘必探、先探后掘”是当今煤矿生产企业在巷道掘进过程中必须遵守的安全操作规程。

1. 煤矿井下巷道掘进钻探常见模式

（1）与掘进机独立的大功率钻机系统，采取与掘进机交替作业的方法。一般煤巷的探测距离约为200 m。首先利用钻机设备对工作面进行探测，根据探测到的物质进行相应处理，然后钻机撤出工作面，掘进机再进行巷道掘进。由于钻机体积庞大、质量大，将其搬运至掘进机前后部，在狭窄且高度低的巷道空间内十分不便。

（2）采用煤电钻或手持凿岩钻机进行小范围的钻探。钻探距离有限（≤20 m），噪声和粉尘污染较严重，并且无法满足巷道超前探测距离的需要。

（3）采用简易的中程孔钻机，通过改装掘进机，实现部分功能的机载。其结构简单，稳定性差，钻探距离一般小于或等于30 m，且无法实现对顶底板的探测，也无法满足巷道超前探测距离的需要。

（4）集成在掘进机截割机构两侧的钻机，两个各自独立的钻机跨骑在掘进机两侧。钻机不工作时收缩在掘进机机身中后部，钻机工作时伸缩到迎头进行探测，可以实现小角度摆动。但是不能实现大范围探测，适用性较差。

2. 掘进机机载超前勘探钻机

图2-20是掘进机机载超前勘探钻机，与掘进机集成，整体设计紧凑、结构合理、安全可靠、工作稳定性好、适应范围广。

其主要技术特点如下：

（1）将勘探钻机与掘进机集成，布置在掘进机机身一侧，不影响整机的工作性能。通过合理设计勘探钻机工作机构及运动学和动力学仿真分析，钻探工作机构布置合理，操作简便，满足不同位置的钻探要求。

（2）以马达、减速器、链轮、链条为传动机构的滑轨式驱动装置，实现了勘探钻机平稳前移和后退，工作可靠、稳定。

（3）勘探钻机采用全液压驱动，与掘进机液压系统集成。掘进机液压系统与勘探钻机

图 2-20　掘进机机载超前勘探钻机

液压系统参数匹配合理，提高了液压系统的可靠性。掘进机各执行机构与勘探钻机各执行机构动作互锁，保证了整机的安全操作性能。

（4）采用全液压动力头式勘探钻机，适用于硬质合金钻进和冲击回转钻进，可用于地质勘探孔、瓦斯抽放孔、探放水孔、锚固支护孔等施工。回转器采用通孔结构，钻杆长度不受钻机结构尺寸的限制；回转速度采用液压无级调节，可提高钻机对不同钻进工艺的适应能力。转速与扭矩调整范围大，钻进工艺的适应能力强。卡盘、夹持器与油缸之间，回转器与夹持器之间可以联动操作，自动化程度高，工作效率高，操作简便，工人劳动强度小。油缸能够直接给进与起拔钻具，结构简单、安全可靠，给进、起拔能力大，提高了钻机处理事故的能力。操纵台集中操作，人员可远离孔口，有利于人身安全。配置复合式夹持器，与动力头配合实现钻杆的自动拧卸，结构紧凑合理，使用可靠。取下钻具速度快，在钻机反钻拧卸钻杆时，夹持力大，从而减轻了工人的劳动强度，提高了工作效率。

【习题】

1. 名词解释：开拓巷道、准备巷道、回采巷道。
2. 简述矿井井下生产系统。
3. 简述综合机械化掘进的 4 种方式。

项目三　综采工作面智能化技术及装备

国内外对综采工作面智能化开采进行了积极的探索、研究和实践，取得了一定成果。国外智能化开采主要通过提升地质勘探水平，描绘开采煤层的赋存分布，利用惯性导航等技术手段实现"透明开采"；我国则通过构建"以工作面装备自动控制为主，远程集控中心人工干预为辅"的智能开采模式。图 3-1 为煤矿综采工作面的智能化发展历程。本项目通过采煤机智能化技术、液压支架智能化技术、工作面运输"三机"智能化技术 3 个项目，让学生了解记忆截割技术、采煤机远程控制的工作原理等相关知识。

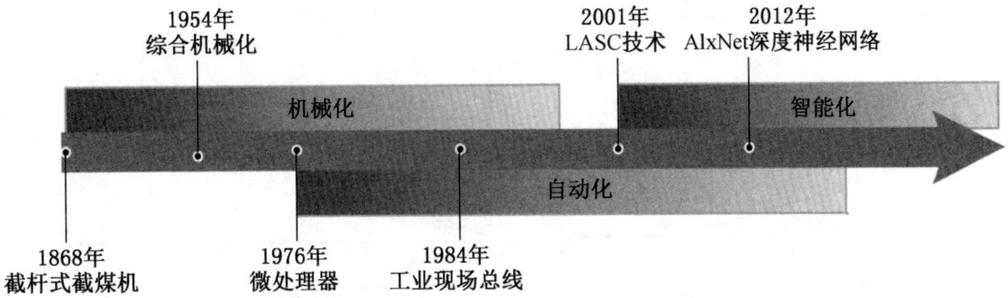

图 3-1　煤矿综采工作面的智能化发展历程

任务一　采煤机智能化技术

【学习目标】

知识目标：

(1) 掌握智能化综采工作面的关键技术。

(2) 掌握采煤机滚筒自适应调高、支架姿态控制、支架自动跟机、工作面直线度调整、设备协调控制等技术。

技能目标：

能够熟练操作采煤机滚筒自适应调高、支架姿态控制、支架自动跟机、工作面直线度调整、设备协调控制。

【任务描述】

本任务从工程应用角度出发，围绕采煤机、液压支架群、供液系统、运输系统等核心设备，阐述了采煤机滚筒自适应调高、支架姿态控制、支架自动跟机、工作面直线度调整、设备协调控制等技术。

【任务知识】

一、采煤机状态感知技术

（一）采煤机定位定姿技术

采煤机在工作面的空间位置与运行姿态信息的获取是实现智能化开采的关键技术之一。综采工作面环境恶劣，采煤机受力复杂，导致采煤机在运行过程中受到多源干扰，其运动的位置和姿态很难实时准确获得。图 3-2 为采煤机姿态示意图。

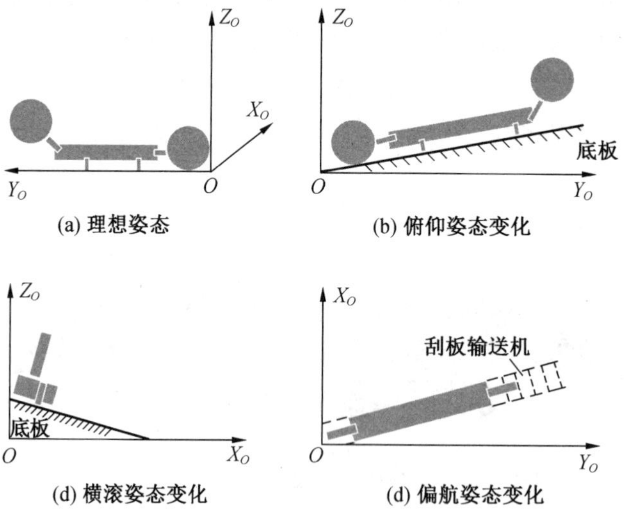

图 3-2　采煤机姿态示意图

采煤机的行走轨迹是刮板输送机导轨空间走向，直接影响液压支架的自动调直控制，决定着工作面煤壁的截割直线度，也是截割滚筒自动调高的参考基准。因此，采煤机在地质空间的三维定位是实现智能综采工作面的关键技术。目前定位方法包括红外检测法、超声波检测法、齿轮计数法、捷联惯导定位等。红外检测法不足之处在于不能连续监测采煤机位置，且当液压支架不在一个水平高度时很难接收到红外信号；超声波检测法的缺陷是在工作面长度较大的情况下，信号衰减过大；齿轮计数法的缺点是只能直线定位，并存在累积误差；捷联惯导定位，由于惯导系统初始安装误差无法消除，存在一定的定位误差，目前还没有得到有效应用。随着井下综采工作面“无人化”进程的推进，对定姿定位精度的要求越来越高，提高定姿定位精度是当前急需解决的重要课题。

基于 GBS 的采煤机定位定姿的目标是将采煤机定位到工作面煤层中，确定采煤机及其截割滚筒与工作面煤层顶底板的位置关系。为了与工作面煤层数据库匹配，采煤机定位坐标系与工作面煤层数据库坐标系使用同一坐标系，即以开采起始点为原点的“东北天”坐标系，因此采煤机定位定姿算法要实时解算出采煤机机身、截割滚筒在“东北天”坐标系下的坐标。

图 3-3 为采煤机定位定姿与采煤机坐标系。该方案利用机载自动寻北功能的惯性导航装置测量采煤机机身的运行方位与姿态，利用安装于摇臂与机身铰接轴的轴编码器测量摇臂相对于采煤机机身的旋转角度，利用安装于采煤机行走部的轴编码器测量采煤机的行走速度与距离（标量，行走方向由惯性导航装置确定）。

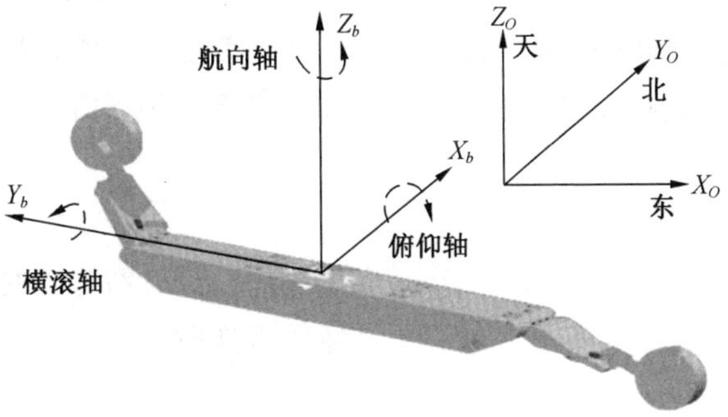

图 3-3 采煤机定位定姿与采煤机坐标系

（二）煤岩界面自动识别技术

煤岩界面自动识别技术是实现智能化综采工作面的关键技术之一。该技术通过提取煤岩特征，建立相应的识别系统，自动识别煤层与岩层；采煤机根据识别结果，自动调节滚筒高度，正常割煤，防止误割岩石，改善煤质，提高采煤效率与安全系数。

根据采煤机是否需截割岩石，将煤岩界面自动识别技术分为非接触式技术和接触式技术。非接触式技术，如机器视觉技术、探地雷达探测技术等；接触式技术，如振动探测技术、扭矩探测技术等。

1. 非接触式技术

非接触式煤岩界面自动识别技术可应用于煤岩普氏系数接近的情况，采煤机无须截割岩层，具有刀具不易损坏、设备振动小等特点，但识别精度易受作业环境影响。

1）机器视觉技术

机器视觉技术即利用光源改善光照条件，工业相机获取煤岩图像，再采用各类特征提取方法和识别算法对煤岩界面进行识别。实现该技术的关键：图像增强技术、特征选择和提取技术以及图像识别算法。

2）探地雷达探测技术

探地雷达探测技术是一种有效探测地下目标的无损探测技术，具有探测速度快、探测过程连续、分辨率高、操作方便灵活、探测费用低等优点，已广泛应用于煤矿探测领域。局限：①易受天线放大器溢出、数据解释方法不准确等影响识别精度；②计算复杂，存在时间域问题，影响识别速度。

3）声波探测技术

声波在煤层与岩层中具有不同的传播特性，采用声波收发仪采集声波回波的能量参数可识别煤层厚度。该技术可用于煤层断层等条件，适用范围广，抗干扰能力强，识别精度高，但识别系统不够成熟。

4）伽马射线探测技术

利用射线传感器提取射线强度信号来推测煤厚。伽马射线探测技术的优点：①适用于高瓦斯矿区，扩大了适用范围；②自然辐射法，不需要提供放射源；③射线探测范围较大，顶煤厚度可控制在 500 mm 内。局限：①要求顶底板必须含有放射性元素；②精确度易受矸石影响，若煤层夹矸太多，识别精度会随之降低；③要留有一定的顶煤厚度，回采率低。

2. 接触式技术

接触式煤岩界面自动识别技术可减小采煤作业环境对识别精度的影响，但在煤岩普氏系数相近时，识别精度低，且需截割岩石，易造成刀具损伤。

1）振动探测技术

振动探测技术即依据采煤机在截割岩石时的振动特征比截割煤层明显，通过安装在滚筒上的振动传感器采集截割煤岩时的振动信号，来识别煤岩界面。

振动探测技术可避免光照、粉尘对识别精度的影响，但识别精度易受机械振动如自身抖动等影响。该技术需解决的关键问题：①提取参数过多，反应有迟滞性，识别速度慢；②对复杂工作面，如夹矸煤层等处理较难；③传感器抗干扰能力不强，影响识别精度；④机械振动影响识别精度。

2）声压探测技术

该技术采用声压传感器提取采煤机截割煤岩时的声压信号，通过计算机对信号进行数据处理后实现煤岩界面识别。需解决的关键问题：①获得有价值数据的速度慢；②对电气、生产作业等噪声处理不够成熟。

3）扭矩探测技术

煤岩普氏系数不同，截割煤岩时扭矩信号不同。采用主成分分析法提取扭矩信号的最大值、最小值、均值、方差参数以及该 4 个参数的融合参数，通过 BP 神经网络实现识别，可实现噪声消除和数据降维，减少运行时间。

4）温度检测技术

采煤机截割煤与岩石时，煤壁温度存在差异，温度检测技术即通过红外测温仪提取采煤机截割煤岩后煤壁温度数据来识别煤岩界面。优点：①原理简单，易于管理；②反应速度快，只需检测温度；③可穿透粉尘，温度变化范围为 0.01 ℃。该技术的局限性是易受干扰因素如喷水除尘等影响。

（三）采煤机故障诊断方法

由于恶劣工作环境、超重负载工况和超长工作时间，使得采煤机在工作过程中故障频发，且故障类型呈现多样性和随机性的特点。传统的采煤机故障诊断方法一般依赖于现场维修人员的专业知识和经验，通常具有滞后性和不确定性。

1. 故障感知方法

1）参考故障历史记录诊断法

这种方法是依据采煤机的系统组成原理，从出现的故障明显部位着手，对该局部故障的所有依赖性元器件和系统进行分析排查，直至找出故障的症结。在采煤机发生故障后，对故障产生的过程进行细致排查，得出最终诊断结论，将这些结论有效地集中归纳后，便可以形成一个故障诊断集。当再次出现相同的故障现象后，便可通过查找上次的诊断路径对故障进行诊断和处理。这种方法纯粹地依赖历史诊断经验，优点是在故障现象相同的情况下能够比较快捷地定位；缺点是在故障出现的系统复杂、种类趋多情况下，故障诊断的经验记录过于庞杂，诊断效率低下。

2）温度、压力监测诊断法

利用轴承和齿轮传动箱等部位的温度、压力传感器，可以定点在线监测采煤机相关部位的温度和压力参数。如当采煤机截割滚筒内轴承损坏发生严重摩擦，则滚筒温度会急剧上升，通过其上面的温度传感器监测便可显示出来，这样就可以准确快速地定位故障部位。连续地对这些部位进行监测并记录历史变化数据，能够快速、直观地反映采煤机的工况状态，还能及时发现故障和预测故障的状态和发展趋势。温度、压力的在线监测诊断法是一种普遍的监测诊断手段，它的优点是能正确、快速和灵敏地反映设备的工况状态；缺点是对于电气系统的故障诊断效果有局限性，且对传感器的设计和安装提出了很高的要求。

3）采煤机故障诊断专家系统

采煤机故障通常具有复杂性和隐蔽性，采用传统的诊断方法难以快速、准确地诊断，而专家系统能够综合运用领域专家的经验和专门知识，模拟专家的思维过程，对故障进行分析求解，得出可靠的诊断结论。

2. 采煤机故障诊断技术发展趋势

1）基于神经网络技术的专家系统

采用神经网络技术作为核心的专家系统由知识预处理模块、神经网络模块、知识后处理模块以及系统控制模块组成。在该专家系统中，诊断知识的存储和故障诊断过程中的推理过程均在神经网络模块中进行，神经网络模块接受由知识预处理模块送来的规范化数据，输出诊断结果由知识后处理模块进行表述转化，因此，知识处理模块相当于神经网络模块的“翻译”。系统的控制模块控制着系统的输入输出以及系统的整体运行。

2）模糊神经网络故障诊断系统

模糊逻辑与神经网络方法是一种集成的融合，从互补的观点看，模糊逻辑与神经网络的融合有助于模糊逻辑系统的自适应能力的提高，有利于神经网络系统的全局性能改善和可观测性的加强。这种融合可分为串联和并联两种结构。串联结构：用神经网络作为模糊逻辑的前端，以改善模糊逻辑系统的输入样本，或者在神经网络的输入或输出端加以模糊逻辑模块，以增强神经网络样本特征的提取或者改善神经网络的结果。并联结构：模糊逻辑与神经网络分别独立控制不同的对象或同一对象的不同参数，与神经网络的输出作为模糊推理系统输出的修正。

3）远程智能故障诊断系统

为了提高采煤机故障诊断的实时性、准确性和可靠性，克服地域障碍、实现多专家多系统协同诊断与诊断知识的重用，提高采煤机企业技术服务工作效率，一种非常有效的途径就是使智能诊断网络化，即远程智能故障诊断系统。

二、采煤机智能截割技术

通过研发相应模块实现采煤机基于记忆截割的自动化工作，利用综采工作面的通信网络系统实现采煤机在顺槽和地面的远程监控，并通过顺槽集控中心控制系统实现采煤机与液压支架和刮板输送机的协同集中监控。为了实现采煤机工作状态的准确判断，需要对采煤机的工况参数进行采集，然后利用二次传感和融合技术，从而实现采煤机的远程监控。图 3-4 为采煤机截割部及调高系统力学模型。

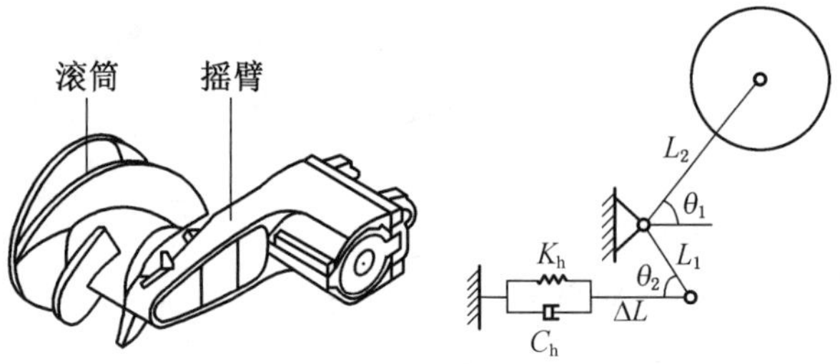

(a) 采煤机截割部　　(b) 调高系统力学模型

图 3-4　采煤机截割部及调高系统力学模型

（一）记忆截割技术

自适应记忆截割控制流程主要包括路径记忆及数据处理、自适应调高和人工修正 3 个阶段。路径记忆及数据处理阶段实现截割参数的采集、记忆和处理。在自动截割阶段，采煤机根据记忆的工作路径进行自动行走和截割运动，当煤层地质条件发生变化，造成实际的煤层参数和记忆的截割参数不一致时，将基于人工免疫理论实现采煤机截割滚筒的自适应调高，以适应煤层地质条件的变化。为了保证安全生产，当煤层地质条件变化非常剧烈，采煤机无法正确地自适应处理时，操作人员可以远程引导采煤机的截割运动，对其运动轨迹进行人工修正。采煤机记录下本次修正结果，当再次运行到该位置时，将采用记忆的截割高度和截割参数进行工作。

在采煤机的记忆截割过程中，首先由操作工人操作采煤机沿工作面进行第 1 次截割，采煤机记忆行走路线以及相应位置的截割参数；之后采煤机根据记忆的工作位置以及相应的截割参数进行自动截割。在人工示教过程中，记忆位置被分为常规点和关键点，采煤机每隔 0.2～1 m 对各传感器采样 1 次，记录下相关信息并添加到记忆集中，这些位置被称为常规点。由于采煤机路径记忆过程中所采集的数据量大，因此不可能也没有必要记录截割路径中所有点的数据，只是相隔一段距离采集 1 次数据，这些被采集的点称之为关键点。当操作人员发现采煤机截割到岩石时，必须采取相应的操作，升高或降低截割滚筒的高度，这些位置被定义为关键点。采取常规点和关键点相结合进行记忆的策略，可以提高记录的精度，为后续的记忆截割过程提供可靠的数据。采集到的关键点都是离散的，必须处理为连续曲线，以便于引导采煤机行走。因此需要对采煤机的记忆路径进行拟合，并且要求该路径可以根据实际的运行情况进行修正。图 3-5 中，采煤机按照记忆路径（实线表示）截割煤层，当采煤机截割到了岩层，因此需要降低摇臂的高度。此时，应根据新的离散点数据重新规划出采煤机的截割路径。

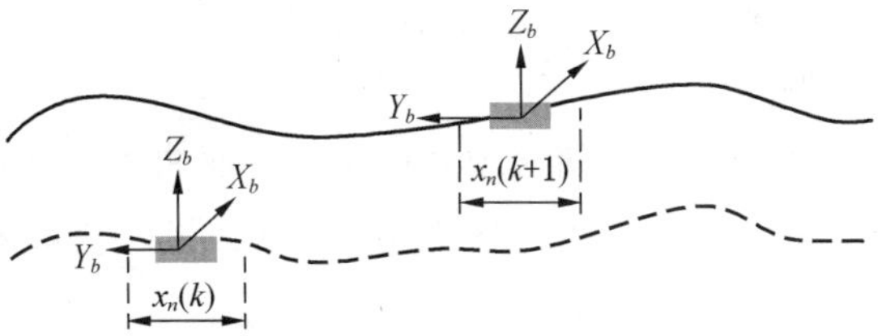

图 3-5　采煤机记忆割煤示意图

（二）自适应调高控制技术

1. 自动调高技术重要性

采煤机作为综采工作面的关键设备，采煤机的自动化一直是综采工作面自动化的重点和难点，而采煤机自动化的关键是实现截割滚筒的自动调高。国内外的学者提出利用小波神经网络、自适应 PID 控制以及模糊控制等实现采煤机滚筒的自动调高。滚筒自动调高的最大难题就是如何使采煤机滚筒自动适应煤层顶板的起伏变化。为了准确判断顶板煤层厚度或煤岩识别，国内外学者进行了大量研究，采用了人工 γ 射线、自然 γ 射线等方法对顶板煤层厚度进行测量，利用应力截齿分析、振动测试及雷达测试等方法进行煤岩界面识别。由于煤矿环境的复杂性以及缺少可靠的顶板煤层厚度测量和煤岩界面识别的传感器，测量顶、底板煤层厚度和煤岩识别成为技术难点。目前，为了实现采煤机截割滚筒的自动调高，国内外均选择具有记忆切割功能的采煤机作为技术突破口，该方法避免顶板煤层厚度测量和煤岩识别的难题。

2. 基于人工免疫的调高控制模型

基于人工免疫模型的采煤机截割滚筒自动调高技术，将人工免疫理论与记忆截割相结合，实现采煤机截割滚筒的自适应调高。

在路径记忆与数据处理阶段，由人工操作采煤机沿工作面截割 1 次，采煤机在每个记录点处记录采煤机的当前位置、调高油缸位移、摇臂倾角、行走速度、左右截割电动机电流和温度、左右截割部行星头温度、左右牵引电动机电流和温度、左右牵引变频器温度、破碎电动机电流和温度以及泵电动机温度等传感器信息。

（三）自适应牵引控制技术

采煤机的自适应牵引控制是当截割环境、截割阻力或者截割状态发生变化时，通过自适应调节采煤机的牵引速度，使采煤机稳定工作，并保证滚筒有足够的时间和空间进行高度调节，从而更好地适应截割条件变化。

基于粒子群算法与 T–S 云推理相结合的采煤机自适应牵引控制方法，将采煤机左/右牵引电流、采煤机左/右截割电流、刮板输送机机头电流、刮板输送机机尾电流、采煤机运行状态等参数作为采煤机调速效果的指标，通过这种算法获得最优规划速度。

（四）采煤机自动纠偏技术

采煤机自动纠偏控制技术如下：

（1）建立局部地理坐标系下采煤机截割轨迹的数学模型与工作面煤层断层、褶皱等复杂地质构造的数学描述模型。

（2）利用 3 次样条插值算法得到褶皱顶底板煤岩界面曲线，以获得的顶底板曲线为参照，利用循环坐标变换法对采煤机的截割路径进行规划，可以获得采煤机每一刀卧底量的调整量和俯仰采角度的计算方法。

（3）将断层地质构造的特征参数作为输入量，准确表示断层带的整体构造，以实现最大回采率和最少割岩量为目标，综合考虑设备的通过能力、前后 2 刀截割的连续性等约束条件，对采煤机截割轨迹进行规划。

（4）根据采煤工艺要求，建立基于插补算法和循环坐标变换算法的采煤机理论规划路径的修正方法，由此实现采煤机在复杂地质构造下的自动纠偏。

三、远程可视化监控技术

（一）采煤机远程控制

1. 采煤机远程控制的功能

采煤机远程控制功能包括：采煤机状态远程监测、行走电机与截割电机启停控制、采煤机参数控制、截割路径规划、采煤机传感信息融合和本地远程控制器同步互锁等。远程监测功能实现各控制单元的运行参数、保护、报警事件的监测。

2. 采煤机远程控制的工作原理

采煤机远程控制原理如图 3–6 所示。机载控制层负责传感信息的采集、本地操作信号的响应、逻辑控制单元的操控、数据通信和同步互锁等工作。机载控制器通过工作面通信网络平台与远程控制系统及各传感器连接。

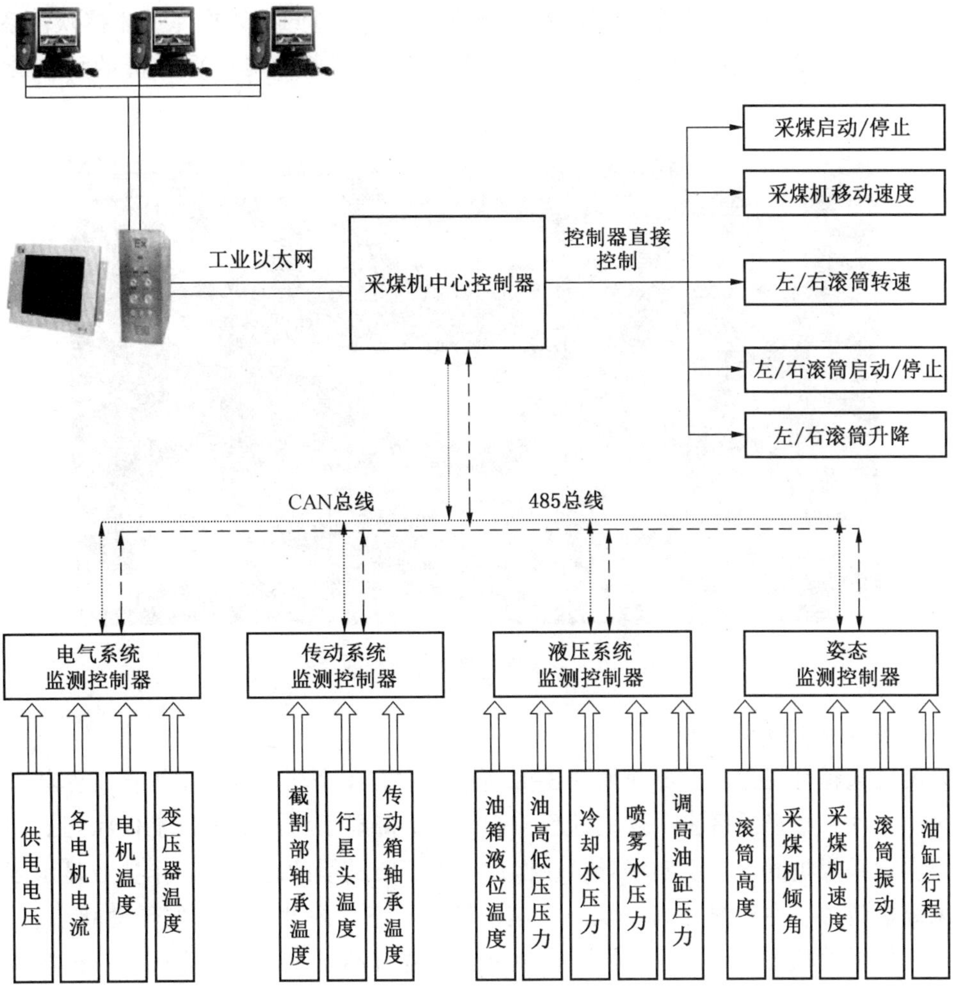

图 3-6　采煤机远程控制原理

工作面通信网络平台将采煤机的工作状态数据上传到顺槽集控中心，将顺槽集控中心的控制指令下发到采煤机机载控制器，将远程地面调度中心的设置参数和远程干预信息传输到采煤机控制系统，实现实时可靠的数据传输、信息互联互通。

顺槽集控中心监控系统提供远程人机操作交互界面，负责采煤机的远程操控、逻辑控制单元管理、截割路径执行、传感信息的融合与预警、报警故障事件信息响应、数据归档等功能。

（二）VR 数字化平台

1. 远程控制可视化平台工作原理

为了真实地再现采煤机的工作状态，基于 3D VR 技术的采煤机远程控制数字化平台，如图 3-7 所示。利用实时数据归档技术将采煤机的状态参数保存在归档数据库中，

3D VR 平台通过调用数据库中的采煤机参数，实现采煤机三维虚拟样机模型的实时驱动，并可以通过远程监控平台实现控制指令的下发，通过归档数据库、监控软件系统以及远程控制器，将控制指令传输到采煤机的本地控制器，实现采煤机的可视化远程控制。

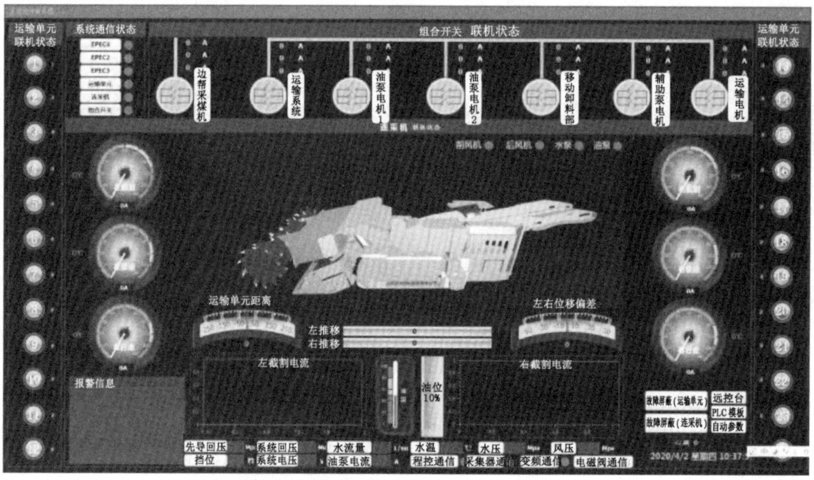

图 3-7 采煤机远程控制数字化平台

2. 可视化平台界面

采煤机远程可视化监控界面如图 3-8 所示，它有 4 个功能区：采煤机工作状态真实再现区、工作参数显示区、采煤机远程控制区及故障显示区。采煤机工作状态真实再现区主要实现采煤机的虚拟现实场景，让操作者有身临其境的感觉；工作参数显示区主要显示采煤机位置、左右摇臂高度状态、滚筒转动状态、内部关键部位传动状态、油温、水温及其他辅助状态显示；采煤机远程控制区放置有不同作用的功能按钮及控制参数输入列表框，实现牵引部前进、后退，左右摇臂的上升、下降，以及检修、急停和故障报警等。

在可视化监控平台上再现的采煤机实时状态有：采煤机位置、采煤机沿工作面的直线行走、采煤机内部关键部位传动及左右滚筒旋转、采煤机摇臂连杆机构驱动、关键部位温度显示、落煤场景以及视频图像信息等。

视频图像监控作为远程可视化监控的重要组成部分，包括前端的除尘摄像机、通信网络和展示平台。系统以采煤机位置为坐标，实现对采煤机的视频自动跟踪切换，工作面视频监控图像通过无线网络实现信息回传，视频展示软件具有单画面、多画面和全屏等多种显示方式，实现在地面调度的远程监视和数据存储。

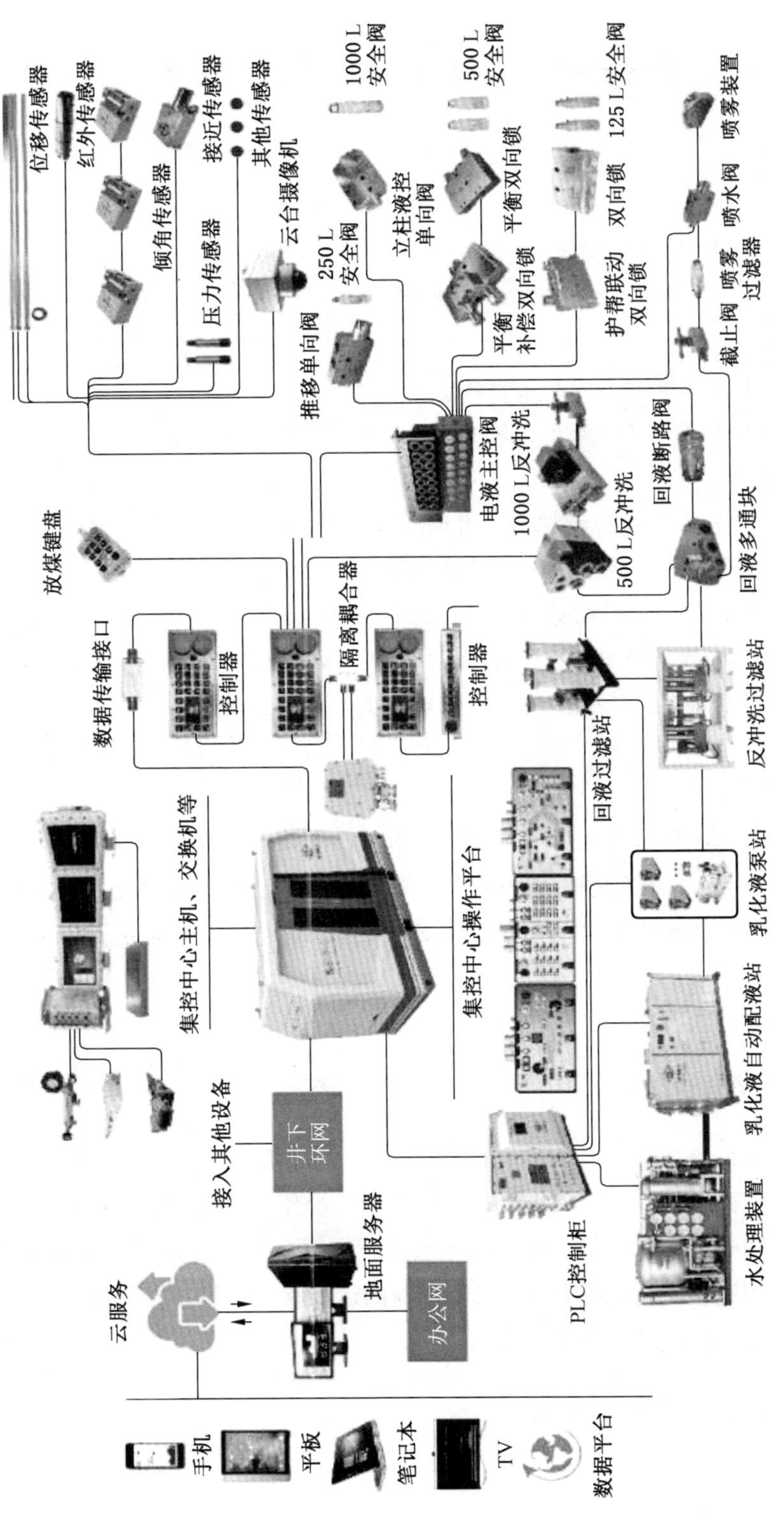

图 3-8　采煤机远程可视化监控界面

任务二　液压支架智能化技术

【学习目标】

知识目标：

(1) 掌握液压支架电液控制技术。

(2) 掌握液压支架液压回路与泵站控制技术。

技能目标：

(1) 能够操作液压支架电液控制系统。

(2) 通过网络等查询了解液压支架智能化技术的应用现状。

【任务描述】

液压支架控制方式分为手动控制、自动控制。手动控制有：本架控制、单向邻架控制、双向邻架控制等。手动控制支架推进速度慢，不能保证支架的额定初撑力，工人劳动强度高。自动控制有：分程序控制、先导式程序控制、遥控等。自动控制支架推进速度比手动控制提高了3~5倍，保证了支架的初撑力。自动控制明显改善了支架对顶板的支护效果，易于实现带压移架，降低了工人的劳动强度，改善劳动条件，实现了完全自动化综采工作面。

【任务知识】

液压支架电液控制技术是融合了计算机技术、检测技术、控制技术和液压技术等为一体的新技术，是近年来煤矿综采装备发展的重要方向之一。使用液压支架电液控制技术可以大大提高支架的动作速度、自动化程度和安全保障功能，同时减轻了操作人员的劳动量和劳动强度，提高了生产效率。其自主动作、实时监测等功能，避免了因操作人员的误动作而带来的不必要的人员和财产损失。

一、液压支架监控系统

液压支架监控系统具有采集、显示和传输支架控制参数和各种传感器数据（包括立柱压力、推移行程、采煤机位置、动作状态）的功能，操作者可以在任何一个支架上查看到本支架的信息，同时可以对整个工作面的参数进行查看和修改。通过液压支架监控系统，用户可实时监控和远程控制液压支架及其控制器的运行状况，设置控制器相关参数，查询各种历史数据，分析矿压并实现信息共享。

二、液压支架电液控制系统

1. 单个液压支架电液控制系统

单个液压支架电液控制系统主要由本安型直流稳压电源（以下简称电源或电源箱）、支架控制器（也称为支架控制箱）、电磁阀驱动器、电液控制阀、位移传感器、压力传感器、红外线接收传感器、倾角传感器（也称为姿态或角度传感器），以及连接电缆等组成，单个液压支架的电液控制系统结构图如图 3-9 所示。电磁阀驱动器是支架控制器的扩展附件，用一根 4 芯电缆与控制器相连（2 根电源线、2 根数据线）；用数根 4 芯电缆分别与相应的电磁阀相连，为电磁阀线圈提供电源。驱动器接受控制器的控制命令，实现对每个电磁线圈通/断的控制，使相对应的液控主阀通/断，实现支架的各个动作。驱动器带有“看门狗”系统，用来监测电源、驱动器、驱动器与控制器之间数据传输的工作状态。支架控制器、电磁阀驱动器、电液控制阀、红外线接收传感器安装在液支架上的专用安装架上，行程传感器安装在推移千斤顶内，压力传感器安装在立柱下腔缸体外面，倾角传感器安装在顶梁、掩护梁和四连杆上。

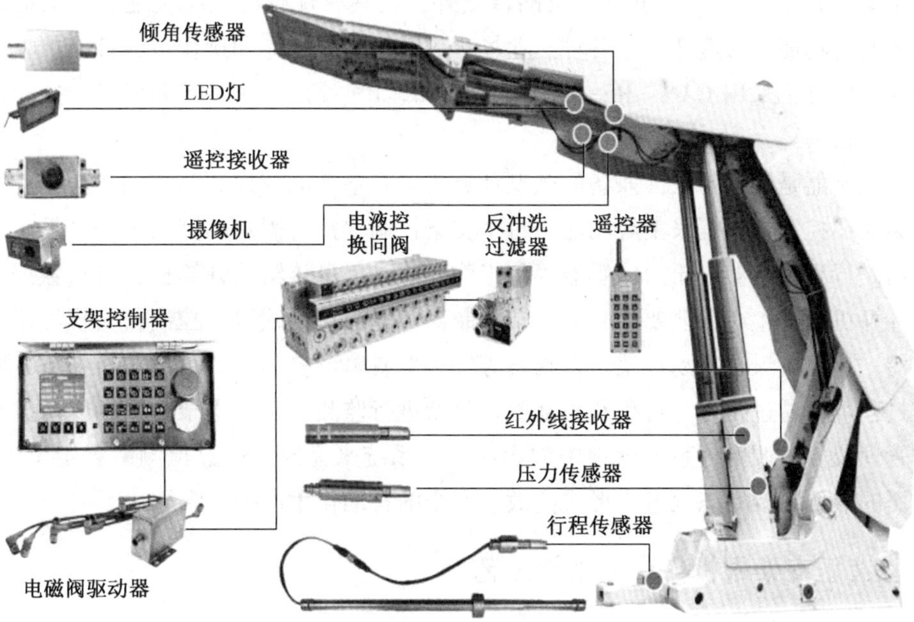

图 3-9　单个液压支架的电液控制系统结构图

2. 工作面液压支架电液控制系统

工作面液压支架电液控制系统由工作面支架控制系统、巷道监控系统、地面数据分析与信息发布系统 3 个系统组成。各支架控制器通过电缆及电缆连接器串联，再通过服务器、网络转换器接入井下防爆计算机（监控主机），形成完整的网络系统。系统接入井下光纤交换机，通过光缆将工作面信息传输到地面监控站（计算机），实现地面集中管理。

服务器安装在靠近刮板输送机机头（或机尾）处，外观和支架控制器相同，其功能是处理工作面所有支架控制器的数据，并把数据通过网络转换器传输给井下防爆计算机。当工作面与井下防爆计算机断开时，服务器仍能保证工作面液压支架的控制不受影响。若不配备井下防爆计算机，只设服务器，就形成了简易的电液控制系统。

网络转换器实现工作面端头服务器与顺槽集控中心防爆主机之间的数据通信，完成支架电液控制系统数据的上传、下达。由于端头支架到顺槽集控中心的设备不断移动，管线之间相互挤压、通信电缆防护难度大，经常造成线路故障，通信中断，因此逐渐由有线通信向无线通信过渡。

主控计算机也称为井下监控主机、井下防爆计算机，有本安和隔爆 2 种型式。本安主控计算机具有质量小、成本低、安全可靠等特点；隔爆主控计算机具有性能高的特点。主控计算机主要用来接收工作面网络转换器通过数据转换器传送的工作面支架电液控制系统数据，对工作面支架电液控制系统实施集中监测监控，并将工作面数据通过井下交换机传送到地面计算机。主控计算机是具备隔爆兼本安特性的工业控制计算机，其内部构造与普通 PC 机基本相同，除具有一般 PC 机的特点外，还具有优越的系统性能、灵活的扩展性及特殊的监控功能，普遍适用于各种工业场合，特别是对功能和操作可靠性有严格要求的场合。主控计算机采用 CAN、RS-485/422、USB、RS-232、以太网等接口，操作系统为 Linux 或 Windows。

支架控制器是硬件与软件兼备的微型计算机，是整个电液控制系统的核心部件，完成所有支架动作控制、数据采集等功能。每个支架控制器都有固定的网络地址，易于实现工作面通信。行程传感器、压力传感器等将工作环境等信息传输给计算机，进行数据分析与运算。计算机根据生产工艺要求，对支架控制器、电液控制阀进行控制，实现液压支架的自动推溜、自动放煤、自动移架、自动喷雾等多架或单台控制，即自动跟机技术。同时支架动作过程可以通过压力、行程和角度等传感器进行监测，实现支架动作的闭环控制。各种动作管理及实时调度由系统软件中的内嵌操作系统来完成，通过检测装置定位采煤机，使工作面的液压支架动态跟进，形成高效、安全的自动化生产控制系统。

三、液压支架跟机自动化采煤工艺

综采工作面跟机自动化采煤工艺是指依据回采工艺与作业规程，通过集中控制的方式来协调采煤机、液压支架和刮板输送机 3 种设备的动作关系，使之能够满足采煤工艺的要求，达到安全、高效、自动化采煤的目的。

液压支架跟机自动化以采煤机的位置和牵引方向为主要输入参数，输出参数则为支架的动作，从而自动地完成综采工作面液压支架和刮板输送机跟随采煤机行走的所有功能动作，如自动移架、自动推溜、自动收或伸护帮板、自动收或打出伸缩梁等。具体操作按照采煤工艺进行：在采煤机前方收回煤壁支护的支架护帮板，采煤机割煤，割煤后应及时伸出伸缩梁进行顶板支护，在采煤机后方应及时移架，实现对割煤后悬空顶板及煤壁的支护；完成移架后，进行推移刮板输送机，为下一刀割煤做好准备工作。跟机自动化程序可以将操作人员在不同部位的操作动作形成标准化流程，编入程序进行支架自动控制，同时进行护帮板动作执行情况的跟踪，依据压力传感器控制支架降、升动作，依据行程传感器控制支架推移动作等。液压支架跟机自动化控制的目标是实现工作面采煤设备自动迁移，并保证采煤机与液压支架互不干涉，刮板输送机保持良好的运行姿态，并保证其直线度，对工作面顶板、煤壁进行有效管理，保证支护强度达到设定的初撑力。

跟机自动化关键元部件有：支架控制器、传感器（压力传感器、行程传感器、倾角传感器等）、采煤机位置检测装置（如红外传感器等）、电液控制阀等。

四、液压支架液压回路

图 3-10 为液压支架液压回路示意图。1 个电磁先导阀控制 1 个液控主阀，称为 1 功能。两组构成 1 个回路，称为 2 功能。当电磁阀 1 通电时，先导阀打开，控制油液通过控制口打开大流量液控主阀 1，P 口高压液经主控阀 1 进入千斤顶上腔，下腔液体通过液控主阀 2 回到回油管路。

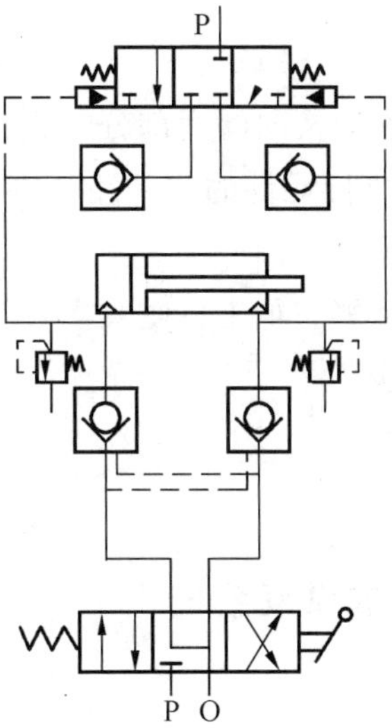

图 3-10 液压支架液压回路示意图

1. 电液换向阀的工作原理

图 3-11 所示为弹簧对中型三位四通电液换向阀的结构。当先导电磁阀的 2 个电磁铁均不通电而处于图 3-11a 所示位置时，先导电磁阀阀芯在其对中弹簧的作用下处于中位，此时来自主阀 P 口（或外接油口）的控制压力油不能进入主阀芯左、右两端的控制腔，主阀芯左右两腔的油液通过先导阀中间位置经先导阀的 T 口流回油箱。

主阀芯在两端对中弹簧的作用下，依靠阀体定位，准确地处在中间位置，此时主阀的 P、A、B、T 油口均不相通。当先导阀左边的电磁铁通电后，使其阀芯向右移动，处于图 3-11b 所示右端位置时，来自主阀 P 口（或外接油口）的控制压力油经先导阀进入主阀右端的控制腔，推动主阀阀芯向左移动，这时主阀芯左端控制腔中的油液经先导阀流回油箱，使主阀的油口 P 与 A、B 与 T 的油路相通；反之，当先导阀右边的电磁铁通电时，可使油口 P 与 B、A 与 T 的油路相通。

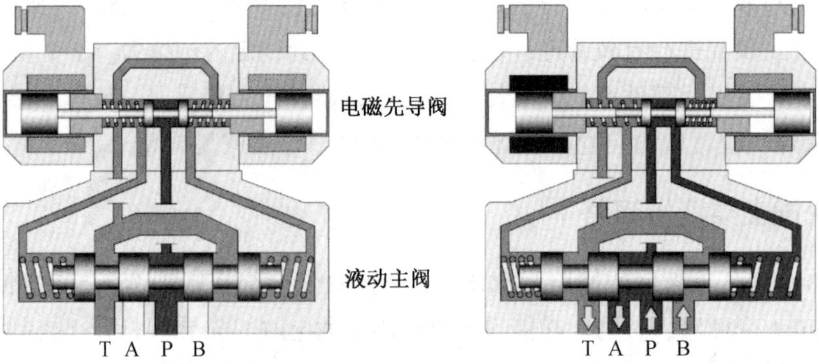

(a) 换向前 (b) 换向后

图 3-11 弹簧对中型三位四通电液换向阀结构图

2. 电液换向阀的特点

电液换向阀由电磁换向阀和液动换向阀两部分组成，其中电磁换向阀起先导阀作用，而液动换向阀起主阀作用，控制执行元件的主油路。电液换向阀换向平稳，但换向时间长；允许通过的流量大，是大流量阀。

（1）结构简单、体积小、质量轻，加工方便。

（2）密封性能良好，内泄量少。

（3）换向响应速度快，反应灵敏。

（4）换向可靠性高。

五、乳化液泵站及智能集成供液系统

1. 乳化液泵站

乳化液泵站由乳化液泵、乳化液箱和电气控制部分组成，是液压支架的动力设备。乳化液泵站提供高压乳化液，使液压支架跟随采煤状态做相应的动作，如升柱、降柱、移架、推溜、伸护帮和收护帮等，各动作随采煤机位置顺序进行。乳化液泵站一般由 2 台乳化液泵、1 个乳化液箱等组成，通常称为“两泵一箱”。其中，1 台泵运转，另 1 台泵作为备用或进行轮换检修。当工作面液压支架等液压设备需要增加供液时，也可让两台泵并联工作，从而满足生产需要。根据液压支架的用液量，泵与液箱的组合方式还有“三泵一箱”“三泵两箱”“四泵两箱”等。

“自动化”和“智能化”是综采工作面的发展趋势，这不仅要求综采工作面的采煤机和液压支架等关键设备协同作业，更需要乳化液泵站能够及时提供合理、稳定的动力。图 3-12 为乳化液泵站实物图。

2. 智能集成供液系统

智能集成供液系统是集泵站、电磁卸载自动控制、PLC 智能控制、变频控制、多级过滤、乳化液自动配比、系统运行状态记录与上传于一体的自动化设备，智能集中供液系统

图 3-12　乳化液泵站实物图

对提高泵站供液能力、降低泵站压力波动、降低工人劳动强度等具有重大意义。智能化综采工作面供液系统如图 3-13 所示。

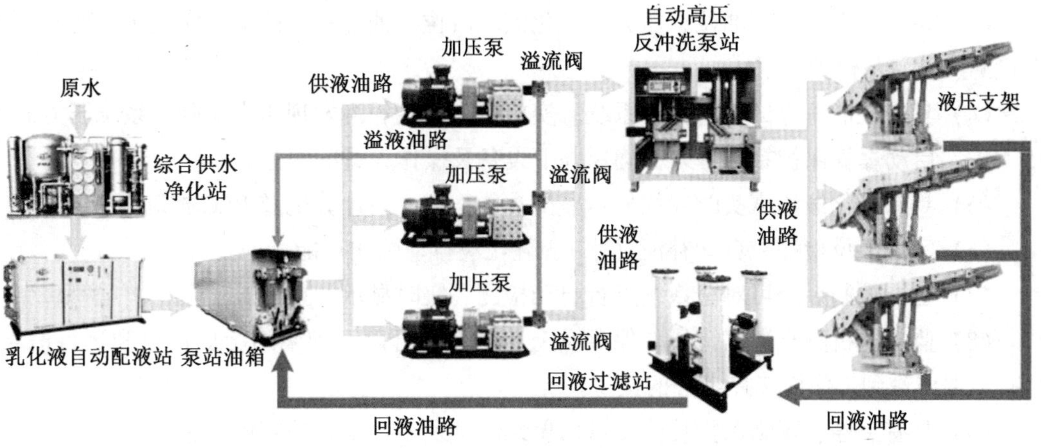

图 3-13　智能化综采工作面供液系统

1）智能集成供液系统的特点

（1）高度集成化。充分考虑了各液压设备之间的相互关系，对各设备进行集成设计，各设备之间联系紧密。

（2）系统灵活，兼容性好。可以根据工作面实际情况及用户使用要求，配置不同流量等级、不同配置要求的供液系统；能够与不同型号的组合开关、变频器和供电电压兼容。

（3）采用模块化设计。各设备内部管路、电缆可在地面提前连好，设备之间的管路、电缆采用快速插接方式，便于安装、维护。

（4）多泵智能联动恒压控制。变频器采用直接转矩控制技术，与乳化液泵站压力变化率大相对应，变频器调节速率能够快于泵站压力的变化率，实现了压力恒定。能够根据系统压力、用液量多少自动控制泵站的启停；系统用液量较大时能够自动开启变频泵来调整系统压力，保证供液流量；系统用液量较少时能够自动减少开泵数量，降低无功损耗。

（5）配备电磁卸载阀，具有电控卸载和机械卸载双功能，并能实现自动切换。

（6）完善的清洁度保障体系。系统配备了包括进水过滤站、过滤减压装置、回液过滤站在内的多级过滤系统，通过不同精度和不同流量过滤元件的组合，确保工作面液压介质的清洁和系统的稳定。

2）智能集成供液系统的功能

（1）泵站集中控制台可以实现对乳化液泵、喷雾泵的集中自动化控制，具有单泵控制和多泵智能联动控制等多种模式控制，多泵智能联动控制模式下系统平均开泵数量较人工控制减少了约 20%。

（2）实现乳化液泵站的主泵变频控制，将乳化液泵站变频控制与电磁卸载结合，充分发挥优势，提高泵的有效利用率，降低功率损耗和磨损，实现节能高效。避免了普通泵站变频控制技术存在的低速重载、运动部件磨损剧烈等问题，提高了泵站的响应速度，能够根据工作面要求实现快速供液。

（3）泵站具有油温、油位、压力和乳化液箱液位、油位等传感器，实现了主要设备状态检测、预警与保护。

（4）具备性能可靠的爆管保护系统。实施压力检测，当发现压力突降，系统压力低于 15 MPa，启动爆管保护系统停泵，确保井下设备及操作人员的安全。

（5）具有乳化液浓度实时在线显示监测功能，在主控计算机及 PLC 控制柜上显示。

（6）实现液位检测、自动补液（水）、乳化液自动配比功能。

（7）智能控制系统可对全系统进行自动检测、实时显示及控制。

（8）监控主机具有数据记录、保存及上传功能；可以查询泵站历史信息和运行信息，具有数据传输到工作面集控中心的接口。

（9）具有急停、闭锁保护功能，可以单泵闭锁及多台泵站的急停控制。

（10）实现液压系统封闭式管理，降低了系统配件、油脂和水的损耗。

任务三　工作面运输“三机”智能化技术

【学习目标】

知识目标：

（1）了解国内外软启动技术的现状。

（2）掌握煤矿机械设备软启动技术。

技能目标：

（1）能够利用互联网等资源了解工作面运输“三机”智能化技术的相关信息。

（2）能够利用互联网等资源查询软启动技术的新发展。

【任务描述】

我国经济快速发展，煤炭的需求量不断增加。随着机械化程度不断提高，大功率机械设备软启动技术广泛运用到了煤炭企业中。现阶段，中国煤炭企业基本实现了电气化生产。

【任务知识】

工作面运输“三机”包含刮板输送机、转载机和破碎机，作为长壁工作面的主要运输设备，刮板输送机成套装备的整体技术水平影响着工作面的安全、产量和开采效率。为了满足“一矿、一井、一面”安全高效年产千万吨矿井开采需要，年过煤量千万吨的重型智能化刮板输送机已经成为国内外刮板输送机成套装备的发展趋势。国内已研发了槽宽（内宽）为 1350 mm、1400 mm、1500 mm，装机功率为 3×1000 kW、3×1500W、3×1600 kW 系列的重型、超重型刮板输送机成套装备。刮板输送机在向大型化发展的同时，设备自动化、智能化程度亟待提高。变频调速软启动、链条张力自动控制与故障诊断、远程工况监测诊断与控制等机电液一体化技术的应用，将成为重型刮板输送机智能化的重要标志。

一、软启动技术

大功率刮板输送机以带载启动为主，负载量大且运距长。现阶段刮板输送机系统面临的三大问题：停车随机、负载变化无规律等造成的启车问题；松弛状态刚性链启动瞬间造成的强烈机械冲击问题；堆煤、重载启动时，电网冲击大、设备易损坏等问题。基于此，刮板输送机软启动装置必须符合以下特点：电机无负载启动；使用多个驱动时，按照顺序进行启动；在多电机情况下，需使负载处于平衡状态，且具有快速平稳地建立扭矩、良好的防爆性能和较强的适应环境能力等特点。

二、工作面运输系统均衡调节技术

在采煤生产过程中，工作面运输系统并不是时刻都需要满负荷运行，因此应根据不同的负荷情况自动调整运行速度，实现采煤机与刮板运输系统载荷联动，从而降低刮板输送机的磨损及功耗。目前有下面 2 种自动调速方式。

1. 煤量监测调速方式

煤量扫描仪由煤量监测传感器和主机组成。传感器安装在顺槽输送带入口的上方，在扫描范围内，监测每个断面各测量点与传感器的距离，据此计算出输送带上煤层断面面积，并得到外形轮廓和坐标定位等信息，再引入运行速度就可以计算出煤流的体积，从而得出实时的煤流量。通过煤量扫描仪检测到的煤量大小，结合采煤机的工况，调节采煤机的采煤量，工作面运输系统根据负荷大小自动调节运行速度，全范围连续长时间变速运转，实现节能降耗的效果。

2. 以电动机电流为主的自动调速

实时监测刮板输送机工作电流的状况，结合采煤机在工作面的位置信息、运行方向和工作状态，当负荷较大时，集控系统能够自动减慢采煤机的牵引速度，减少落煤量；当刮板输送机负荷超过设定上限时，自动停止并闭锁工作面采煤机。控制策略是电机电流大输出功率大，则输送机负载大，需增大转速。采煤机行走方向与煤流同向时（由机尾向机头），此时电流应逐渐减小。采煤机行走方向与煤流相反时（由机头向机尾），此时电流应逐渐增大。采煤机截割速度越大，电机转速越大，反之越小。依据电机电流的变化曲线与采煤实际相结合，从而实现刮板输送机主动适应、分区分挡调速的自主调速功能。

三、链条张力自动控制与故障诊断技术

采煤机往复割煤，刮板输送机的负载周期变化；有煤壁片帮时，刮板输送机的负荷瞬间增大。这 2 种情况均会导致链条张紧程度发生变化。链条过紧会加剧链条和压链板的磨损，过松会产生堆链，影响它与链轮的啮合，导致跳链、断链事故。合理控制链条的张紧力，可以减少磨损，提高使用寿命和可靠性。一旦链条发生断链、跳链等故障，必须及时采取相应措施，否则影响安全生产。国内外普遍采用自动伸缩机尾，根据负载的周期性变化，调整链条松紧程度，实现链条张力的自动控制。

（一）刮板链条张力调节控制

刮板链既是刮板输送机的牵引机构，又是最易磨损和损坏的部件。断链故障是刮板输送机最常见的故障之一，刮板链过松或过紧及刮板输送机的过载运行与启动，都是导致断链的直接原因。

自动伸缩机尾控制器采集油缸压力，与目标值进行比较，通过阀组控制油缸动作，使活动的机尾移动，实现链条张力的自动调节。使用这类自动伸缩机尾，首先必须设定空载和满载情况下油缸的压力数值，并根据实际运行状况人工定期修正，油缸压力不得超出该范围；其次要综合考虑电动机电流和采煤机位置等因素，合理确定油缸压力的目标值。由于难以准确确定空载、满载和反映链条合适张紧程度的油缸目标压力，该自动伸缩机尾的实际应用效果不佳。智能型链条通过在链条内部嵌入测量芯片，检测链条张力，通过无线传输至控制器，与推荐预张紧力作比较，控制活动机尾的动作，实现链条张力自动控制，这种方案值得尝试。

（二）链条故障诊断

刮板输送机是采煤工作面主要的运输设备，而刮板链则是其重要的运动受力部件，由于设计制造、使用维护以及工作面特殊的工作条件影响，刮板链时常发生断链现象，不但严重影响正常生产，而且对输送机沿线工作人员的生命安全也构成极大的威胁。

1. 链条疲劳裂纹的检测

链条疲劳裂纹检测主要使用无损检测技术，目前常用的无损检测技术有：渗透探伤、磁粉探伤和超声波探伤。

（1）渗透探伤是较早采用的一种检测方法，它是利用毛细现象检查材料表面缺陷的一种无损检验方法。渗透探伤操作简单，缺陷显示直观，具有相当高的灵敏度，能发现宽度 1 μm 以下的缺陷。这种方法由于检验对象不受材料组织结构和化学成分的限制，因而可以很方便地应用于刮板输送机链条探伤检测，同时渗透探伤检测的缺点也很明确，就是只

能检测表面开口性缺陷，对于内部裂纹无法检测。

（2）磁粉探伤是将链条置于强磁场中，若链条表面或近表面附近有缺陷存在，由于缺陷是非铁磁性的，磁力线在这些缺陷附近会产生漏磁。当将磁粉施加在磁化后的链条上时，缺陷附近的漏磁场就会吸住磁粉，堆集形成可见的磁粉迹痕，从而把缺陷显示出来。磁粉探伤检测铁磁性材料灵明度非常高，而且检测过程中不受材料形状的影响，既可以检测表面开口性缺陷，还可以检测近表面附近的缺陷。但是磁粉探伤缺点是：仅能检出缺陷的长度和形状，而难以确定其深度。

（3）超声波探伤是利用超声能透入链条的深处，当超声波束自链条表面由探头通至金属内部，遇到缺陷或链条底面时就分别发生反射，在荧光屏上形成脉冲波形，根据这些脉冲波形来判断缺陷位置和大小。超声探伤检测链条的优点是可以检测链条内部缺陷，并对缺陷深度、大小做出判断，缺点是受到链条形状和链条表面的限制，尤其是在检测圆环链和在链条弯曲部分容易造成漏检或误判。

2. 影响输送机链条安全运行关键因素

（1）链条疲劳裂伤。刮板输送机工作时，由于工作面起伏多变，链条的载荷随坡度的变化而变化，同时实际生产煤量的大小也随采煤工作面条件的变化而变化，这样就造成输送机的负载复杂多变。输送机链条受到的载荷也在不断地发生变化。特别是在重负荷时紧急停车，遇到大块煤或掉落的刮板等对链条形成卡阻，推刮板输送机时弯度太大，这 3 种恶劣工况下，链条要承受的张力最大且具有冲击性。如果这种恶劣工况频繁和长期存在，则链条必然要承受巨大的反复交变的冲击载荷。在这种反复交变的冲击载荷的作用下，链条很容易失效。链条失效后容易产生疲劳裂纹。对链条疲劳裂纹的检测，主要使用无损检测，可采用渗透探伤、磁粉探伤和超声波探伤。

（2）链条伸长量测量。引起刮板链“变长”的主要原因有两个：第一个是磨损，第二个是“塑性”伸长。刮板链与链轮在啮合运转过程中，当链环进入和离开链轮时，垂直链环要绕水平链环转动，链环与链环、链环与溜槽之间都会产生磨损，链环间的磨损增大了链子的节距，但链环的外形尺寸保持不变；刮板运输送机工作时必须施加一定的预紧力，而预紧力和动载荷会使链条“塑性”伸长，也就是卸载后链条仍然伸长，这样链环的节距会增大几毫米，链环长度的外形尺寸也将增大。链环长度增大将意味着链条与链轮齿不匹配。定期测量链环伸长量，并依据链环的伸长量配套相应磨损的旧链轮，以延长链条的使用寿命。链条测量尺可有效测出链条的伸长量，测量时卡尺左右脚分别卡在两个立环上，测量尺长度读数等于两个平环和 3 个立环内节距之和加立环弯曲部分直径。

3. 链条使用注意事项

（1）链条在应用前必须对刮板螺栓进行紧固，并且达到规定的扭矩，同时在应用过程中必须定时检查螺栓的松紧程度。在正常运行工况下每月紧固次数不少于 4 次，并做好检修周期记录。

（2）每天要利用巡回检查的时间对刮板及刮板螺栓进行检查，发现问题及时进行处理，不容许出现减少或弯曲刮板的现象。

（3）为了及时掌握链条的运行状态，必须每周在固定时间对链条的张紧力进行视察测量，发现链条松弛及时调整链条的张紧力。

（4）链条在调换时不容许出现拧链现象，否则链条在运行中容易产生飘链现象，造成事故。

（5）应用液力偶合器，以减轻链条所受的动载荷和冲击载荷，延伸链条的应用寿命。

（6）刮板链使用1个星期后，将链条拆下反转90°后持续应用，调换程度链环与垂直链环的位置，利用转变其磨损部位的措施延伸链条的应用寿命。

四、远程工况监测诊断与控制系统

远程工况监测诊断与控制系统由现场监控系统、远程监控诊断平台和运输系统“三机”集控系统组成。

（一）现场监控系统

井下监控由链条故障诊断装置、减速器监测装置、变频控制器、伸缩机尾控制器、视频采集装置、振动采集装置、巷道集控平台组成。其中，减速器监测装置实时采集减速器输入输出轴的温度，冷却水的压力、流量和温度，润滑油的液位、温度和污染度等级。

巷道集控平台作为上位机，读取所有工况数据。电压、电流等电量参数可直接从开关读取。在工作面巷道集控平台上，可根据视频等信息操控成套输送设备的启停、推移刮板输送机、拉架等，实现工作面无人或少人。所有数据通过集控平台经工业以太网上传至地面，由调度室集控平台接收、处理。

1. 刮板输送机的运行工况监测与控制

刮板输送机的运行工况监测与控制技术、重型刮板输送机的电动机和减速器运行参数的监测及控制技术是刮板输送机自动化、智能化控制领域中较为成熟的技术之一。该技术是把各种电压、电流、速度及温度传感器安装在组合开关箱、电动机和减速器上，实现电压、电流、速度及电动机和减速器温升等在线监测及数据采集，通过传输系统，将工作面刮板输送机的运行情况以模拟曲线或数字形式反馈至井下中央控制室和地面调度室。

2. 减速器油质监测

减速器油质监测常采用的方法是在井下减速器内取样，离机检验。若能在减速器油路上安装在线油液监测传感器，则可实现油质的在线连续自动化、智能化监测。其工作原理：应用铁谱技术，将齿轮摩擦副产生的磨粒经过由高梯度的磁场装置和沉淀管、流量控制器及表面感应电容传感器等构成的检测装置后从润滑油中分离出来，分析大、小磨粒浓度及磨粒尺寸分布状况，判断减速器磨损和润滑油质情况。对减速器等传动机构振动的监测，可通过传感器采集振动信号并传输给控制器，由控制器对该信号进行分析判断。

3. 输送平衡控制技术

为达到采运平衡，需实时监测刮板输送机的煤流量，将输送系统的实时负荷传输给控制中心，控制中心进行实际负荷和理论负荷的比较，自动调节割煤速度以控制落煤量。

4. 多传感器融合技术的应用

尽管现有的测量方法可满足使用要求，但由于煤层赋存及井下环境的不确定性，以及智能化工作面的数据采集量大，导致某种传感器阶段性失效或者漂移率增加，因此有必要综合运用多传感器融合技术，建立可靠的优化模型，提高系统运行的冗余性能。

（二）远程监控诊断平台

远程监控诊断平台将设备制造方、使用方和行业专家紧密联系起来，实现设备全寿命周期管理，保证设备在井下稳定运行，保障煤矿安全高效生产。设备制造方在公司内部设置监测中心，主动掌握销售出的成套刮板输送设备的运行信息，同时利用这些信息，为矿方提供更好的服务（及时准备易损件、技术服务）。行业专家也可利用该平台对设备健康状况进行会诊，及时诊断，辅助决策。

（三）运输系统“三机”集控系统

工作面运输“三机”易发生堵塞、断链等事故，必须对刮板输送机、转载机、破碎机构成的工作面运输系统进行实时的监控，保障系统平稳、可靠运行。其控制系统如图3-14所示，可对工作面破碎装置、自动伸缩机尾、输送带自移装置进行控制，对电动机、减速器、冷却水、链轮、链条等主要零部件的状态实时监测，全面感知设备运行工况。该控制系统具有智能软启动、智能调速、功率平衡、自动润滑、协同工作、数据存储、故障诊断及预警等功能。

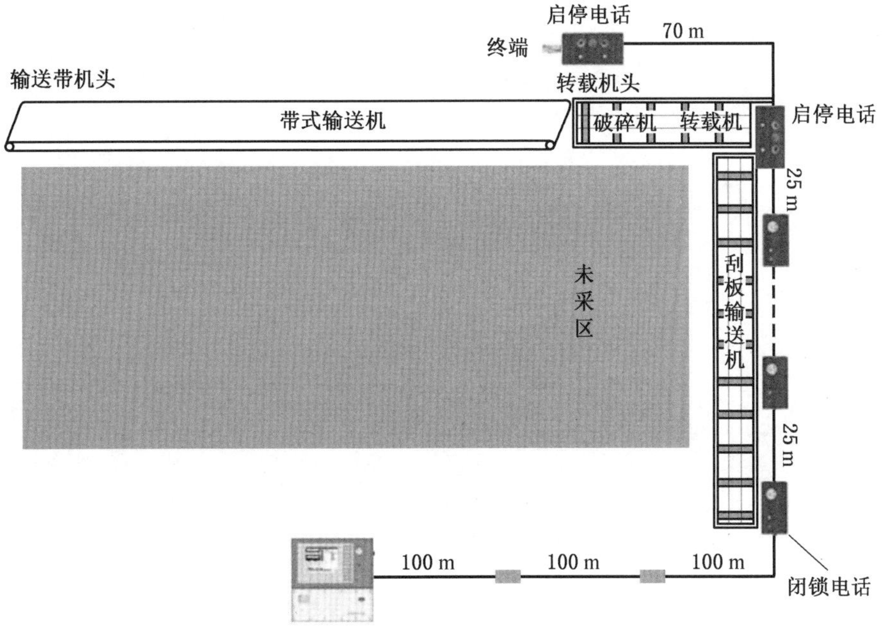

图3-14　工作面运输“三机”控制系统

采煤机、刮板输送机、转载机和带式输送机之间通过信息互通接口实时进行信息交换，下一级设备可以根据前级设备的工况（运行状态、向下级传递物料的量）调整自身运输能力或给出上下级设备运行建议，从而做到各级工作能力的匹配，使得采煤机在速度允许范围内达到最优控制，继而提高生产效率。

【习题】

1. 采煤机故障诊断技术有哪些？

2. 简述记忆截割技术，自适应调高控制技术，自适应牵引控制技术，采煤机自动纠偏技术。

3. 简述采煤机远程控制的工作原理。

4. 简述液压支架跟机自动化采煤技术。

5. 智能乳化液泵站系统有哪些特点？

项目四　煤矿主运输系统智能化技术及装备

我国矿山开采深度逐渐增加，部分矿井开采深度已经超过了 800 m。在开采深度逐渐增加的情况下，矿井主运输系统需要具有节能性和高效性才能满足运输要求。为满足矿井提升与运输需求，矿井主运输系统需要新技术、新装备来提升运输效率，保障运输安全、可靠，降低人工成本。自动化技术、互联网技术、智能检测技术、无人值守技术、工业机器人等给矿井主运输系统的发展带来了广阔前景，掌握矿井主运输系统的智能化技术对于完成采矿智能化与矿井智能化，实现绿色矿山、智能矿山至关重要。本项目包括煤矿主运输系统、带式输送机智能化控制装备、矿井提升机的智能控制等 3 项任务。

任务一　煤矿主运输系统

【学习目标】

知识目标：

(1) 熟悉煤矿主运输系统、运输线路。

(2) 了解各类运输设备。

技能目标：

(1) 对照实物描述煤矿主运输系统的基本结构。

(2) 能够描述煤矿智能化运输设备的应用。

【任务描述】

煤矿主运输系统是煤矿生产的主要环节，在煤矿安全生产和运营管理中占有极其重要的地位。它的主要功能是通过各种运输设备将工作面开采的原煤安全高效地输送到地面指定煤仓，确保煤矿生产连续运行。在运输过程中需要用到各种运输设备，与运输系统有效匹配的运输设备将使运输更加高效。本任务主要介绍煤矿主运输系统及各类运输设备。

【任务知识】

煤矿主运输系统一般包括采区运输、主巷运输、提升运输和地面运输等运输环节。煤矿采区运输是指在矿井单水平或多水平采区中，从工作面到运输大巷的运输环节。煤矿主巷运输是指在矿井已开拓成的主要运输水平或倾斜巷道（包括阶段、石门、水平运输大巷）的运输环节。煤矿提升运输是指在立井和斜井开拓的矿井中，从立井（或斜井）井底到地面井口的运输环节。矿井地面运输是指煤矿主井井口到地面煤仓的运输环节。

各运输环节相互衔接、搭载，与中间煤仓等共同构成了连续运输系统。在整个运输环节中，比较常见的运输形式和运输设备有刮板输送机、带式输送机、矿井提升机、矿车等设备。

一、刮板输送机

刮板输送机是一种利用链传动的连续输送设备，主要用于煤矿回采工作面等场所，主要部件包括：机头部（包括机头架、驱动装置、链轮组件等）、溜槽（分为中部槽、特殊槽、调节槽等）、刮板链、机尾部（包括机尾架、驱动装置、链轮组件等）、挡煤板、铲煤板、无链牵引装置等。

二、带式输送机

带式输送机是一种以输送带作为动力牵引机构及物料承载机构的连续运输机械，具有运量大、运输距离长、可靠性高、可连续输送等优点。它是煤矿中应用最广泛的煤炭运输设备，在采区上下山、主斜井，以及平巷等倾斜和水平运输巷道中，大部分采用带式输送机。带式输送机有多种类型，常用的有两种：一种是固定带式输送机，另一种是可伸缩带式输送机。固定带式输送机主要用于主运大巷、主斜井等位置固定的运输场所；可伸缩带式输送机主要用于采煤工作面运输巷或掘进巷等不断移动的场所。

三、矿井提升机

煤矿一般采用立井箕斗提升。提升机系统一般包括提升机、提升钢丝绳、提升容器、井架或井塔、天轮、导向轮，以及装、卸载设备。它主要担负井筒中的运输任务，也有部分小矿井使用斜井串车提升或斜井箕斗提升。

四、矿车

矿车是输送煤、矿石和废石等散状物料的窄轨铁路运输车辆，矿车按结构和卸载方式不同，分为固定式、翻斗式、侧卸式、梭式等。矿车一般需用机车或绞车牵引，采用机车牵引时，机车又分为架线式电机车、蓄电池电机车。

随着矿井生产规模的不断扩大，煤矿主运输设备向长运距、高运速方向发展。这不仅要求装备单机控制实现智能化，同时要保证各设备之间高效协同，并与采掘系统有效衔接。对主运输系统进行优化管控，能保证矿井安全、高效、节能生产。

煤矿主运输系统智能化技术的发展，体现在运输设备的电气传动技术、自动化控制技术、传感器智能检测保护技术、节能控制技术、基于物联网设备远程诊断与设备维护管理技术等各方面。煤矿主运输系统智能化技术的应用对主运输系统实现安全高效生产、无人值守具有重要意义。

任务二　带式输送机智能化控制装备

【学习目标】

知识目标：

(1) 掌握带式输送机的结构与运行原理。

(2) 熟悉带式输送机工艺控制要求。

(3) 了解带式输送机驱动技术。

(4) 了解带式输送机的自动控制与安全保护技术。

(5) 了解带式输送机运输系统无人值守控制技术。

技能目标：

(1) 通过现场实习实训后能够完成带式输送机的基本操作。

(2) 通过现场实习实训后能够处理带式输送机简单故障，进行日常维护。

【任务描述】

带式输送机是一种以输送带作为动力牵引机构及物料承载机构的连续运输机械，具有运量大、运输距离长、可靠性高、可连续输送等优点，是煤矿中应用最广泛的煤炭运输设备，了解带式输送机结构及主要技术是掌握智能矿井技术的关键。

【任务知识】

一、带式输送机的结构及工作原理

带式输送机主要由输送带、机架、托辊、驱动装置（包括电动机、减速机、制动器、软启动装置、逆止器、联轴器、传动滚筒）、拉紧装置、清扫装置等组成，可伸缩带式输送机还有贮带装置、收放带装置和机尾拉紧装置。带式输送机结构示意如图 4-1 所示。

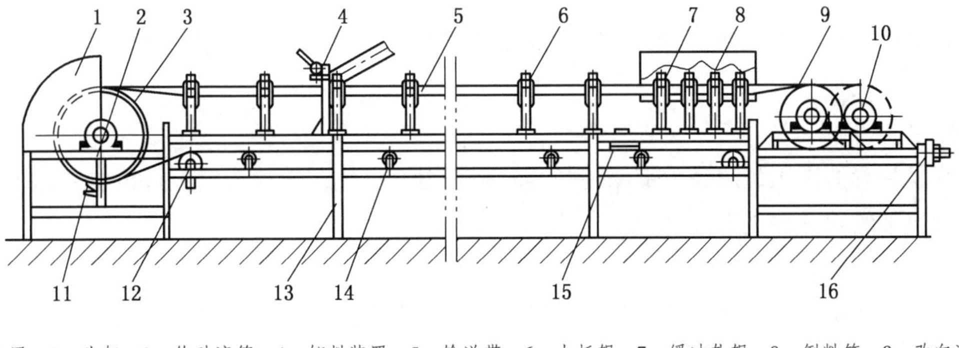

1—头罩；2—头架；3—传动滚筒；4—卸料装置；5—输送带；6—上托辊；7—缓冲轧辊；8—倒料箱；9—改向滚筒；10—尾架；11—清扫器；12—改向滚筒；13—中间支架；14—下托辊；15—空段清扫器；16—带拉紧装置

图 4-1　带式输送机结构示意图

1. 输送带

输送带用来承载被运货物和传递牵引力。带式输送机所用的输送带有多种选择，如钢绳芯橡胶带、帆布芯带、尼龙带、聚酯带。钢绳芯橡胶带强度高、弹性小，在煤矿大运量、长距离的带式输送机上广泛使用。

2. 托辊

托辊的作用是支撑输送带和物料的质量，减少运行阻力，保证输送带平稳运行。托辊是带式输送机的重要组成部分，按材质托辊分为金属托辊、陶瓷托辊、尼龙托辊、绝缘托辊等；按作用类型托辊主要分为平形托辊、槽型托辊、调心托辊及缓冲托辊等。使用时，可根据不同的应用环境和要求进行选择。煤矿带式输送机上所用的承载托辊一般采用槽型托辊，不仅可以增加载货量，而且还能防止输送带跑偏，防止物料向两边撒漏。

3. 驱动装置

带式输送机的驱动装置由电动机、联轴器或液力偶合器、减速器、传动滚筒等组成，有倾斜段的带式输送机还应根据需要设制动器或逆止器。驱动装置的作用是由传动滚筒通过摩擦将牵引力传递给输送带使其运动并输送货物。大多数带式输送机采用单滚筒驱动，但随着运量和运距的不断增大，要求传动滚筒传递的牵引力相应增加，因而出现了双滚筒及多滚筒驱动或多组驱动形式。

电动机用来提供动力，有直流电动机和交流电动机。由于电力拖动技术的发展，交流电动机已替代了直流电动机，煤矿带式输送机多采用交流电动机驱动。减速器用来降低转速和增大转矩。在带式输送机系统中传动滚筒是传递动力的主要部件，借助其表面与输送带之间的摩擦传递牵引力。传动滚筒也有电动滚筒，电动滚筒是把电动机和减速装置放在传动滚筒内，其结构紧凑、质量轻、便于布置、操作安全，适于环境潮湿、有腐蚀性的工况。

4. 制动装置和逆止装置

为了带式输送机正常停车，应在驱动装置处设制动装置，常用的制动装置有电力液压鼓式制动器、盘式制动器、电力液压盘式制动器等。为了防止倾斜向上的输送机在带载停机时发生反转还应设置逆止器，常用的逆止器类型有 NF 型非接触式逆止器和 NJ 型接触式逆止器。

5. 张紧装置

张紧装置的作用是使输送带保持必要的初张力，以免在传动滚筒上打滑，并保证两托辊间输送带的垂度在规定范围内。

6. 改向装置

带式输送机采用改向滚筒或改向托辊组来改变输送带的运动方向。改向滚筒可使输送带方向发生 180°、90°或小于 45°的变化。

除上述主要部件外，带式输送机根据不同的应用环境还会设置一些辅助设备。带式输送机的工作原理是：输送带经过机头传动滚筒（或多点驱动的传动滚筒）和机尾换向滚筒形成封闭环形，输送带的上、下两部分用托辊支撑，用张紧装置将其拉紧，传递正常运转的拉紧力。工作时，在电动机的驱动下，驱动滚筒通过它和输送带之间的摩擦力带动输送带运行，物料从装载点装到输送带上，到达机头后卸载，利用专门的卸载装置也可以在中间卸载，形成连续运输的物流，达到输送物料的目的。

二、带式输送机的控制要求

由于带式输送机具有连续、高效、大运量和可弯曲、大倾角、对地形适应能力强等特点，已成为煤矿连续运输系统的主要运输设备。多台带式输送机相互搭接，并与中间煤仓、给煤机等其他设备一起构成煤矿带式输送机煤流运输系统。带式输送机工艺复杂，控制要求高。

1. 带式输送机启动

(1) 保证恒定的启动力矩。带式输送机运行过程中，负载对驱动设备的运行阻力力矩只与自身负荷大小、驱动滚筒半径、滚筒与输送带间的摩擦力等因素有关，而与转速快慢无关，是典型的恒转矩负载。

(2) 平滑启动（制动）。带式输送机的输送带是一种黏弹性体，要求在启动（制动）过程中减小冲击，平滑启动（制动）。

(3) 带式输送机要保持必要的初张力。要求有较大的启动张力和相对恒定的运行张力，输送带的张力应保证输送带与滚筒之间不打滑。

2. 带式输送机运输系统启停工艺要求

为了保证带式输送机运输系统在启停过程中不堆煤，传统的带式输送机系统启停顺序是逆煤流启动，顺煤流停车。这样可以保证每一条带式输送机启动前其下游输送机已经运转起来，停车时，保证每一条带式输送机不留煤，可以有效地防止堆料事故的发生。但这种启停顺序也会造成多台带式输送机启动时较长时间的空转。随着检测技术的发展，目前可以采用顺煤流启动、顺煤流停车，实现工艺优化。

3. 带式输送机运输系统运行效率

带式输送机运输系统各设备存在一定的连锁关系，如各设备之间、各系统之间不能很好地相互衔接、相互配合，将会限制带式输送机运输系统运行效率。通过工艺流程优化、设备协同控制等可提高带式输送机运输系统的运行效率。

三、带式输送机的自动控制与安全保护

按照带式输送机的工艺控制要求，带式输送机的自动控制实现每台带式输送机的可靠启动与停止、平滑调速、安全制动、运行保护等工艺控制功能，同时按煤流方向实现上、下游设备之间的集中连锁控制。

1. 带式输送机自动控制系统的构成

带式输送机自动控制系统如图 4-2 所示，主要包括上位机监控系统、现场控制站、交

频驱动系统、高低压配电系统、带式输送机安全保护系统与设备在线监测系统、辅机设备的控制等。上位监控系统由计算机与网络通信设备组成，采用工业控制软件对控制设备进行实时在线监测。

现场控制站主要由可编程控制设备组成，主要完成带式输送机的自动控制、保护和数据采集功能。电气传动系统主要由变频传动或其他软启动装置组成，完成带式输送机的软启、软停控制与运行速度调节。配电系统主要由高低压配电柜组成，可实现远程操作与电气自动保护、数据监测。带式输送机安全保护与在线监测系统由保护传感器和设备在线监测装置组成，实现带式输送机运行过程的故障保护与运行监测。辅机设备的控制主要包括张紧装置的控制、制动闸盘的控制，也包括给料机等相互衔接设备的连锁控制。带式输送机自动控制系统是集供电、传动、控制、监测为一体的综合监测控制系统。

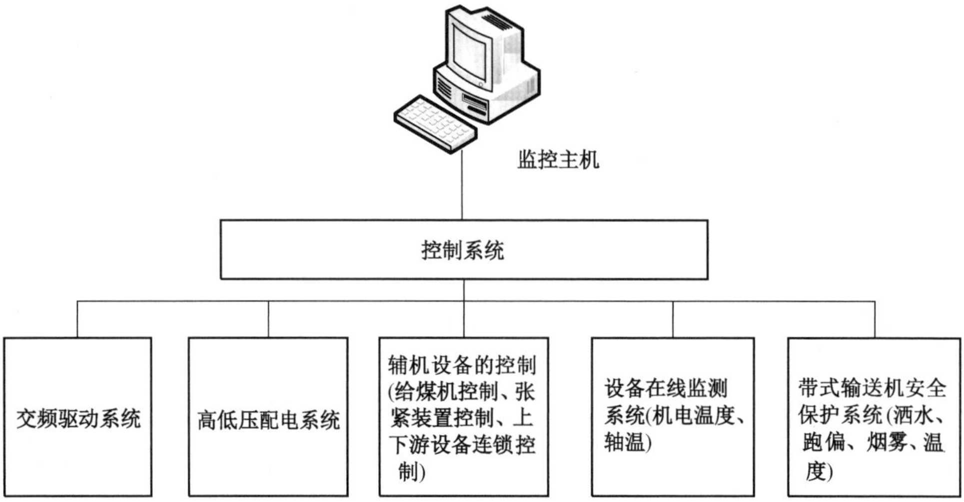

图 4-2　带式输送机自动控制系统

2. 带式输送机单机自动控制功能

（1）数据采集。主控制器与各装置或系统通过通信接口或 I/O 接口实现数据采集，其主要监测内容为：①设备运行、故障等状态参数监测，如电压、电流、有功功率、无功功率、功率因数、频率、电动机转速等运行参数；②设备温度在线监测，如电动机绕组和前后轴承温度、减速器前后轴承温度等；③高、低配电柜状态参数（合闸、分闸、故障）；④辅助设备工作状态，即张紧装置工作状态、制动闸工作状态等；⑤带式输送机保护数据监测。

（2）带式输送机工艺控制。控制系统根据带式输送机启停要求、工况特性，可以实现以下工艺控制功能：①对带式输送机进行软启、软停控制，实现带式输送机启动时的张力平衡，减少对电网和设备的冲击，在变频驱动情况下，可计算和自动生成最佳启动曲线；②对驱动装置故障进行检测，协调控制多台电动机的功率平衡和速度同步；③可实现速度给定与调速控制，可低速验带；④实现与辅助设备的协调控制，如与机械制动器的配合，与张紧装置的配合；⑤实现上、下级带式输送机连锁控制；⑥实现大运量下运带式输送机电气制动；⑦实现带式输送机保护控制功能。

(3) 带式输送机自动控制方式。带式输送机自动控制系统具有自动、手动、检修、就地操作控制模式。各工作方式下，需能保证上、下游设备之间的闭锁关系。自动工作方式下，采用控制器程序控制模式，操作员在远端通过通信或现场控制台一键完成带式输送机的启停控制。在运行过程中主控制器自动进行数据采集、在线监测、工艺过程控制。手动控制方式下，通过操作台上的启动按钮控制各个设备的单启、单停，并保证各个设备与带式输送机实现连锁功能。就地控制方式下，各个设备可实现单独控制。就地控制主要在现场操作台出现故障时应用。检修方式下，带式输送机可低速验带，以便检修人员认真检查，各种保护也可选择性地投入运行。

3. 带式输送机运输系统集中控制功能

带式输送机运输系统集中控制主要指运输系统远程集控中心对运输系统各带式输送机现场控制设备实现远程集中控制，由运输系统远程集控中心和各带式输送机现场控制站组成。运输系统远程集控中心由数据服务器、上位工控机、显示器、不间断电源、通信网络和相应的系统软件、监控软件及组态软件组成。工控机采用主、从热备，实现双机控制，当其中一台工控机出现故障时，系统可自动切换到另一台工控机，以防止数据丢失或控制失效，可实现多条带式输送机集中控制和监测。各现场控制站主要完成单台带式输送机自动控制与保护功能。

(1) 集中监控功能。集控中心能够完成运输系统带式输送机各种状态的监控，实时了解各带式输送机的工作状态、故障性质、故障地点、煤仓煤位、带式输送机速度等各种重要参数和信息；对带式输送机运输线上的设备进行全方位监控，可以对带式输送机运输系统的跑偏、堆料、断带、撕裂、拉绳、急停、温度、烟雾、电动机电压、电动机电流、带间连锁等状态进行监控，还可以对运输线的相关辅助设备进行连锁监控，包括给料机、除尘系统、洒水阀等；系统通过通信网络依次巡检各现场控制站，接收现场控制站采集的各种信息，并负责各台相关设备之间的连锁控制，发出远程控制指令。

(2) 集中控制方式。带式输送机的集中控制方式有远程集中控制、现场控制两种工作方式。

远程集中控制模式：将工作方式设置为集中控制时，所有设备由集中控制中心控制，在集中控制中心能远程控制带式输送机、给煤机等设备的开、停，便于指挥和控制运输系统高效运行。集控方式用于正常生产，由集中控制中心按照煤流设备队列的闭锁关系，实现设备按逆煤流方向或者顺煤流方向成组或逐台顺序延时起车，按顺煤流方同成组或逐台顺序延时停车。设备启停的延时时间因设备而异，原则是运行时不堆煤，停车后不存煤。在集控方式下，通过选择不同的控制流程，启停不同的设备队列。

现场控制模式：在现场控制模式下，现场根据实际情况选择不同的方式进行控制，可选择单机自动、手动、就地等不同方式。

此外，设备的禁启、故障急停均需符合设备之间的连锁要求。

四、无人值守的带式输送机运输系统

受矿井环境条件及人力成本增加的影响，煤矿企业通过无人值守智能化控制，实现安全生产、减人提效。带式输送机运输系统是煤矿用人较多、能耗较大的生产系统，是煤矿实现减人提效的主要环节。

（一）带式输送机运输系统无人值守控制总体结构

带式输送机运输系统无人值守控制总体结构如图 4-3 所示。

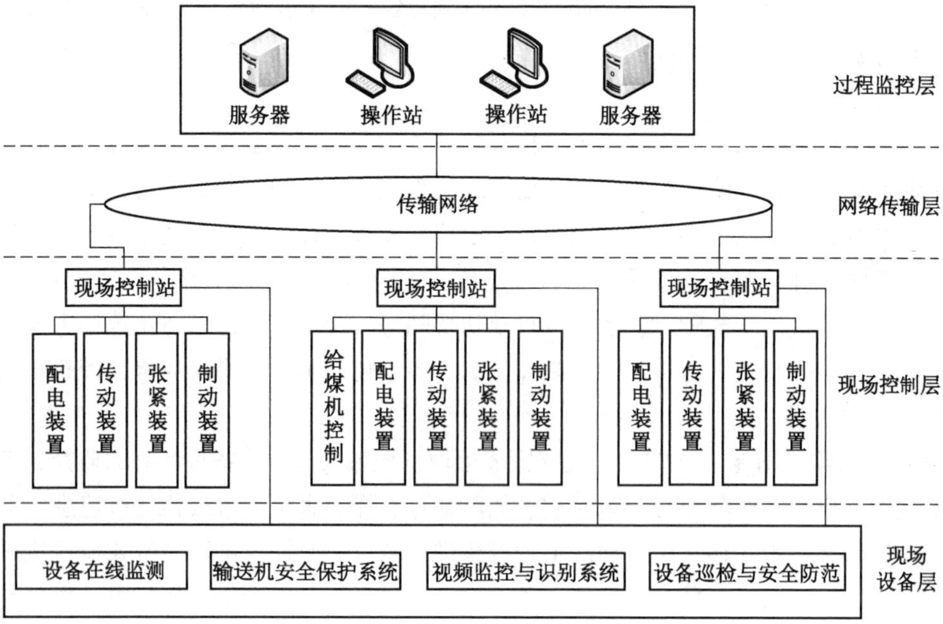

图 4-3　带式输送机运输系统无人值守控制总体结构

带式输送机运输系统无人值守控制，以安全、高效、节能为主要目标。它是集智能控制、电气传动、网络通信、在线数据监测与保护、视频遥视与图像识别、音频采集，以及基于物联网的数据分析、故障预判、应急处置等功能于一体的控制系统。通过无人值守调度平台，实现设备的远程连锁与优化管控。它是建立在各种智能化技术基础之上的综合协同管控系统，最终实现现场无人操作，有人巡视。煤矿带式输送机运输系统无人值守控制由现场设备层、现场控制层、网络传输层、过程监控层构成，即主要由在线检测传感器、现场控制站、通信网络、无人值守监控平台及无人值守控制软件等组成。

1. 现场设备层

现场设备层主要由带式输送机现场各类在线监测传感器及各类信息处理装置组成，主要目标是建立一套可靠的在线监测与智能可视化综合分析系统，为无人值守提供可靠的分析依据。现场设备层是无人值守的基础，重点提高传感器检测的可靠性与精确判断功能，解决关键监测部位的智能识别问题。现场监测的主要内容包括设备运行在线监测、带式输送机安全保护数据监测、视频监控与图像识别、设备巡检与安全边界防范等，主要功能是对带式输送机设备运行状态、运行环境、运行安全进行全面准确可靠的数据采集、分析、判断，实现系统的智能监测。监测手段采用传感器数据监测、视频图像监控与识别、现场音频再现等方法。采集方式有数字量输入、模拟量输入、RS-485总线接口、以太网通信等方式。

2. 现场控制层

现场控制层由多条带式输送机的现场控制站、智能控制装置（包括配电装置、变频驱动装置、张紧控制装置、给煤机控制装置等）、供电电源、现场通信设备等组成。每个现场控制站具有独立的控制功能，可完成单条带式输送机控制任务，并可完成与其他控制站的上下游级联控制，满足煤流输送系统的集中控制要求。与无人值守监控平台通信，执行平台命令，完成控制系统的总体协调与优化处理。现场控制站能实现设备就地控制与远程控制。

3. 网络传输层

带式输送机运输系统无人值守控制要求网络通信实时性好、可靠性高，要在确定的时间内完成信息传送，网络不能中断。控制系统与地面远程监控中心要构建稳定而冗余互备的网络系统，满足控制、通信、监视、管理等需求。

4. 过程监控层

过程监控层主要由带式输送机运输系统无人值守监控平台硬件与软件构成，硬件部分主要由数据存储服务器、多媒体服务器、计算机工作站、网络设备、报警设备等组成。软件部分包括数据库软件、操作系统软件、监控软件、应用软件等。其主要功能：通过传感器数据进行智能运算、综合分析，对运输系统设备、环境、安全与运维等进行全面监控，实现带式输送机运输系统自动优化运行、故障诊断、事故预警、应急处置、安全管理。

无人值守监控平台还可将数据通过路由器上传到物联网平台，由物联网云平台进行大数据分析，对带式输送机设备进行全生命周期的管理。它还提供运行效率分析、故障诊断预警、专家决策分析等功能，并能通过手机、电脑等移动端设备查看各种信息。

（二）带式输送机运输系统无人值守的关键技术

带式输送机运输系统无人值守控制建立在所有带式输送机智能化控制技术基础之上，不仅包括智能化驱动控制技术、自动张紧技术、下运带式输送机联合电气控制技术、带式输送机多级联动优化节能控制技术、带式输送机智能监测保护技术，还包括控制系统的可靠性设计、无人值守应急控制技术、在线监测、故障诊断及预警技术等。

1. 控制系统的可靠性设计

带式输送机控制系统的可靠性设计在无人值守控制中具有非常重要的意义，特别是供电电源、通信网络及核心控制部件的可靠设计是系统稳定运行的基础保障，要重点考虑。

（1）供电电源可靠性要求。带式输送机动力电源一般采用双回路供电，并且具有智能保护和远程控制功能，可保证系统可靠供电。而对于控制系统，特别是主控制器、在线监测传感器、带式输送机保护与通信设备，要具备后备式不间断电源供电，在系统断电时仍能保证系统检测和通信正常，能在系统供电故障的情况下，实现故障在线监测与实时报警。

（2）系统通信网络可靠性设计。带式输送机无人值守控制系统由多个现场控制站组成，各个控制站根据煤流工艺控制要求依靠通信网络实现联动控制，任意一个通信节点故障，都会影响其他设备的运行。因此，要构建稳定可靠的通信网络，在结构上应采用冗余设计。在实际应用中可依托矿井自动化冗余环网、无线宽带专网，实现各控制站与监控平台的通信及各控制站之间的数据交换与联动控制。此外，通信网络的带宽要满足现场各类传感器与视频图像监控传输要求，并且具有较高的实时性，实现安全预警与应急控制。

（3）带式输送机核心控制设备可靠性设计。任何关键部件出现问题，都会影响系统的安全运行，特别是各个输送机的主控单元，宜采用两套互备模式，提高整个系统的可靠性。

2. 无人值守应急控制技术

要实现无人值守，必须考虑特殊情况下的安全应急处置，极端故障情况下的安全处理原则和方法。针对不同的故障，建立应急控制预案，根据不同的故障进行不同的应急处置。带式输送机在运行过程中均会出现输送带沿线保护类故障（如跑偏、打滑、烟雾、温度过高、输送带纵撕及断带等故障）、检测装置故障、控制装置故障、电气驱动装置故障、通信装置故障、机械装置故障、运行过程中人员越线闯入安全故障等。对于一般故障要按照通常的故障规则处理，对于较为特殊的故障，如电源故障，若为下运带式输送机，要建立其突然停电后安全制动控制模型。对于多机驱动装置故障，要建立多机驱动在某一装置故障时的力矩重新分配控制模型或减少给料控制模型；对于控制装置故障或通信系统故障，要采用自动导入安全停车模式，避免失控；对于人员越线等安全故障，要紧急停车，保护人员安全。当发生轻故障时，原则上设备可继续运行，避免频繁停车，尽量不影响系统正常运行，但要提出预警并给出维修信息，通知巡检或维护人员在指定时间完成检修或维护。通过创建带式输送机安全控制模型，并对故障进行应急处置，可避免极端情况下较大故障的发生，提高带式输送机运输系统无人值守运行的安全可靠性。

3. 在线监测、故障诊断与预警技术

为了保证带式输送机能够安全可靠地运行，防止故障停机，给煤矿造成经济损失，对带式输送机运行过程进行实时故障检测与诊断，是非常重要的。带式输送机在线监测系统主要由现场感知传感器、现场采集设备、信息处理平台构成。现场感知传感器主要负责现场设备的信号采集；现场采集设备主要负责信号的处理与传输；信息处理平台主要完成对现场数据的运行监测、故障诊断与异常预警。

1）带式输送机在线监测的主要内容

（1）设备运行参数监测：①驱动装置运行数据监测，电动机电压、电动机电流、电动机温度、减速器温度、轴承温度、设备振动等；②配电柜状态参数，合闸、分闸、故障；③辅助设备工作状态监测：闸盘油泵工作状态监测、张紧装置工作状态监测等。对设备运行参数进行监测，主要实现带式输送机运行状态监测与故障分析。

（2）带式输送机故障保护数据监测：堆煤、打滑、纵撕、速度、烟雾、温度等，主要监测带式输送机运输过程中产生的故障。

（3）带式输送机重要位置视频图像监控：视频监控是无人值守可视化控制的重要补充，在运输系统沿线关键和重要位置，如带式输送机的机头、机尾、下料口、煤仓等处安装摄像仪，调度中心可以全面直观地了解井下各主要位置的环境情况、设备运行情况。同时，采用图像识别技术，对带式输送机运行过程中出现的问题进行故障分析、异常预警。视频监控系统由多媒体服务器、监视设备、网络摄像仪、传输设备组成，摄像仪可根据实际需求选用云台式或固定式，粉尘较大的地点选用除尘摄像仪。

（4）设备巡检与人员安全监测：设备巡检是指对无人值守的设备定期巡视，将巡视和检修数据通过巡检系统输入调度平台，实现数据的记录与分析。设备巡检可采用多种形式，通常包括手持式点检仪、手机点检软件等，巡检人员可以通过手持式点检终端对现场设备温度、振动等参数进行检测，同时记录巡视和检修过程中发现的各种问题，通过有线或无线方式将采集到的数据上传到监控平台。监控平台软件对采集数据进行统一归纳和整理，为管理人员提供指导。

人员安全监测主要是为了加强设备与人员的安全，在设备周围设定边界防范，有人员闯入时设定语音报警提示，避免人员伤亡；对于接触危险区域、危险设备的人员及闯入人员进行跟踪监控，并结合人员定位技术进行综合分析。

2）带式输送机故障诊断与预警预防

带式输送机故障诊断与预警预防主要通过在线监测系统实现，其过程包括状态检测、分析诊断、预警预防 3 个环节。状态检测：通过在线监测系统对设备运行过程中的关键部位特征信号（如振动、温度等）进行采集、分析、处理、显示；对传感器输出的模拟信号进行转换、处理，获得设备运行状态的特征参数。分析诊断：利用分析软件对设备运行状态的特征参数进行变化、处理，得到能直观、明显反映设备状态的特征信息，如时域图、频谱图等；通过对特征参数阈值、趋势的分析，与典型故障信息进行比较，及早发现故障；对于较复杂的故障可通过专家系统或大数据分析手段进行综合分析，建立各类预警模型，预测故障的发展趋势，从而对故障进行准确诊断。预警与预防：根据故障诊断结果进行不同的预警，并通过决策系统提出预检预修或故障处理手段方法，保障设备安全可靠运行。

（三）无人值守调度平台功能

无人值守调度平台实现多条带式输送机的集中监测、故障诊断、优化控制，并对带式输送机沿线视频监控、语音调度、故障应急联动。带式输送机无人值守调度平台主要由数据服务器、主控机、网络通信设备、控制软件、调度系统等组成。该平台主要功能模块包括：工艺设备运行监控、可视化故障定位管理、视频监控、设备运维管理、异常报警、应急处理等。

1. 工艺设备运行监控

工艺设备运行监控主要监控带式输送机生产过程中设备运行数据、工艺过程数据、通信连接情况、供电保障情况等，可实时监测与显示当前带式输送机系统所有设备的运行状况，包括设备运行参数、状态及故障信息，将各种运行数据和故障形成标准的统计曲线和报表，并以文字、动画、图标等直观形式进行展示，通过人机交互方式进行查询。工艺设备运行监控可以超链接进入某个系统，实现分级别、分权限监测。

2. 可视化故障定位管理

建筑物、环境、设备三维监测采用三维或二维 GIS 图形进行分层显示，建立各带式输送机设备、建筑物之间的时空关系、环境安全、人机安全关系，方便远程专家、人员全面了解带式输送机的现状与运行情况。系统发生故障时，会自动快速定位相关联的故障设备、故障地点，便于维护与检修设备，便于远程故障诊断与处理。

3. 应急处理

平台对带式输送机性能参数、工况参数在线实时监测，及时发现设备的故障征兆，诊断故障产生的原因，提前预警，为生产和维修提供决策依据，实现设备运行状态的集中管理、集中分析。

4. 异常报警

由于监控中心人员管理多个不同的子系统，系统应设专门的报警界面进行提醒。出现报警或故障时，自动弹窗、闪烁显示，醒目地展示给工作人员。同时，其他各部分画面及视频系统集中显示故障具体情况，实现报警联动显示。

5. 视频监控

视频监控在现场无人值守的情况下，对现场环境设备进行远程监控，向远程管理人员提供现场图像显示。通过操作调取带式输送机运输系统各路视频信号，直观地观察现场实时画面，自动跟踪设定目标，在状态改变或出现异物时弹窗报警。故障发生时，实现与故障信号联动，显示故障设备或相关环境情况，掌握设备运行状况。

6. 设备运维管理

无人值守的控制系统集成了设备巡检系统，设备巡检数据上传到监控中心平台，与设备在线监测和工艺控制数据进行融合，构成设备运维管理系统。

正常情况下，对设备点检自动排程，按计划点检，方便管理。同时对点检过程进行记录，建立巡检点表，包括线路图、点检项目、点检数据、点检时间、点检人等。根据不同设备和不同点检要求，明确点检的具体方法。系统记录设备运维数据，当后台发现有设备问题时，会及时弹出窗口，提醒管理人员与检修人员。通过对设备点检数据与设备在线监测数据的综合分析，可对设备健康状况进行预警，实现有计划地检修维护。

带式输送机无人值守调度平台可以接收煤矿安全生产信息化管控平台的信息，执行生产计划管理，实现跨系统的自动协调控制，有效提高生产效率。

（四）云服务平台的远程数据诊断与维护

无人值守控制平台的数据通过通信网络设备可以上传到云服务平台，通过云服务平台进行远程数据诊断与分析，结合移动端手机应用，实现维护人员的远程监控、故障查看、远程维护。

云服务平台远程诊断与维护主要由运行在线监测、运输装备数据分析、预检预修决策、故障远程诊断、运行参数优化、程序远程升级六大功能模块组成。运行在线监测功能可通过移动端对运输装备的运行状况进行实时在线监测；运输装备数据分析功能自动分析装备运行数据，得出装备运行报告；预检预修决策功能根据装备运行数据，利用专家系统和大数据分析自动出具装备的预防性检修指导书，从而降低故障发生概率；运行参数优化功能是通过在线平台的分析，工程师可以对装备进行远程参数优化，提高装备的运行效率；程序远程升级功能是工程师对装备进行系统程序的在线升级，不断提升装备的智能化水平。

通过云服务平台的远程数据诊断与维护，可以实现设备维修保养预警、配件使用寿命预警、设备自动巡检状态预警与设备亚健康诊断，在设备未发生故障时即得到维护，保障运输系统的安全高效运行。

任务三　矿井提升机的智能控制

【学习目标】

知识目标：

（1）掌握矿井提升机的组成。

（2）了解提升机的无人值守控制。

技能目标：

（1）通过现场实习实训能够操作矿井提升机。

（2）通过现场实习实训能够对矿井提升机进行日常维护。

【任务描述】

矿井提升机系统是由矿井提升机、提升钢丝绳、提升容器、装卸载设备、井架或井塔、信号系统等电气控制设备及斜井、立井各种安全设备等提升设施组成的系统。矿井提升机是矿山大型固定设备之一，是井下与地面的主要运输工具。矿山机电技术人员需要掌握矿井提升机的传动与控制等方面的技术。

【任务知识】

矿井提升系统主要担负井工矿所有的矿物（煤、矿石）、设备、材料及人员的升降及运输，由电动机传动机械设备带动钢丝绳从而带动容器在井筒中升降，完成输送人员、材料、设备及矿物任务。随着现代技术的进步及采矿工业的发展，提升设备也成为矿山设备自动化技术及智能化技术发展较快的设备之一。

一、实现提升机无人值守控制的目的

（1）减少人员编制，降低人工成本，体现“无人则安，机械换人”的先进理念。

（2）减少操作人员误操作的可能性，提高提升系统的可靠性。

（3）实现矿井提升机智能控制，提高运行效率。

二、实现提升机无人值守需要重点解决的问题

智能化技术代替人员现场操作，可避免人为操作的失误，提高提升机的安全性和运行效率。但要实现无人值守需重点解决以下几个方面的问题：

（1）建立先进、可靠的矿井提升机控制系统集中监控终端，实现对矿井提升机运行全过程的动态监控、集中管理和统一控制。

（2）建立全数字化检测系统，提高数据检测精度。

（3）建立矿井提升机运行数据库系统，为事故分析、查询提供可靠的依据。

（4）可靠的数字化硬件设备。

（5）安全高效的软件环境。

（6）畅通安全的网络系统。

（7）清晰稳定的音频、视频监控系统。

三、无人值守提升机控制系统的构成

无人值守提升机控制系统由调度中心监控系统、远程诊断系统、PLC 控制系统、智能配电系统、智能变频传动系统、工业音视频监控系统、钢丝绳在线检测系统、恒减速闸控系统、传感器系统、自动装卸载称重系统与提升信号系统等组成，如图 4-4 所示。

（1）调度中心监控系统：调度中心通过实时数据趋势图和分析图，能实时在线了解整个提升机系统状况，易于提前发现问题，解决问题。

（2）远程诊断系统：实现设备的工艺参数设置与调整、故障分析预警以及系统维护。

（3）PLC 控制系统：主控系统可编程软件实现软硬件控制的无扰切换，即在现场就地操作和调度中心操作之间切换没有断续和扰动。在运行过程中对人为误操作软件不响应，在就地或者调度中心（除急停功能外）均实现无人参与的自动提升。数字监控器具有自学习功能，根据实际运行速度、位置曲线自动生成一条全行程的速度、位置包络线，使提升机运行更加安全可靠。

（4）智能配电系统：满足双回路电源供电，智能断路器、电动机保护、综合保护、仪表等具备 Profinet 或 RS-485 通信功能，以便可编程控制系统采集相关数据。

（5）智能变频传动系统：采用全数字速度、电流、位置闭环控制，使提升机在设定速度下运行稳定、可靠，具有很强的抗干扰能力，环境适应性强，谐波分量小，对电网无

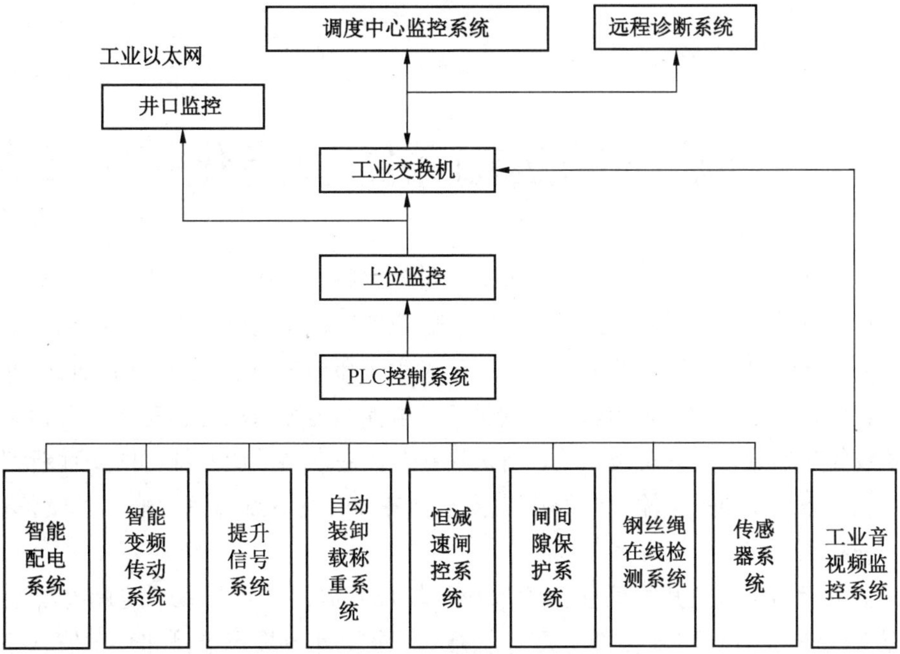

图 4-4　无人值守提升机控制系统示意图

公害。

（6）工业音视频监控系统：它是提升机安全运行必不可少的一部分，它能直观有效地提前发现问题，对系统运行故障有一定的预警能力，能实现人为的“闻、看、摸、听”功能。

（7）钢丝绳在线检测系统：从不同角度实时自动检测钢丝绳损坏情况，自动生成检测报告并报警。

（8）恒减速闸控系统：实现提升机工作和安全制动，安全制动时能按设定的减速度平稳停车。

（9）传感器系统：全面有效的传感器布置，对周围环境、主机及辅助设备进行检测。

（10）自动装卸载与提升信号系统：在煤矿立井罐笼提升中，采用智能化自动装卸载与提升信号系统，实现信号的自动转发与装卸载控制。

【习题】

1. 简述煤炭运输线路、物料运输线路。
2. 带式输送机主要结构包括哪些？
3. 煤矿用带式输送机常用的驱动方式哪些形式？
4. 带式输送机安全保护系统主要有哪些结构？
5. 简述矿井提升机对电控系统的要求。

项目五　煤矿辅助运输系统智能化技术及装备

煤矿辅助运输系统承担着除原煤以外的人员、物料、设备等所有类别的运输，大致可分为轨道辅助运输系统和无轨辅助运输系统。轨道辅助运输是以铺设双轨或悬吊单轨为主要特征，采用架线电力、防爆柴油机、蓄电池和钢丝绳为牵引动力源；而无轨辅助运输则以胶轮或履带为行走机构，采用防爆柴油机、蓄电池等为牵引动力，完成井下相关运输工作。无轨胶轮运输装备是继轨道运输装备之后在我国高产高效矿井推行的一种新型辅助运输装备。相对于传统轨道运输，防爆无轨胶轮装备具有点对点高效运输、适应各种路况、机动灵活的特点。

我国辅助运输装备及其智能化技术取得了较快发展，已经开发了防爆电喷柴油发动机、防爆蓄电池动力电驱车辆，实现了车辆智能保护、车辆姿态监测和行车信息存储、自动灭火、智能防撞、车辆定位、车载无线通信、智能调度与管理等功能，推动了煤矿井下辅助运输智能化进程，既提高了运输效率，又提高了人员和设备的安全性，对煤矿安全高效生产起到了重要作用。

本项目包括辅助运输装备智能化技术、井下轨道运输的智能化管理系统、井下无轨胶轮车运输智能化管理系统 3 项任务。

任务一　辅助运输装备智能化技术

【学习目标】

知识目标：

（1）了解防爆变频电机牵引技术。

（2）了解无轨车辆智能测控技术。

（3）了解单轨吊、无极绳绞车、智能斜井防跑车装置。

技能目标：

（1）现场实习后可利用系统操控智能无轨设备。

（2）能够根据矿井运输系统的实际情况配置无轨运输系统。

【任务描述】

煤矿辅助运输装备智能化技术主要针对设备本体采用先进的传感技术、微机处理技术、嵌入式等手段开发的车辆保护系统、监控系统、控制系统和管理系统，具体包含防爆变频电动机牵引技术、无轨车辆智能测控技术及其他辅助运输装备智能化技术。这些技术为辅助运输系统整体智能化提供了技术基础。

【任务知识】

一、防爆变频电机牵引技术

防爆变频电机牵引技术是煤矿自移动设备的关键技术，是一种电机和变频器相互配合的新型电机系统，具备更智能、更灵活的控制策略。通过总线控制，调节变频器输出到电机的电压、电流、频率等参数，就能实现防爆变频电机的调速、调转矩或者调功率控制，以及多重模式间的智能切换。

（一）防爆永磁电机

防爆永磁电机依据电机的反电动势波形可分为两种：防爆永磁变频无刷直流电机BLDCM（方波永磁同步电机）与防爆永磁同步电机 PMSM（正弦波永磁同步电机），其结构大同小异，控制器结构也完全一致，区别主要在于电机位置传感器形式、电机 PWM 控制方式。此外，还有一种防爆永磁盘型电机，具有更短的轴向尺寸、更轻巧的结构。

1. 防爆永磁变频无刷直流电机

防爆永磁变频无刷直流电机是一种自控变频的方波永磁同步电机，就其基本组成结构而言，可以认为是由电子换相电路、永磁同步电动机和磁极位置检测电路组成的“电动机系统”，其中电子换相电路又由功率逆变器电路和脉冲生成电路构成。

电动机转子由输出轴、永磁体、固定架等组成，定子由定子铁芯、定子绕组、温度传感器等组成。电动机上安装有霍尔位置传感器，检测电动机内部磁极和绕组的位置关系，通过 IGBT 控制换向。

防爆永磁无刷直流电动机转子位置检测分为有位置传感器和无位置传感器两类，其中有位置传感器又分为霍尔原件内置定子、霍尔原件外部可调、旋转变压器、光电编码器等形式。

2. 防爆永磁同步电机

防爆永磁同步电机是由永磁体励磁产生同步旋转磁场的同步电机，永磁体作为转子产生旋转磁场，三相定子绕组在旋转磁场作用下通过电枢感应三相对称电流。与防爆永磁无刷直流电机相比，其理论三相电波形为正弦曲线，没有永磁无刷直流电机的大量不规则杂波，同步运行更加平稳。

防爆永磁同步电机启动过程通常采用直流无刷电机的启动算法，通过变频器与电机转子位置传感器配合，输出方波启动电流，待电机进入同步转速后改为变频调速方式运行。

3. 防爆永磁盘型电机

防爆永磁盘型电机因其气隙是平面的，气隙磁场是轴向的，又称为轴向磁场电机。永磁盘型电动机外形呈扁平状，定子上粘有多块扇形按 N、S 极性交替排列的永磁磁极，并固定在电枢一侧。永磁体轴向磁化，从而在气隙中产生多极轴向磁场。电枢绕线采用叠绕组或者波绕组联结方式。由于电枢绕组直接放置在轴向气隙中，这种电机的气隙比圆柱式的大。

防爆永磁盘型电机用于车辆驱动时受整车控制器的监测与控制。整车控制器在行车过程中实时监测电机和电池的状态。当电机或电池的相关参数超出安全范围时，如果电机控制器过热，整车控制器则降低电机的输出功率，调节电机和电池的工作状态，促使故障消除。如果故障不能够自动消除，则记录故障现象并进入车辆跛行模式，将车安全行驶到检修地点进行检修。整车控制器通过串口将运行数据传送给高低压配电防爆箱上的液晶显示屏，维修人员可以通过红外遥控器选择查看电驱动系统的各个参数，方便故障判断和维修。

工作时，总线控制装置接受驾驶员的加速指令，并与有关传感器状态信号相比较，通过 CAN 总线通信，对电机调速装置发出运转指令，控制显示器实时显示处理车辆各类信息界面。总线控制装置还随驾驶员的指令，控制前照明信号灯、后照明信号灯、电喇叭的通断。本安电源向各本安型传感器供电，传感器的各类信息反馈给总线控制装置。

（二）防爆交流异步变频电机

防爆交流异步变频电机，由于其结构简单、运行可靠，被广泛应用于煤矿井下提升、运输、采掘设备。

防爆电动车辆牵引驱动系统主要由牵引电机和变速装置组成。其中，变速装置的选择相对灵活，能根据动力匹配情况选择合适的变速装置，使其与牵引电机完美融合，充分发挥电机的最优性能，满足车辆行驶要求。而牵引电机的选择却要考虑许多因素，因为防爆电动车辆经常处于车辆启动、加减速换挡，以及刹车这 3 种工况下。牵引电机是电驱动车的动力源，电机的启动转矩、过载倍数、温升与效率、变频情况下的机械工作特性、四象限运行时的电流与转矩的微观状态等几个因素直接影响车辆的传动性能。

通用交流异步感应电机配合防爆低压 DC/AC 变频技术，用于防爆蓄电池车辆的变频牵引系统，通过转矩矢量变频牵引控制、大电流功率器件驱动和隔爆外壳散热等相关技术的试验和研究，将各种工作条件下车载变频器的运行温度都控制在工作范围内，消除发热对变频器的影响，保证变频器可靠运行。其优点是成本低、可靠性高，但是自身质量大、输出转矩过载能力低，适合用于防爆重型蓄电池车辆。

二、无轨车辆智能测控技术

（一）车载调度通信技术

地面交通、运输领域的车辆位置和身份识别的成熟应用，带动了井下车辆调度通信技术的发展。共下防爆车辆通过车载调度终端与调度中心进行通信，典型的车载调度通信系统如图 5-1 所示。

系统由智能车载终端、防爆电源、车辆位置读卡器、人员身份识别设备（虹膜）、无线天线、视频摄像仪、防水手咪等设备组成。其中车载智能终端是核心部件，选用了

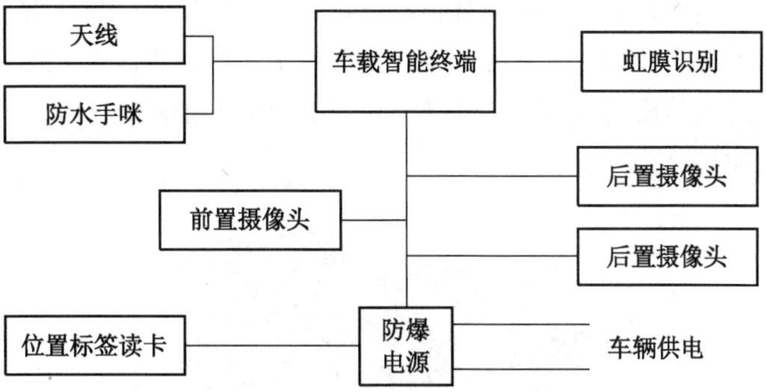

图 5-1　典型的车载调度通信系统

Android 系统，采用低功耗、高性能的快速处理器。该系统具有语音、视频、虹膜识别通信接口，具有 CAN、RS-485、RS-232 扩展通信接口，并支持全网通、4G 专网通信、WiFi 通信。其主要功能是对车辆参数实时采集、驾驶员身份认证、视频通话对讲、行车视频监控、车辆位置实时显示、井下地图定位导航等。通过无线通信网络，司机可与调度人员视频语音通话、远程调度。

（二）防撞智能保护技术

煤矿井下特殊的工作环境，容易导致防爆车辆在运输过程中出现撞车、撞人等交通事故，因此应用先进的探测感知技术实现车辆防撞预警，对井下车辆运输安全有着重要作用。井下车辆配备的防撞智能保护装置主要有倒车可视报警装置、前防撞毫米波雷达系统。

1. 倒车可视报警装置

倒车可视报警装置具有前后测距报警和倒车影像功能，可有效减小倒车盲区。倒车测距影像系统由矿用控制器、矿用测距传感器、矿用摄像仪、矿用显示器及相关电缆组成，具有可靠性高、质量小、安装方便等优点。矿用摄像仪主要由防水外壳、摄像头组成，图像透过防水外壳玻璃面投影进摄像头，由摄像头内 CMOS 传感器转换为标准的模拟视频信号。选用星光级摄像仪，在低照度环境下能够清晰摄像。倒车测距传感器测量的有效范围为 50~1500 mm，可以采用超声波或者红外线测距方式；前测距传感器使用红外线测距方式，有效测量范围为 1~5 m；前后测距精度可达 0.1 m。

倒车可视报警装置已应用于运人车及材料运输车。支持车厢视频实时显示，便于司机实时观察车厢内情况，提高乘车安全性；具有行车记录功能，辅助监管人员查看行车轨迹及事故责任认定；支持倒车影像功能，辅助司机看清车厢后方人员活动及障碍物情况，避免碰撞，提高倒车安全性；具有夜视和红外补光功能，补光灯数量可以根据车型增减，满足红外光照强度；能同时录制倒车、车厢、行车三路视频信息，支持本地回放，可以通过 USB 和以太网接口拷贝存储视频。

2. 前防撞毫米波雷达系统

由于受到车辆前端传感器安装位置、测量角度等方面的限制，加之车辆前进速度相对于后退速度较快，前防撞预警距离要求相对较长，所以车辆前防撞预警不同于倒车测距要求。目前可采用毫米波雷达传感技术实现前防撞预警。其毫米波雷达外形如图 5-2 所示。毫米波雷达包括：雷达传感器、信号处理模块、信号接口通信模块等，并与智能控制器和红外探头共同组成前防撞预警系统。

图 5-2　毫米波雷达外形

前防撞预警系统采用长距离测距传感器与毫米波雷达相结合的方式，可提高前防撞检测距离，使车头测量范围可达 1～30 m。结合嵌入式智能控制器，可进行智能决策、主动制动，提高行车安全性。前防撞毫米波雷达系统控制原理如图 5-3 所示。

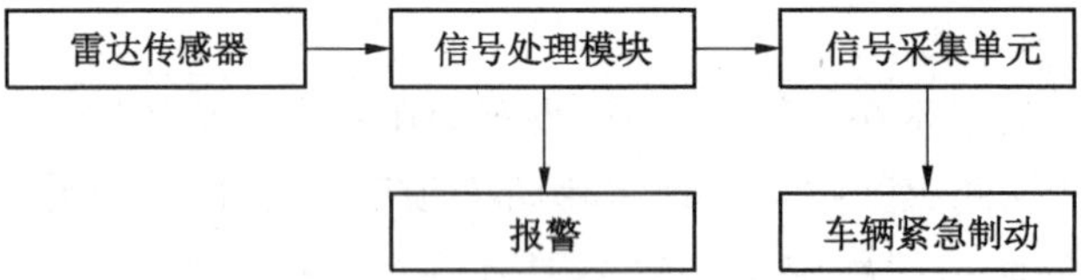

图 5-3　前防撞毫米波雷达系统控制原理

前防撞测量技术通常采取线性调频测距和相位法测量角度两种方式，从而获得前方物体的距离、角度信息。

（1）线性调频测距。毫米波雷达采用 30～300 GHz 频域，通常前防撞系统频域在 80 GHz 频域附近，具有更好的指向性和更高的信号带宽。毫米波雷达通过线性频率调制（LFM）来获得大的时宽带宽积，以提高距离测量分辨率和较远的作用距离。

毫米波前防撞雷达通过相控阵天线对发射和接收信号进行比较，结合设备移动中的多普勒效应，综合计算前方静止和移动物品的距离信息，为车辆提供安全可靠的测距信息。通过内部嵌入式 DSP 不断计算并过滤静态和动态数据，提供前方目标的实时距离探测，并由嵌入式控制器实现分级报警。

（2）相位法测量角度。相位法测量角度是利用多个天线接收回波信号之间的相位差进行测角，两条线间收到的信号存在波程差而产生相位差。通过测量前方目标的角度信息，实现对障碍物大范围的探测，提高车辆行驶过程中的安全性。

雷达传感器及信息处理模块等均进行了防爆处理，并与两组红外探头共同组成前防撞系统，保证车辆行驶安全。毫米波雷达防撞已应用于生产指挥车上，最大探测范围可达 30 m，探测角度可达 120°。其中，30 m 内可精确探测前方车辆、弯道等障碍物信息，5 m

内可探测人员信息，如果驾驶员未及时采取减速与停车措施，车辆可自动触发制动，提高了人员、车辆的安全性。

（三）矿用近感探测系统

矿用近感探测系统用于探测一定范围内存在的人员和机器，当预先设定的区域内有人员或机器进入时，系统自动发出预警信号，并使移动机械停止运动，或者提醒人员不得靠近，从而防止设备伤害人员，起到电子围栏的作用。矿用近感探测系统架构如图 5-4 所示。人员或者机器携带定位标识卡与车载探测器相互发射电磁波，由电磁波传输时间和光速的乘积计算两者之间的精确距离。根据 3 个相对距离可以唯一确定定位标识卡的坐标位置，系统将识别坐标所在区域，并在探测器和定位标识卡上给出双向声光报警信息，在需要时控制移动设备停机。

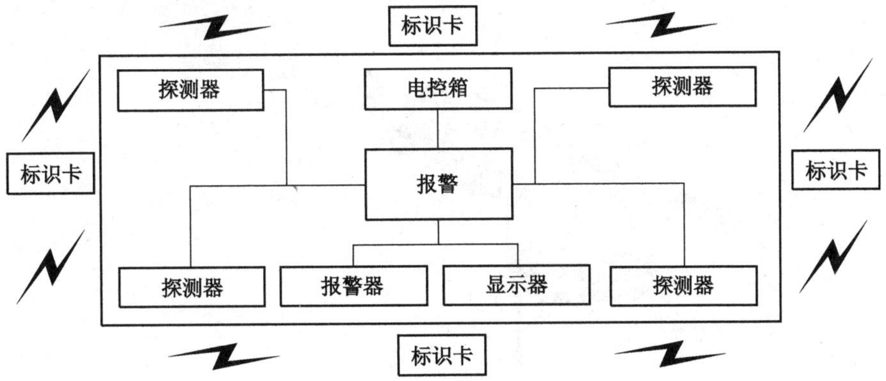

图 5-4　矿用近感探测系统架构

该系统的主要功能：

（1）起机检测：停机区域存在人员或机器设备，不允许设备起机。

（2）自动停机：停机区域存在人员或机器设备，立即停机。

（3）双向报警：警告和停机区域存在人员或设备，双向声光报警。

（4）应急关机：近感探测装置故障后自动应急关机，不影响整机正常使用。

该系统设备主要包括：电控箱、主机探头、主控机。

（四）防爆车辆自动灭火系统

辅助运输车辆作为矿井运输人员及材料的主要交通工具，一旦发生火灾，可能引起煤矿瓦斯、煤尘爆炸等事故，防治火灾工作非常重要。

车辆自动灭火装置由红外线火灾探测器、主控器及控制程序、报警器、灭火器喷头、灭火器罐（带电磁阀）、蓄电池电源、连接电缆、导管等组成。其主要功能是主动探测车辆是否出现燃烧状况并能主动实施灭火。火灾探测器和灭火器喷头主要安装在发动机舱等车辆易燃、易高温的部位。该装置能在车辆出现燃烧初期的最佳灭火时间内进行灭火操作，能有效控制车体燃烧，可以为驾驶员提供情报或进行灭火操作，有效地保障了驾驶员人身安全，减少了火灾损失。

三、其他辅助运输装备智能化技术

（一）单轨吊

单轨吊是一套设备系统的总称，是将运送人员、物料等各种功能的吊挂车辆悬吊在巷道顶部特制工字钢单轨上，用牵引设备牵引，沿轨道运行的运输系统，如图 5-5 所示。单轨吊作为煤矿井下高效辅助运输设备，适用于煤矿井下人员、材料设备和矸石等的运输，可实现轻型液压支架的整体搬运。牵引类型分为绞车绳牵引、柴油机驱动和蓄电池电机驱动 3 种方式。

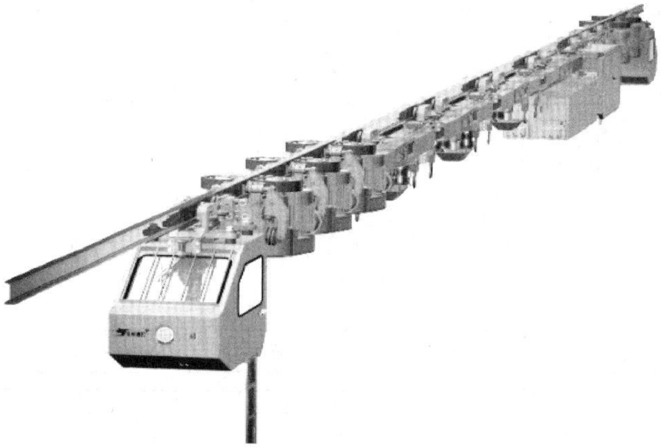

图 5-5　单轨吊系统

单轨吊转载环节少、爬坡能力强、运输能力大、机动灵活、应性强、不受底板和积水的影响，可实现远距离连续运输，但存在运行速度慢（最大 2.6 m/s），对巷道顶板特别是对支护的要求较高，超重设备运输困难等问题，限制了其在国内的推广使用范围。

（二）无极绳绞车

无极绳绞车是用钢丝绳牵引，直接利用井下现有轨道系统，实现不经转载的连续直达运输，适用于长距离、大倾角、多变坡、大吨位工况条件下的轨道运输，是一种经济、实用、安全、高效的新型辅助运输设备。无极绳绞车有电机调速和变频调速 2 种驱动方式，主要用于煤矿井下工作面顺槽、采区上下山、回风巷及集中轨道巷。该设备具有结构简单、布置灵活、运行费用低、安全高效、可实现巷道水平转弯运输及连续运输等优点，但只能在某一巷道实现点对点的往返运输，甩调车比较困难。

无极绳绞车系统智能化采用微机电脑控制技术和变频调速技术，无极绳绞车操控更加稳定，能够自动进行必要的电气和机械保护，并且具备一定的故障诊断和显示功能。

（三）智能斜井防跑车装置

斜井轨道或者无轨运输，都存在跑车风险。一旦发生危险，将造成无可挽回的驾乘人员、移动设备、周边巷道等综合损失，危害极大。近年来，不断发展的斜井防跑车装置（图5-6），采用多传感器融合检测方法、多缆绳防护、嵌入式智能控制等多种措施，提高了拦阻可靠性。

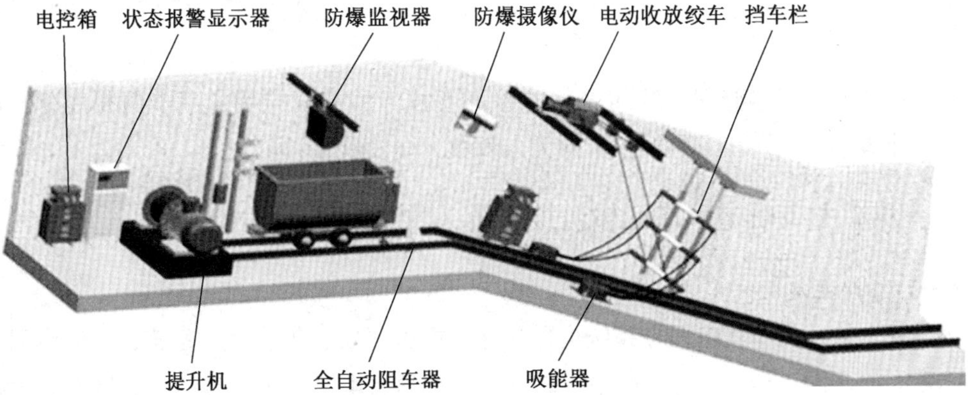

图5-6　智能斜井防跑车装置

任务二　井下轨道运输的智能化管理系统

【学习目标】

知识目标：

（1）掌握煤矿轨道运输监控系统组成，了解系统主要功能、关键技术。

（2）掌握井下轨道电机车无人驾驶智能化管理系统组成，了解系统主要功能、关键技术。

技能目标：

（1）结合理论知识，现场实训后能够完成运输监控系统的值守。

（2）结合理论知识，现场实训后能够完成井下轨道电机车无人驾驶智能化管理系统的日常操控。

【任务描述】

煤矿辅助运输是煤矿安全生产管理的重要环节。由于井下空间有限、运输路线复杂、环境较差，给辅助运输造成较大的安全隐患。此外，开采的高效化、运输的多样化，井下运输设备数量的不断增加，也对辅助运输系统的自动化管理提出了更高要求。不仅要求对运输设备进行智能化控制，还要建立管控系统以提升运输效率，保证生产安全。根据井下不同的开采和运输方式，井下辅助运输智能化管理系统大致分为针对轨道运输的智能化管理系统和针对无轨运输的智能化管理系统。轨道运输是多数矿井的主要运输方式，轨道运输的智能管理能够提升运输效力，保障运输安全。

【任务知识】

煤矿井下轨道运输设备主要包括机车、单轨吊车、矿车、斜巷输送机，以及平巷输送机等设备。机车作为矿井轨道运输中提供动力的设备，是矿井运输中比较常用的轨道运输工具。井下轨道运输管理系统在井下安全与管理中起着重要作用。对各轨道机车进行监控调度，实现运行自动化管理，可以有效防止机车撞头、追尾、侧撞等事故，避免机车抢行、逆行、对行、超速、非正常占线等不安全行为，保障各类机车行车安全，提高机车运输效率。

煤矿井下轨道运输管理系统随着煤矿井下新技术的不断应用，逐步向智能化、可视化、无线化方向发展。机车的操控也向无人驾驶方向发展。

一、煤矿井下轨道机车运输监控系统

（一）系统组成

煤矿井下轨道机车运输监控系统也称为井下机车“信、集、闭”系统，一般由列车位置传感器、机车编号传感器、信号机、转辙机、分站、电源、传输接口、控制台、主机等设备组成。它集成了信号指示、转辙机控制、车辆识别与检测、语音报警等功能。其中，信号机是根据运输线路而设置的信号装置，用来给出进路开放与闭锁信号。转辙机是由电信号控制用来改变道岔开通方向并闭锁，同时反映道岔位置的设备。分站是接收机车位置、信号机状态、道岔位置等信号，并经传输接口传送到控制主机，同时，接收来自控制主机的命令，控制信号机和电动转辙机的设备。控制台是具有信号机状态、机车位置显示及调度、报警功能的信息处理平台。主机是负责系统信息管理与控制的设备。主机与控制台集成在综合调度管理平台。分站与主机的通信有现场总线型通信和工业以太网通信等方式。

如图 5-7 所示，井下轨道机车运输监控系统分为 3 层结构：第一层为监控管理层；第二层为网络传输层；第三层为现场采集控制层。监控管理层主要负责数据存储、分析、显示、统计、打印、人机交互、网络发布等相关功能，通过系统软件实现列车的位置监控、机车调度、进路管理；网络传输层采用工业以太网 TCP/IP 作为传输协议，负责监控主机与现场控制分站的数据传输；现场采集控制层由控制分站、执行设备和传感器组成。控制分站采用通信的方式或 I/O 接口的方式采集执行设备和传感器参数的状态，实现就地集中数据监测和设备控制。控制分站对采集到的信息进行处理后，集中上传到监控主机，实现集中管理。系统后台通过网络将数据传输到综合自动化平台，实现数据共享与网络发布。

（二）系统功能

1. 机车运行状态监测

系统可在地面主控室对矿井轨道运输实现监控，在调度终端实时显示井下各列车位置、车号及信号灯、道岔状态和区段占用情况。调度员可据此实时掌握机车运行状态，并操作系统自动进行分析调度，指挥列车安全、高效运行。系统记录运行过程数据，生成管理报表和列车循环图。

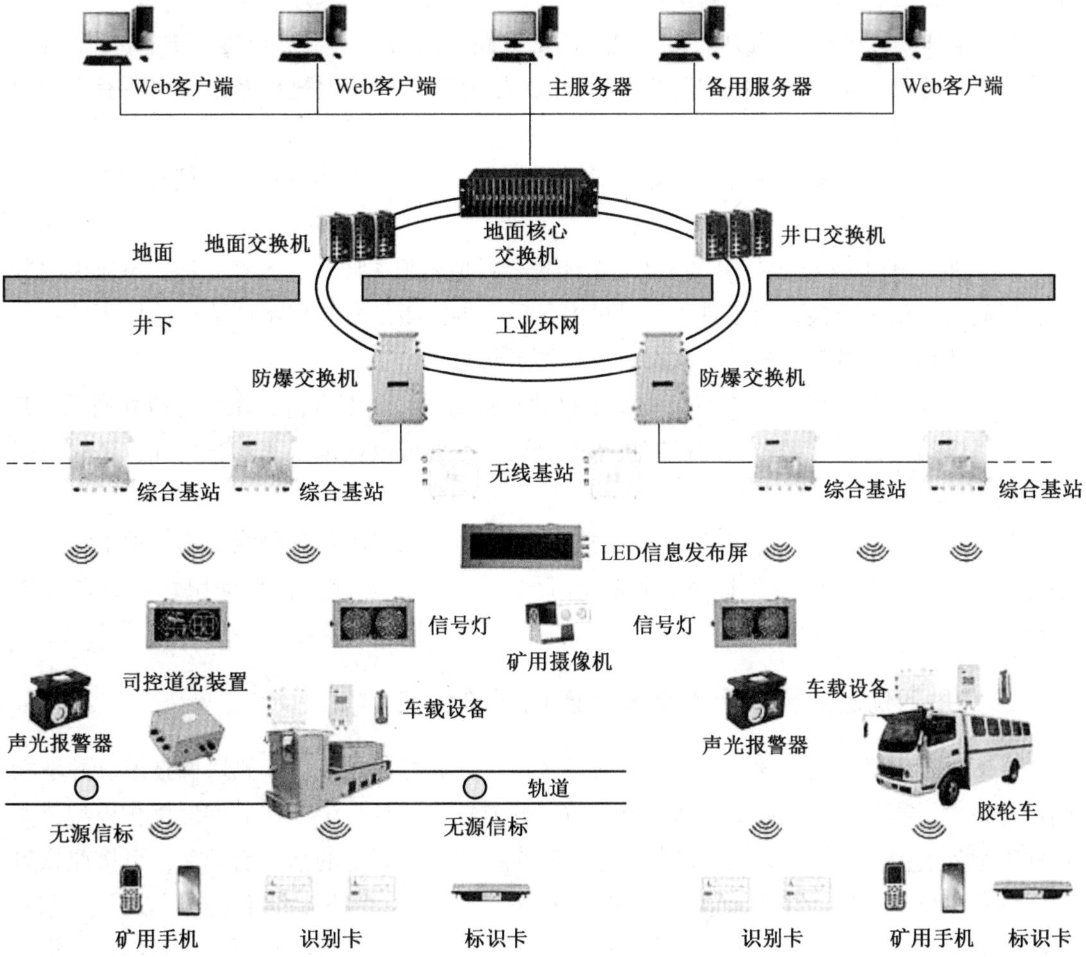

图 5-7　井下轨道机车运输监控系统

2. 设备工作状态监测

系统随时反映全部设备和传感器的工作状态，且进行故障自动诊断、报警，如信号机的工作模式状态、系统供电状态、转辙机的位置状态等信息。

3. 设备控制功能

一般情况下，通过远程调度或控制系统自动判断，实现信号机状态控制和道岔位置控制，从而控制机车的行驶路径。在特殊情况下或系统检修时需要使用设备的手动控制功能。

4. 信号闭锁功能

信号闭锁功能具备区间闭锁、敌对进路闭锁、敌对信号灯闭锁，以及信号灯与转辙机连锁等信号连锁功能，可确保在机车未按任务路线行驶或闯红灯的情况下系统能安全运行。信号闭锁功能应符合下列要求：

(1) 列车（包括单台机车，以下同）应按规定进路运行，每条进路只允许有一组列车，进路的最短距离应大于一列车长。

（2）防护进路的信号机开放前，应先满足进路与所有电动道岔位置正确、区段空闲、敌对进路未建立等条件。防护进路信号机开放时，应先闭锁敌对进路及进路内所有电动道岔，再开放信号机。

（3）进路区段解锁可采用一次解锁或分段解锁。进路应具有系统授权控制的人工解锁功能。

（4）列车进入信号机内方，应及时关闭信号；信号机关闭后，不经办理，不应再次开放；区间信号机可当整列列车进入信号机内方后，再关闭信号，但不应造成追尾事故；信号机发生故障时，自动转为关闭状态或故障指示状态。

（5）自动调度功能。调度系统提供半自动和自动两种调度方式，在半自动方式下，调度员既可以指定任务计划，自动指挥机车安全运行，又可以根据机车运行情况，随时分区段和进路调度车辆。

自动调度时，在机车每次开始行驶时，由调度员输入本次行驶路线的起始地址和目的地址或执行的任务，然后监控系统便根据命令对机车的运行实行自动跟踪和自动开放进路。

二、井下轨道电机车无人驾驶智能化管理系统

井下轨道电机车无人驾驶采用变频驱动技术、计算机控制技术、物联网技术、井下精确定位技术、高带宽无线通信技术、巷道位置导航技术，结合生产作业调度优化模型，实现井下远程遥控作业。在无人驾驶状态下，机车按集中控制室的指令启动后，可按照预先设定的程序自动运行。在地面也可对井下电机车进行可控、可视的远程操作，运行状态通过无线通信实时显示于调度室内。运行中如出现故障，机车可自我诊断，诊断信息将集中反馈到控制室显示屏上，提示工作人员进行必要的人工处理。无人驾驶技术的应用提高了井下电机车运输安全水平和生产效率。

（一）系统组成

井下轨道电机车无人驾驶智能化管理系统由轨道运输调度管理平台（运输监控中心）、数据通信网络系统、轨道运输监控系统、视频监控系统、机车供电监测系统、机载无人驾驶控制系统、生产作业装卸载控制系统等组成。井下轨道电机车无人驾驶智能化管理系统总体结构如图 5-8 所示。

（1）运输监控中心主要由数据库服务器、调度服务器、流媒体服务器、显示大屏及控制器、调度台、遥控操作台、上位机监控软件等组成。轨道运输调度管理平台主要负责数据采集、汇聚、存储、分析、显示、统计、打印、人机交互、网络发布等相关功能，实现机车的远程遥控、调度与管理。

（2）通信网络主要由核心交换机、主干交换机、多功能网关、无线基站等组成。采用有线与无线相结合的组网模式，即以千兆或万兆工业以太网为有线骨干网，并在巷道覆盖

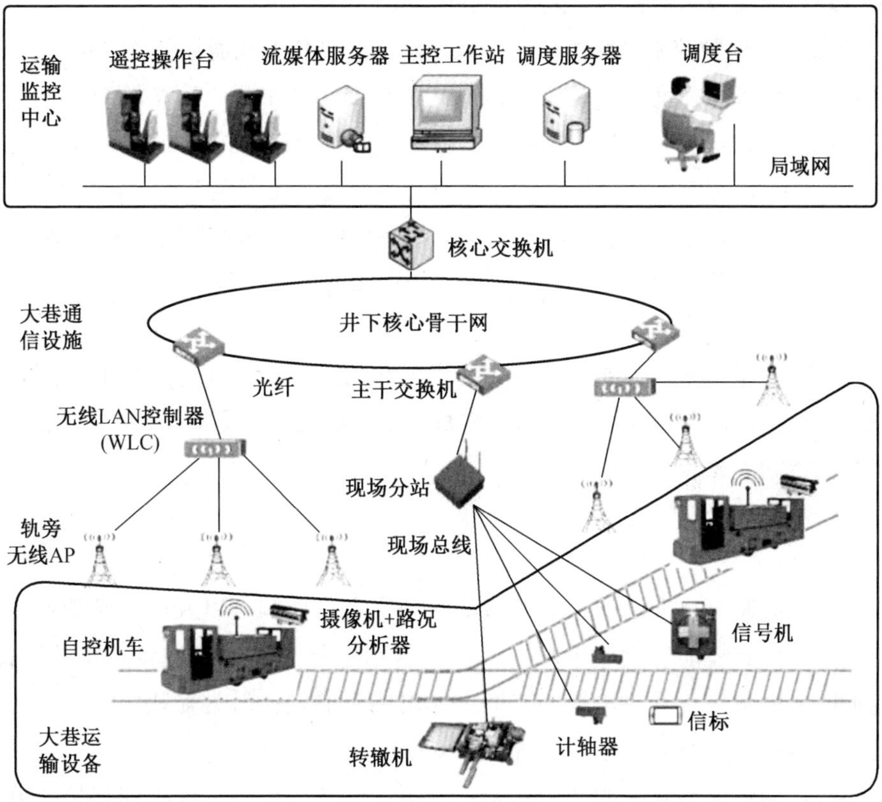

图5-8　井下轨道电机车无人驾驶智能化管理系统总体结构

移动无线宽带网络，实现系统的数据传输。对于固定位置的分站、定点安装的摄像仪、电力监控设备等，采用有线方式接入环网；对于井下移动的设备、电机车或距离环网较远不方便接入环网的采集设备，采用无线宽带通信网络实现数据通信。

（3）轨道运输监控系统主要由控制器、动态信号机、转辙机、计轴器等组成，实现车辆定位与识别、车辆运行信号指示、道岔控制等功能，对井下车辆的位置、车辆类型、行驶方向、运行轨迹等进行信息监控，显示信号灯状态、道岔状态，根据任务实现车辆调度与进路闭锁控制。

（4）视频监控系统是井下轨道运输智能化管理的重要系统，实现井下轨道运输的可视化管理，车辆运行视频图像实时跟踪，对关键部位进行智能识别。在井下关键位置如道岔、弯道、变坡点、车场、复杂路口等固定位置安装视频监控，同时在电机车上安装移动机载视频，实现运输全过程监控，使井上工作人员掌握井下电机车的运行情况，提高调度的准确性。

（5）机车供电监测系统主要针对架线电机车的供电开关、线路绝缘、分区开关状态进行监测。主要监测内容包括：①交流进线电压、电流；②直流出线电压、电流；③整流变温度；④分区开关状态；⑤电机车运行电压、电流；⑥架空线路绝缘、线路故障。主要功能是实现故障检测与线路保护，以及电网负荷流量控制。

（6）机载无人驾驶控制系统主要由车载控制器、机载无线通信装置、机车调速驱动装置、人机接口、位置与速度检测装置等组成。车载控制器主要负责车辆数据采集与控制，对车辆的运行速度进行实时采集、判断，实现不同区段的速度控制与安全驾驶。人机接口用于操作人员参数设定与画面操作。位置与速度检测通过在车辆上安装速度监测装置和车辆实时定位装置，实现车辆速度的实时采集和位置监控，为车辆自动巡航提供定位与速度信息。机载无线通信装置负责车辆数据与机载视频无线上传，同时接收调度指令实现电机车的远程控制。

（7）生产作业装卸载自动控制系统主要由装卸载控制设备组成，当电机车接近装车点时，电机车按给定速度匀速运行，并与给料机联动控制装车。同时摄像头自动切换，可实现远程监控与手动干预装卸料。

（二）系统主要功能

1. 实时监测

调度中心实时监测井下运输巷道的移动视频、定点视频，以及电机车的速度、电流、电压状态信息，同时还能以大巷缩略图的形式显示电机车的动态位置、轨道设备工作状态。对巷道的车辆数、车号、位置、速度、方向实时监控，对转辙机定位、反位、挤岔、信号状态、电源状态、通信状态、分站故障实时监测。

系统实时监测牵引整流变的开停状态、电压、故障等信号，远程控制架线分区开关，并能检测开关的工作状态。

2. 连锁控制

通过构建调度子系统，实现对运输区间闭锁，对敌对进路连锁，对信号机、计轴器和转辙机连锁控制，从而实现对多台电机车运输的安全有序调度。

3. 遥控操作

远程操作人员可以通过调度遥控台对井下电机车进行启停控制，实现电机车远程遥控驾驶，根据工作模式设置，也可以就地操作驾驶。

4. 电机车自动巡航控制

结合电机车位置反馈信息和作业计划，实现路径自动规划、道岔正确联动和自动巡航控制。

5. 智能调度

进路管理：自动判断进路情况，根据电机车联合管控调度规则，实现进路开放与闭锁。

任务调度：按任务排程及检测到的电机车位置及轨道占用情况，按路径最近原则或安全原则实现生产作业的优化调度。

智能装载：针对物料运输车辆，实时检测物料信息，与装卸料口实现联动控制。

6. 安全控制

车载控制器具有自诊断、路况分析和车距管理等安全防护功能，通过采集机车本身状态信息、轨道信息及环境信息，对车辆运行状况进行全面诊断，对出现的安全问题实施安全保护控制。

7. 生产计划与运营管理

系统可精确记录电机车的运行数据，记录生产任务完成情况，实现计划与运营管理。

（三）关键技术

1. 无线宽带传输技术

对于电机车无人驾驶系统，车辆信息必须能实时传输到调度中心，调度中心的控制命令也必须很快地传输到电机车。在整个行驶过程中，井下电机车和调度中心必须时刻保持数据通信，要求在井下大巷中全面覆盖移动无线数据通信系统。通信系统承载无线语音和图像服务功能，要求实时性高、带宽高、移动性好、响应快。目前，4G 专网或 5G 通信技术在井下的成功应用，将给井下无人驾驶提供可能。

2. 实时精确定位技术

在电机车无人驾驶系统工作过程中，为了获得更高的安全性，担负信号引导功能的电机车运输监控系统和担负自动驾驶功能的车载设备，都需要随时知道电机车所处的精确位置。电机车运输监控系统需要根据电机车的位置及时进行区段道路闭锁，根据电机车的位置切换信号与道岔。电机车需要根据位置进行启停控制，根据不同区段进行速度加减速控制。

传统的机车位置检测方式不能满足无人驾驶要求，需要采用多种技术相结合的定位方法，才能达到一定的效果。较实用的方法是采用车载终端测速与关键位置检测相结合的定位方式。通过车载终端测速装置实时计算车辆的运行位置，并以轨道计轴传感器或其他位置检测传感器作为在关键点的位置校正，由此获得精确的位置信息，通过无线通信系统上传到监控中心，实现电机车的实时位置监控。这种方法需要以可靠的无线宽带网络覆盖为支撑。

3. 无人驾驶安全控制技术

无人驾驶电机车相对于传统电机车，内部需要配置更高的智能化控制系统，不仅具备自动调速系统、制动系统、车载通信系统、车辆运行数据监测系统，而且具备自动驾驶算法和故障安全保护机制。

在电机车无人驾驶过程中，车辆需要按照调度分配的任务和路线自动行进，当道岔、信号设备出现故障，或者车载设备出现故障，或者无线通信中断，或者运输巷道中出现不可知因素，以及运行路线出现偏差时，可能涉及安全行车问题。这时电机车需要根据自主分析判断，自动进入安全模式，并发出报警信号。

4. 轨道监控技术

在井下电机车无人驾驶过程中，电机车运输监控系统负责进路开放、连锁运算、道岔控制及车位检测等任务，对电机车无人驾驶起着“引导”作用。井下信号、道岔及其位置检测传感器等设备必须准确可靠，否则将会造成较严重的安全事故，因此对电机车运输监控系统的可靠性提出了较高要求。

任务三　井下无轨胶轮车运输智能化管理系统

【学习目标】

知识目标：

(1) 掌握井下无轨胶轮车运输智能化管理系统结构。

(2) 了解智能化管理子系统及其关键技术。

(3) 了解智能化管理的主要功能。

技能目标：

结合理论知识，通过培训能够操控井下无轨胶轮车运输智能化管理系统。

【任务描述】

随着辅助运输装备技术的进步，我国矿井开始采用新型高效的无轨辅助运输装备。由于无轨胶轮车具有运输能力大、速度快、爬坡能力强、载重能力大、机动灵活、装卸方便等特点，它在井下的应用范围越来越广，应用数量也越来越多。但由于井下巷道宽度较窄，容车空间有限，光线较暗，容易引起车辆在某个区域内发生阻塞和碰撞，导致车辆运输效率低下或导致安全事故。特别是部分矿井缺乏有效的技术监管手段，主要依靠驾驶员的自觉性和驾驶技术水平来管理，经常出现车辆超载、超速情况，对井下交通造成很大的安全隐患。同时井下车辆外形尺寸不同（有重型车、轻型车）、运输任务不同（有人车、材料车和设备车）、运输路况复杂（有十字路口、丁字路口、弯道、上坡、下坡、车场等复杂路口），对无轨胶轮车的运行管理提出了更高的要求。采用智能化技术手段进行规范化管理和安全调度，对提高运输效率、降低劳动强度，提升辅助运输系统的安全水平具有十分重要的意义。

【任务知识】

一、井下无轨胶轮车智能化管理系统的结构

井下无轨胶轮车智能化管理系统采用先进的电子技术、计算机技术、通信技术实现井下电机车交通运输的科学化管理。该系统主要包括路口信号灯管理、车辆违章管理、车辆调度、信息发布等，通过红绿灯控制实现车辆的有序管理，通过闯红灯及超速违章管理，避免交通事故的发生，提高交通运输能力及车辆与人员的安全。在车辆上安装无线数据采集设备，实现车辆轨迹状态远程监控与调度，提高了运输效率。通过采用 GIS 地图的方式实现井下车辆位置及行驶轨迹的重现，使井下车辆更直观地在调度中心显示；通过客户端软件完成车辆的任务排程优化，信息的远程发布等，使无轨胶轮车的运输管理实现智

能化。

井下无轨胶轮车智能化管理系统结构分为调度层、通信层、控制层 3 层，如图 5-9 所示。

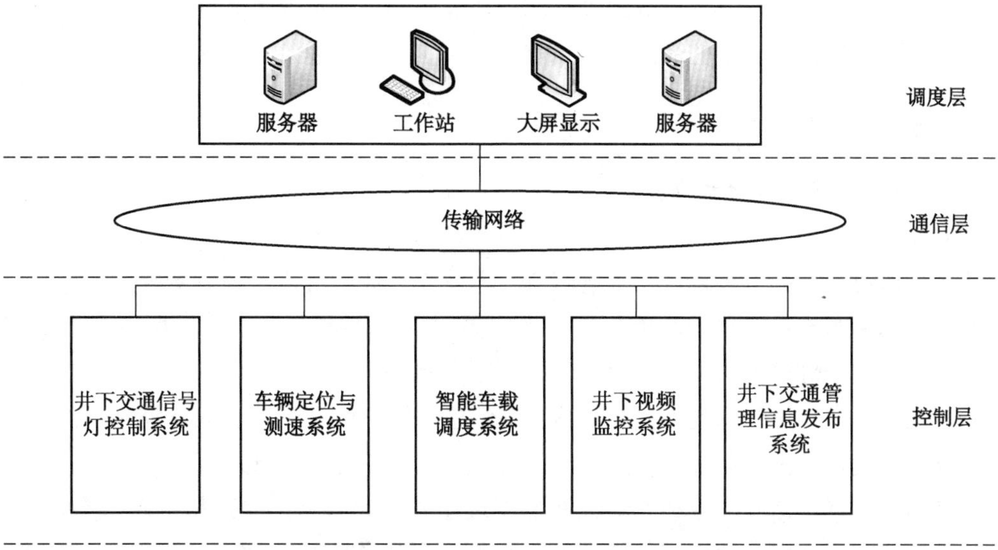

图 5-9　井下无轨胶轮车智能化管理系统结构图

调度层主要由工作站、服务器、大屏显示、调度台等设备组成。调度层实现数据采集与处理、数据存储、数据服务与应用，对整个胶轮车运输管理系统进行运算处理、人机交互、操作命令下发、实时接收设备状态并进行图形显示。数据采集与处理主要对各子系统设备的数据进行采集与分析，如车辆定位系统数据采集与分析、车辆超速数据测定、车辆运行数据分析、环境参数超限报警分析、信号灯控制等。数据服务主要提供 GIS 信息服务、视频通信服务、语音通信服务、数据存储服务等。数据应用主要实现车辆状态监测及设备状态监测，如对车辆位置、车辆速度、任务进度、信号灯状态、设备状态、调度分站和读卡器通信状态进行实时监测；实现车辆调度与指挥，包括任务调度、信号调度、语音调度、设备管理、车辆管理、司机管理、任务回放等；实现辅助运输综合运营信息管理和车辆全生命周期管理，进行数据统计、报表生成、信息查询等。

通信层主要由通信设备和通信网络组成，对于整个系统的数据传输起着关键作用，不仅需要保证各类数据传输的实时性、稳定性、可靠性，还需要考虑移动目标的通信问题。所以，通信网络需要采用有线与无线相结合的组网模式。利用煤矿已有的工业以太网为有线传输网，并在巷道覆盖无线宽带网络，实现数据传输。对于固定位置的设备，采用有线方式接入环网；对于井下移动的设备或不方便接入环网的设备，采用无线宽带进行通信，实现无线数据、语音、视频远程调度与管理。由于车辆属于快速移动目标，具有在基站之间快速切换的要求，所以在无线网络选择上，应优先选用 4G（5G）移动性好的无线宽带通信技术。

控制层主要由现场控制设备组成，主要包括井下交通信号灯控制系统（含闯红灯违章抓拍系统）、车辆定位与测速系统、智能车载调度系统、井下视频监控系统、井下交通信息发布系统（含候车室车辆信息查询系统）等。每个系统都由现场智能控制单元、显示单元、现场总线、现场测控设备、电源等组成。智能控制单元负责将其管辖的设备状态上传给调度层，同时根据接收到的命令驱动相应设备，实现就地设备的信息采集与控制。

二、智能化管理子系统

（一）井下交通信号灯控制系统

1. 组成及功能

井下巷道通常都有丁字路口、十字路口、上坡、下坡、弯道，还有更复杂的路口，特别是井底车场，车流量大，运输负荷大，很容易引起堵塞和安全事故。所以在各关键路口、地点安装信号灯进行指挥，实现车辆的有序控制。

井下交通信号灯控制系统由主控制器、车辆检测器、信号灯箱和就地控制器多个硬件设备构成，各设备与主控器之间采用 CAN 总线组网的方式，实现井下信号灯管控。主控制器、车辆检测器、信号灯箱和就地控制器安装至井下路口处。通过检测路口车辆信息，触发信号灯状态，采用自动控制与就地手动控制两种工作方式，实现路口信号灯的有序、有效管理，配合上位机软件实现井下路口信号灯的远程监控与调度管理。

主控制器用于井下交通车辆检测器、信号灯箱、就地控制器组网控制，且符合煤矿防爆要求。主控制器具有 CAN 总线、以太网通信接口、I/O 控制接口，可以接入就地设备，实现就地设备的显示控制，也可以接入工业环网，与监控中心联网，实现远程控制。其主要功能是用于拐弯路口、丁字路口和十字路口等不同路口的交通信号灯管理，并具有实时自动检测硬件故障的功能，可以实时将车辆定位器、车辆检测器、信号灯硬件的各种故障上报到监控中心，便于及时维护，保证整套系统运行的稳定性和可靠性。

车辆检测器主要用于井下车辆固定位置检测，有地磁型、地感型、电子标签型等各类不同的检测方式。当路口有车辆经过时，通过 CAN 总线向主控制器发送检测信息。主控制器获得车辆检测器发来的车辆信息，经综合判断后通过 CAN 总线下发指令给局域网中的红绿信号灯箱，指挥红绿信号灯箱变化颜色，完成路面交通的指挥。

井下交通信号灯由信号灯板和信号灯控制器组成，信号灯颜色主要有红、绿两色显示，也有红、绿、黄三色显示，现场根据具体需要进行选择。井下交通信号灯主要用于井下路口信号指挥。交通信号灯箱的“红、绿、黄”状态指示，可根据需要进行逻辑组合设计，指示灯的亮度可调节，利用 CAN 总线接收来自主控制器的命令，根据收到的指令变换灯的颜色达到指挥交通的目的。

就地控制器的主要功能是实现就地控制交通信号灯，具有 CAN 总线通信接口，带有 LED 显示屏，可以实时显示红绿信号灯运行状况和路口车辆数，通过操作按钮实现红绿灯的就地控制。

2. 关键技术

1）车辆位置检测

在井下交通信号灯控制系统中，车辆位置检测也是一种车辆定位的特殊方式，主要是为了实现交通路口信号灯控制，要求可靠、准确、精度高、实时性好。针对井下车辆路口位置检测，目前有红外检测、地感线圈检测、地磁传感器检测、电子标签检测等多方式。红外检测是在巷道检测位置上下或左右安装红外发射装置和红外接收装置，当车辆经过时会阻挡红外信号，使接收装置接收不到红外信号，从而判断车辆经过。这种技术易受粉尘影响，同时不能区分是车辆、人员还是其他物体，存在误检测问题。电子标签检测是在车辆上安装电子标签，在巷道检测位置安装读卡基站，通过基站识别电子标签，判断车辆位置。由于电子标签与基站的通信距离为 15~50 m，检测位置误差较大，不适用于路口信号灯控制。目前应用较多的主要是地感线圈检测和地磁传感器检测。地感线圈检测的工作原理是通过埋于地表的电感线圈和电容组成振荡电路，振荡信号通过变换送到单片机组成的频率测量电路，检测振荡器的频率变化。当有大的金属物如汽车经过地表电感线圈时，由于空间介质发生变化引起了振荡频率的变化，通过检测振荡频率的变化达到检测车辆的目的。车辆检测反应时间小于 10 ms，感应距离为 1.2 m，线圈灵敏度多级可调，地感线圈检测相对快速准确、稳定，技术比较成熟，性价比高，但安装维护工作量较大。地磁传感器的基本原理是利用地球磁场在车辆等大型铁磁物体通过时的变化来达到检测车辆的目的。地磁传感器检测不仅快速准确，同时安装灵活方便，其应用在逐渐增多。

2）井下车辆信号调度控制

由于井下胶轮车的运行受巷道空间尺寸、环境视线、车辆大小种类、运输任务等因素的影响，导致胶轮车在巷道内避让点多、上下行车辆会车频繁，极容易发生堵塞、碰撞等影响行驶效率和安全的情况。因此，要求矿井胶轮车按照一定的调度规则运行，以实现合理、灵活的协调，使不同种类、不同任务权限的胶轮车有序运行，达到井下车辆运行“安全、高效”的目的。

（1）井下典型交岔路口信号灯控制原则。地面交通信号灯的控制是以时间控制为主要手段，定时时长需要根据车流量提前经过测算决定。而井下交通指挥具有特殊要求和规则，对于井下交通信号灯控制，主要以安全和提高效率为目标。其控制原则：①触发优先原则，先到路口先触发的车优先通行；②一次只允许一个方向的车辆通行，其他车辆禁止进入路口；③实行优先上行原则，两辆不同方向的车辆同时触发优先上行原则；④多个路口级联时，保证先入车辆离开最后一个路口之前没有其他车辆进入；⑤特殊情况下也可以实现就地交通管制，固定某一方向车辆优先通行。

井下典型交岔路口有十字路口、丁字路口等，图 5-10 为丁字路口信号灯控制示意图。主控制器安装于路口处，地感线圈安装在进入路口的地面以下，红绿信号灯箱安装于进入路口的巷道顶部，无遮挡标志“×”代表禁止通行，标志“→”代表允许通行。

在丁字路口 A、B、C 处各铺设一组地感线圈和车辆检测器，各安装一套红绿灯。图

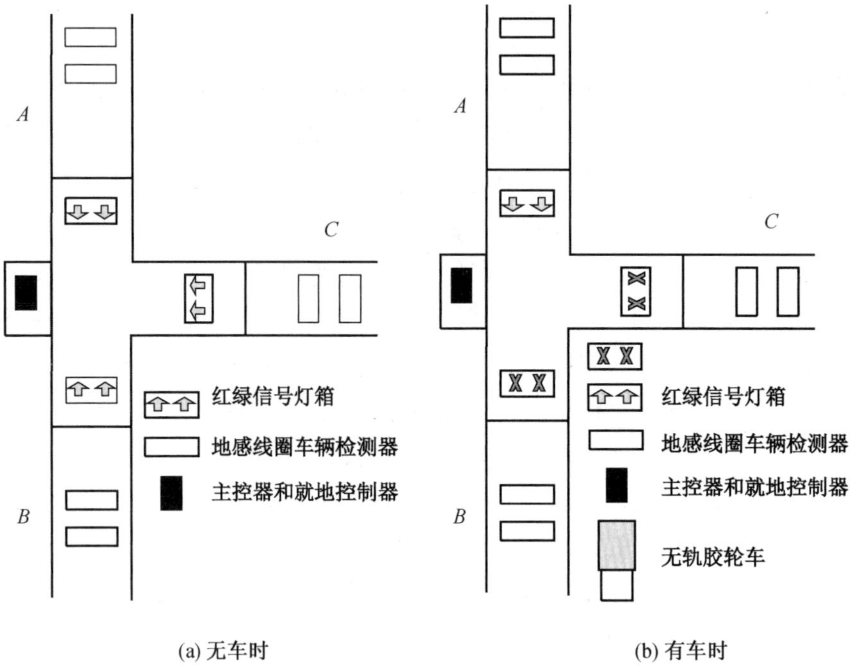

图 5-10　丁字路口信号灯控制示意图

5-10a为平常无车时，*A*、*B*、*C* 端均亮绿灯；图 5-10b 为当有车从 *A* 端进入，经过地感线圈时，*B* 灯和 *C* 灯为红灯，当该车经过 *B* 端地感线圈或 *C* 端地感线圈时，*B* 端和 *C* 端红灯恢复为绿灯；当有车从 *B* 端进入，经过 *B* 端地感线圈时，*A* 端和 *C* 端亮红灯，当该车经过 *A* 端或 *C* 端地感线圈时，*A* 端和 *C* 端的红灯恢复为绿灯；当有车从 *C* 端进入，与上述同理。红绿灯显示设有自动复位功能，当有车进入该区域工作长时间不能出去时，60 s 后（时间可调）红灯均自动恢复为绿灯。当有 *N* 辆车通过 *A* 端地感线圈驶向 *C* 端时，*C* 端亮红灯，*C* 端地感线圈计数通过了 *N* 辆车驶出后，才恢复为绿灯。

上述信号控制采用了优先触发通行原则，每次只允许一个方向的车辆通行，其他方向闭锁。

（2）多路口级联信号灯控制策略。井下交通信号灯控制系统还具有多个路口信号灯级联控制功能，如车场的一些复杂路口、三岔路口等。级联控制时，需要根据井下行车要求的逻辑建立控制模型，实现要求的控制策略。例如，具有主干巷道的所有路口级联控制，一般采用主干道优先通行原则：①次干道所有车辆避让主干道来车；②所有旁路车道都看作次干道，按丁字路口原则指挥；③次干道距离主干道需要保持 10 m 的缓冲区域。

当主干道有车辆行驶时，主干道方向信号灯均为绿灯，所有进入主干道的旁路信号灯均为红灯，直至车辆驶出主干道。这样就达到级联控制的目的，提高主干道行车效率。

（3）双通道路口信号灯联动控制策略。在有些现代化矿井中，建设好的巷道可以满足大型车辆双向通行的需求，这时井下红绿灯控制系统应具有双向控制的功能，通过对主控制器进行配置，实现路口信号灯的双向联动控制。红绿信号灯控制原则为：触发优先、双向通行，先触发车辆先入先行，同时也允许对向来车通行，直至双向车辆驶离路口，其他方向的车辆才允许进入路口。这种控制原则充分利用了巷道双向容车的特点，保证了双向通道高效利用，提高了车辆行驶效率。

（4）区段闭锁调度策略。区段闭锁调度是在关键路段内，根据区段巷道宽度、车辆种类所确定的区段容车信息、容车数量，以及其他条件进行信号闭锁，包括区段容车闭锁、上下行闭锁、权限闭锁（针对某类特殊权限的车辆保证效率优先行驶）等构成的对运行车辆在区间严格控制的调度策略。

区段容车调度策略：该策略主要用于特定区段对运输车辆的数量有控制的场景，为了避免发生安全事故，在设定区间进行信号灯管控，在调度算法中需要根据巷道宽度、车辆种类、同向或逆向进行综合考虑，设定区间容车数量。此外，对于架线无轨电机车，还有电网负荷闭锁要求，要控制供电段内车辆，达到一定数量时，禁止车辆再驶入供电架空路段，避免电网超负荷。

区段其他调度策略：在区段不同方向进入的胶轮车需要考虑重车与轻车、上行与下行、车辆权限等不同情况，一般空车让重车，下坡车让上坡车，特殊优先权车辆先行，其他车辆避让。例如，在特定区域内，有时只允许一个方向的车辆运行，以防止拥堵。在实际应用中可以根据不同的矿井环境条件，建立不同的控制策略。

在胶轮车调度系统中，由于井下运输大巷是一个复杂的网络，各个矿井条件不同，其要求也不同，调度算法也不尽相同。运输调度不但要考虑单个路口、单个区段的信号调度，而且要考虑多个路口、多个区段的联动调度策略，预防调度死锁情况，提升整个运输网络的综合效率。

（二）车辆定位与测速系统

由于井下巷道空间有限，光线较暗，路口较多，存在弯道、上下坡等复杂路况，车辆在运行过程中不允许超速行驶，需要进行限速管理。车辆测速可以分为 3 种情况，一种为区间测速，另一种为定点测速，还有一种是车载终端自动检测车辆运行速度，并通过无线网络上传到监控平台。区间测速主要是对于需要限速的巷道区段（如下坡、弯道）安装区间测速系统，进行超速管制。定点测速是在需要限速的特定地点安装定点测速系统，进行超速管制。利用车载终端测速，可以全程实时监控车辆的运行速度。

煤矿井下区间测速目前采用两种技术。一种是射频识别技术，另一种是视频识别技术。射频识别技术通过在车辆上安装射频识别卡（标签），在巷道区间两端安装识别分站，计算同一车辆进入巷道区间两端 A 点到 B 点的时间，用已知行程除时间获得车辆的平均行驶速度。这种检测方法，车辆速度较快时容易丢卡，另外在检测范围较大时误差也较大。视频识别技术利用视频检测中的目标检测算法和车牌识别算法，实时监测视频图像中的目标车辆，并提取目标的各种属性特征（如机动车属性，包括目标结构、车辆号牌、车牌颜色等），当目标进入抓拍识别区域时，自动记录特征图像和车牌号，并标记时间。系统软件通过记录同一车辆进入巷道区间两端 A 点到 B 点的时间和车牌号，用已知行程除时间获得车辆的平均行驶速度。

这种基于视频识别的区间测速系统主要由前端车牌识别防爆摄像仪、隔爆兼本安电源、补光灯、传输网络、地面服务器及后台测速管理软件等组成，前端车牌识别防爆摄像仪安装在测速区间两端（双行道和单行道具有不同的配置），对车牌进行识别并记录车辆进出区间的时间，将数字识别信息和图像信息一起通过通信网络上传到地面服务器，经后台软件计算处理，实现井下区间测速管理。由于井下特殊的环境条件，需要做好摄像仪的位置安装调校工作，同时要做好补光工作。采用视频图像识别技术的主要优点是测速精度高，有图像取证作为依据。

井下定点测速方法，目前主要采用雷达测速与摄像仪图像抓拍取证方式，其系统组成原理与地面定点测速组成原理相同，但设备需要采用防爆兼本安型设备。由于其成本较高，推广应用受到限制。

车载测速系统主要由车载终端、行程测量编码器或霍尔传感器、无线传输网络、地面监控服务器、系统测速软件、网络接口等组成。通过在车辆上安装测速传感器，车载终端实时采集测速传感器速度信号，同时通过无线宽带网络上传到地面监控平台，监控平台可实时跟踪车辆运行轨迹和运行速度。采用车载测速系统，实时性好。

（三）智能车载调度系统

智能车载调度系统主要由地面调度中心车载调度服务平台与智能车载终端组成。智能车载调度系统构成如图 5-11 所示。

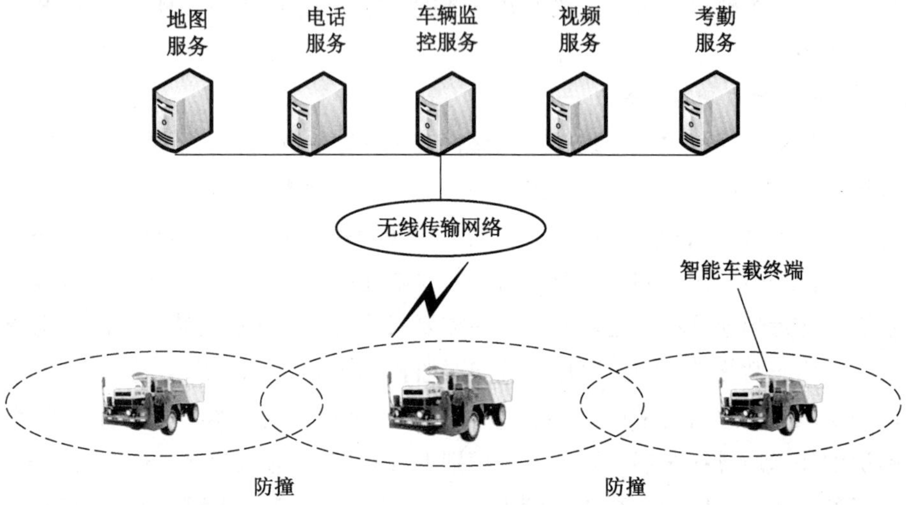

图 5-11　智能车载调度系统构成

无线智能车载终端具有语音、视频等多种通信接口，可实现车辆参数的实时采集、司机身份识别、视频通话对讲、行车视频监控、车辆位置实时显示等功能，可实现车辆的远程调度。

车载调度服务平台与智能车载终端相互通信，具有地图服务、电话服务、车辆监控服务、视频服务、人员考勤服务等功能。地图定位服务的主要功能是车载终端定时上传定位信息到地图服务器，并从服务器获取以自身为第一视角的地图，同时周围一定范围内的车辆信息也会在地图上显示，对近距离车辆进行防撞预警。司机可依此来判断车距，保证驾驶安全。电话服务主要通过调度通话服务器、车载终端进行点呼或组呼，在通话界面，可拨打语音或视频电话。如选择组呼，则只能进行语音通话，在同一组中所有终端或手咪可进行语音交流，根据不同需要设置不同的组，可方便调度管理。视频服务主要实现行车监视和视频对讲，多路图像信息可根据实际需要进行动态切换显示。考勤服务用于司机考勤管理，通过虹膜识别，在车载终端人员身份的登录与登出信息，不仅显示在本地显示屏上，同时上传到后台考勤管理服务器，进行实时调度与人员考勤管理。车辆数据监测服务主要通过车载终端与柴油机保护器和电驱保护装置通信，可监测车辆的运行状态信息，如行驶速度、行驶里程、防爆柴油机水箱水位、排气温度、发动机表面温度、发动机转速、剩余油量、水量、机油压力、发动机运行时间、柴油机电喷参数等，还可监测电驱动电流、电压等参数，通过无线传输平台上传至地面监测服务器，实现车辆的状态检测、故障分析、远程预警。

（四）井下交通管理信息发布系统

井下交通管理信息发布系统主要用于车辆信息发布与井下交通信息引导，在车辆调度指挥中心的控制下，实现井下车辆的位置信息、车辆信息、井下路口红绿灯信息、路况信息的资源共享和智能化管理。利用矿用本安型显示屏或车载信息终端实时发布各种交管信息，并在最短的时间内完成安全指令信息的发布。

井下交通管理信息发布系统由井下交通管理中心信息平台、通信网络、矿用本质安全型显示屏、车载信息显示终端、防爆计算机和大屏幕显示屏等组成，交通管理中心信息发布计算机通过通信网络向各个显示设备分发信息。井下交通管理信息发布系统示意如图 5-12 所示。

井下信息发布内容主要分为三大类：①固定信息，包括路标信息、指示信息、警示信息；②动态信息，包括车辆位置信息、车辆信息、当前井下车辆数量信息、车辆入井与出井时间信息、车辆调度信息、车辆违章信息，以及车辆故障报警、车辆求救信息、超速提醒、事故通报、避灾路径；③安全教育宣传信息，包括国家政策、法规信息、安全生产、安全教育、煤矿各种指令性信息等。

（五）井下交通视频监控系统

井下交通视频监控点主要设置在井下车流量较大的重要路口、车场及盘区入口、事故多发地点、候车硐室等处，用于调度大屏实时显示各路口的人员及车辆情况，实现可视化调度指挥，通过视频存储，便于事故追溯。在候车点配备视频监控，调度人员可实时掌握候车点人员状况，按需派车，精准调度。对于集中候车硐室，通过视频可了解井下人员情

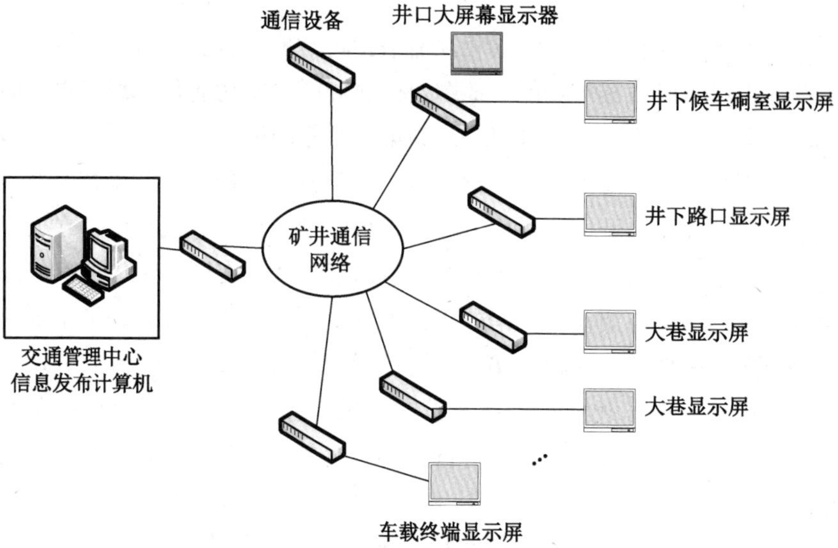

图 5-12　井下交通管理信息发布系统示意图

况，实现应急指挥和应急救援。井下交通视频监控系统如图 5-13 所示。

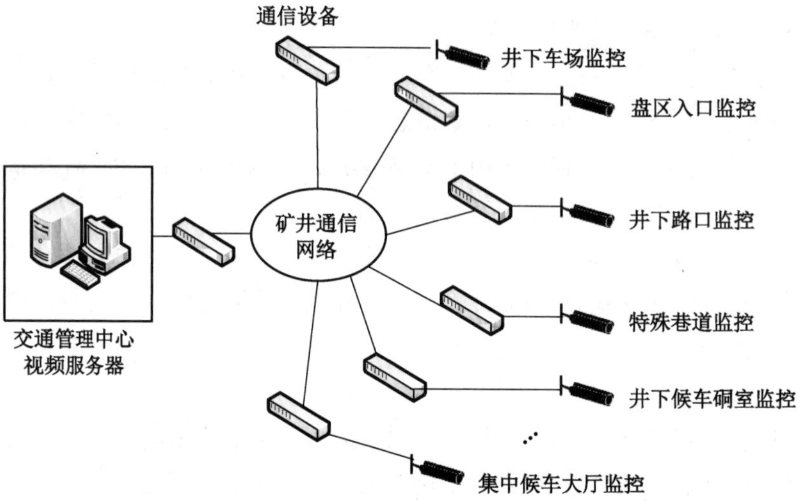

图 5-13　井下交通视频监控系统

三、智能化管理的主要功能

井下无轨胶轮车智能化管理是通过矿井调度中心管理软件实现的，其主要功能包括车辆调度管理、车辆管理、地理信息管理、设备管理、系统管理等几个子模块。每个子模块又包括多项功能，功能层级如图 5-14 所示。

（一）车辆调度管理

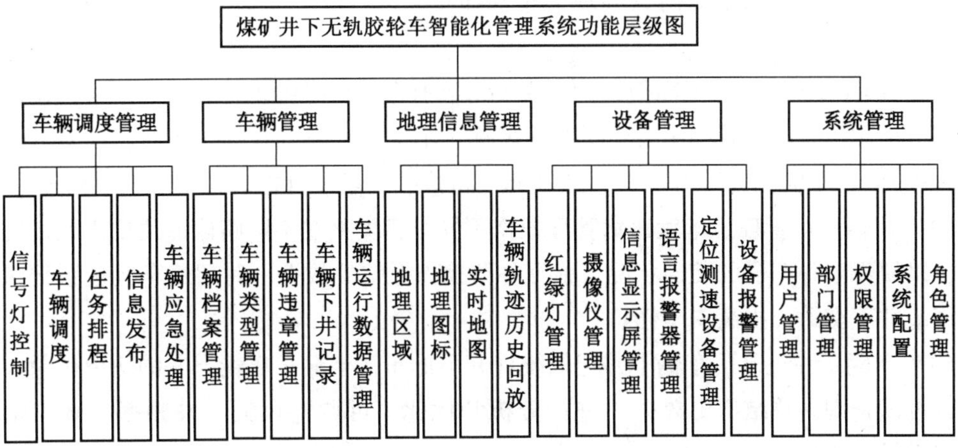

图 5-14　井下无轨胶轮车智能化管理系统功能层级图

井下车辆调度管理是整个系统运行的核心部分，包括信号灯控制、车辆调度、任务排程、信息发布、车辆应急处理等功能。这部分功能主要用来控制当前的车辆使用、计划排班，以及实时更新、实时查询最新动态，实现车辆的统筹管理与集中指挥，远程安排运输任务、行走路线、作业时间，使车辆调度达到自动化、智能化，提高工作效率。

(1) 信号灯控制。调度管理软件具有信号灯远程监控功能，在井下巷道图中，显示全部信号灯的状态，信号灯用不同颜色标识不同状态：红色表示禁止前行；绿色表示允许通行。在通常情况下，信号灯按照一定的信号调度策略自动指示，在特殊情况下，可通过平台对井下的现场交通进行远程指挥，使用人工调度信号灯功能。

(2) 车辆调度。任务调度是调度平台的一个重要功能，调度员可以根据煤矿实际需要指派司机和车辆执行运输任务，使人员和车辆更高效地运行，提高生产效率，降低运行成本。车辆调度主要包括司机（或整个队组）、车辆、目的地、执行时间、预计完成时间、任务描述等信息。

(3) 任务排程。任务排程主要包括计划排程、排班管理、班次管理，给出优化的车辆任务排程表，供调度人员合理选择车辆，有效地减少车辆的空驶率，减少运输时间，提高运输效率，降低运输成本。

(4) 信息发布。在重要路口、坡道、急转弯处、候车点、避难硐室安装 LED 显示屏和语音报警系统，可随时进行信息发布，利用通知、危险警示、车辆到站、堵车信息、车辆违章等信息进行随时提醒。

(5) 车辆应急处理。当应急事件发生时，触发车辆应急管理系统，实现应急车辆就近调度、应急路线规划、启动报警联动系统（巷道沿途声光报警联动、候车硐室、车载系统同时警示联动），实现应急远程处置。

（二）车辆管理

车辆管理主要用来记录车辆数据信息，配置车辆属性，实时更新与查询最新的车辆动态。车辆管理主要包括车辆档案管理、车辆违章管理、车辆下井记录、车辆运行数据管理等。

（1）车辆档案管理。车辆档案管理主要对已有车辆做详细统计，并为后面的调度及交通管理提供数据。档案管理主要包括车辆名称、车型、车牌号、归属车队，以及其他属性（如采购时间、车辆状态（好、坏）或在修、待修、厂家、价格、大架号、系列号等）。

（2）车辆违章管理。车辆违章管理根据不同车辆类型在不同路段的速度限制情况进行配置，以便规范各车辆的交通状况。根据各监控点抓拍的数据，对超速车辆进行记录和处理，规范井下交通，提高安全性。

（3）车辆下井记录。车辆下井记录统计井下的车辆，显示车辆下井的历史记录和实时状况，可以查询、总结历史数据并进行分析和优化，可调整车辆下井频率，减少闲置车辆，实现任务排程。

（4）车辆运行数据管理。车辆运行数据管理主要包括实时数据监测和历史数据查询。主要包括以下几个方面：①车辆实时数据监测，主要是井下车辆动态运行数据的实时显示，包括车型、车号、驾驶司机、车队、具体运行位置、速度、轴温、水温、排气管温度、发动机转速、甲烷浓度、机油压力、行驶里程等；②车辆历史运行数据记录查询，主要是对车辆历史运行数据进行记录与查询，包括车辆运行数据，如车辆位置、速度、公里数、油耗、出车时间、出车率、轴温、油量、水温、转数等，以及车辆违章记录（超速、闯红灯及相关司机、车辆的相应记录）等；③车辆故障显示与预警，车辆在运行过程中发生故障时将自动弹出画面提醒管理人员，同时记录车辆故障原因，显示故障情况，可供历史记录与查询；④车辆的效率统计，通过检测的车辆运行信息，如时间、里程、油耗，计算车辆的效率。

（三）地理信息管理

采用 GIS 技术，实现井下巷道实时模拟展示，集成车辆精确定位数据、信号灯数据、显示屏数据、任务信息，进行直观地可视化展示，结合视频数据、调度通话等，为调度提供方便快捷的操作。地理信息管理具有区域配置、地图编辑及功能实体模块添加和实时查看路况信息、车辆历史轨迹回放等功能。通过对井下交通图纸的修改和发布，实现井下交通实时地图显示、定位、报警等，以整个井下地图为背景，上面显示各个关键设备的位置、状态，以及井下车辆的实时位置、井下车辆数目、区域车辆数目、是否有违章车辆等信息。

（四）设备管理

设备管理作为系统软件与硬件的传输纽带，通过相应的配置，使系统的软件与硬件相匹配，包括红绿灯管理、摄像仪管理、信息显示屏管理、语音报警器管理、定位测速设备管理、设备报警管理、语音播报计算机管理。

设备管理会对所管理的设备，如红绿灯、摄像仪等，在系统中为其创建一个数据模型记录，提供基础数据以便操作，通过网络和驱动，可以使之与井下设备关联，实时查询各个具体设备的状态，修改其工作参数。

设备报警管理对关联设备的状态进行记录，管理对应的报警记录，如设备故障报警、通信状态报警等。

（五）系统管理

系统管理由用户管理、部门管理、角色管理、权限管理、系统配置等组成。其中，用户管理不仅承担用户创建与管理功能，还承担权限分配功能。通过将用户管理与权限管理相融合，简化了系统管理员的负担。整个软件平台都在系统管理的基础上安全有效地运行。

井下交通管理系统是基于物联网技术的管理系统，与装备云平台联网实现井下车辆的全生命周期管理。通过统计车辆使用过程中各项数据（如车辆档案信息、车辆运行数据、车辆日常保养记录、维修记录、故障记录等），分析车辆故障频率、配件使用、维修费用、车辆状态等，以便更好地为车辆安排任务，定期保养，延长使用寿命。

【习题】

1. 煤矿轨道运输监控系统功能主要有哪些？
2. 典型的车载调度通信系统包括哪些装置？
3. 井下无轨胶轮车运输智能化管理系统结构主要包括哪些？
4. 井下无轨胶轮车智能化管理系统的功能有哪些？
5. 简述井下典型交岔路口信号灯控制原则。

项目六 “一通三防”智能化技术

“一通三防”是对煤矿安全生产中的矿井通风、防治瓦斯、防治煤尘、防灭火技术管理工作的简称。煤矿一旦发生“一通三防”事故，往往人员伤亡多，灾害范围广，给国家和人民生命财产造成不可挽回的重大损失，搞好“一通三防”工作是稳定煤矿安全局面保证煤矿安全生产的关键所在。随着网络技术、物联网技术的应用、各种监测与控制手段不断发展，煤矿“一通三防”管理技术逐渐迎来智能化，为煤矿灾害防治提供了有力支持。对于煤矿安全生产管理人员、技术人员而言，熟练掌握“一通三防”的基本知识和技能，并了解必备的“一通三防”智能化技术对于矿山安全管理具有较高的现实意义。

本项目包括矿井通风智能化技术、矿井瓦斯防治智能化技术、矿井火灾防治智能化技术、矿井粉尘防治智能化技术 4 项任务。

任务一 矿井通风智能化技术

【学习目标】

知识目标：

(1) 掌握矿井通风系统构成、基本的通风方法、通风的任务。

(2) 了解主要通风机无人值守控制技术。

(3) 了解局部通风机智能控制技术。

(4) 了解矿井通风网络智能化调控技术。

技能目标：

(1) 现场实习后可操控智能通风系统。

(2) 可利用智能车通风系统对矿井风网参数进行准确调整。

【任务描述】

矿井通风系统是矿井的呼吸系统，它源源不断地将地面新鲜空气输送到井下各作业地点，稀释和排除井下各种有毒有害的气体和矿尘，也是防治煤与瓦斯爆炸、降温、除尘、灭火的重要技术手段。实现矿井通风智能化是实现智能开采，建设智慧矿山的技术保障，主要通风机无人值守控制技术、局部通风机智能控制技术、矿井通风网络智能化调控技术已经在部分矿山得到了应用，本任务内容将主要介绍这几项技术。

【任务知识】

一、矿井通风系统的构成

矿井通风系统是矿井安全生产系统的主要组成部分，是通风系统设施、矿井通风方式、通风方法、通风网络和通风系统任务的总称。

1. 通风系统设施

煤矿井下常见的通风设施和通风构筑物有矿井主要通风机、局部通风机、风筒、风门、风窗、风桥、风墙、风硐、测风站等，由通风动力、通风设备与设施及各巷道构成通风网络并对风流进行控制。煤矿通风系统对矿井的安全生产具有决定性作用，是安全生产的基础。

2. 通风方式

通风方式是指进风井（或平硐）和回风井（或平硐）的布置方式，即所谓中央式、对角式、区域式和混合式等。

（1）中央式：进、回风井均位于井田中央。根据回风井沿煤层倾斜方向位置不同，又分为中央并列式和中央边界式（中央分列式）。

（2）对角式：进风井位于井田中央，回风井分别位于井田上部边界沿走向两翼。根据回风井沿走向位置的不同又可分两翼对角式和分区对角式。

（3）区域式：在井田的每一个生产区域开凿进、回风井，分别构成独立的通风系统。

（4）混合式：由上述诸种方式混合组成。例如，中央分列与两翼对角混合式，中央并列与两翼对角混合式等。

3. 通风方法

通风方法是指产生通风动力的方法，根据风流获得动力的来源不同，可分为自然通风和机械通风，其中机械通风根据工作方式不同，又可分为抽出式、压入式和压抽混合式3种。《煤矿安全规程》规定，所有矿井都必须采用机械通风。

（1）抽出式通风是将矿井主要通风机安设在出风井一侧的地面上，新风经进风井流到井下各用风地点后，污风再通过风机排出地表的一种矿井通风方法。

（2）压入式通风是将矿井主要通风机安设在进风井一侧的地面上，新风经主要通风机加压后送入井下各用风地点，污风再经过回风井排出地表的一种矿井通风方法。

（3）压抽混合式通风是在进风井和回风井一侧都安设矿井主要通风机，新风经压入式主要通风机送入井下，污风经抽出式主要通风机排出井外的一种矿井通风方法。

4. 通风网络

一般把矿井或采区通风系统中风流分岔、汇合线路的结构形式和控制风流的通风构筑物统称为通风网络。矿井通风网络基本结构如下：

（1）串联网络。串联网络指的是井下用风地点的回风再次进入其他用风地点，中间没有分支的风路。

（2）并联网络。并联网络指的是两条或两条以上的通风巷道，在某一点分开后，又在另一点汇合，其中间没有交叉巷道时所构成的风路。

（3）角联网络。角联网络指的是在并联风路间增加一条或多条风路与其相连通的风路。

5. 通风系统的任务

矿井通风系统的主要任务是在正常生产时期，利用各种动力向井下各用风地点提供足够的新鲜空气，稀释并排除瓦斯等有毒有害气体和粉尘，保证安全生产；调节井下气候，创造良好的工作环境，保证机械设备的正常运转，保障作业人员的健康和安全，最终达到安全生产的目的。当发生事故时，有效控制风流方向及风流大小，与其他措施相结合，防止灾害的扩大，达到消灭事故的目的。

矿井通风系统是煤矿安全的关键环节，因此建立稳定可靠的通风系统非常重要，煤矿生产的多变性决定了矿井通风系统的动态性，须采用高科技手段，建立智能化的监测控制系统，及时采集分析通风系统的运行信息，检查评估各项通风参数，拟定各个生产时期的最优化风流调整方案，预报通风系统远期运行状态，以提高矿井通风管理水平，运用专家系统和决策支持系统制定灾变时期风流调度。

矿井通风智能化技术是保证通风系统稳定、可靠、高效、安全运行的基础。矿井通风智能化技术包括了主要通风机，局部通风机的无人值守控制、风网智能解算、通风设施的智能调节等。

二、主要通风机无人值守控制技术

煤矿主要通风机是通风系统正常供风的主要动力设备，目前，我国常用的设备类型主要有离心式通风机、轴流式通风机、对旋式通风机，一般在通风机房配置相同的双套风机，一用一备，相互备份。主要通风机平稳、安全、可靠的运行对煤矿生产至关重要。其控制内容包括了风量的调节控制、风门的控制、双机切换操作，以及其他辅机设备的控制。传统的控制方式是现场操作人员根据反馈数据和运行情况现场操作按钮控制设备，实现风量调节、风机倒换。由于存在人为因素，可能导致调节精度低、误操作。而采用智能化技术实现通风机无人值守控制将大大改善其控制的可靠性和安全性，提高运行效率，实现减人增效、节能降耗。

（一）主要通风机无人值守控制系统的构成

主要通风机无人值守控制系统由智能控制系统、在线监测与故障诊断系统、环境与安全监控系统、设备巡检系统、数据传输网络、无人值守控制平台等部分组成，是集智能供电、传动控制、智能传感器、视频遥视与图像识别、音频采集、数据分析等功能于一体的控制系统。通过调度监控平台，实现设备的远程管理与遥控。其组成结构图如图 6-1 所示。

1. 智能控制系统

智能控制系统由主控制器、计算机监控系统组成核心控制单元，并集成了智能配电控

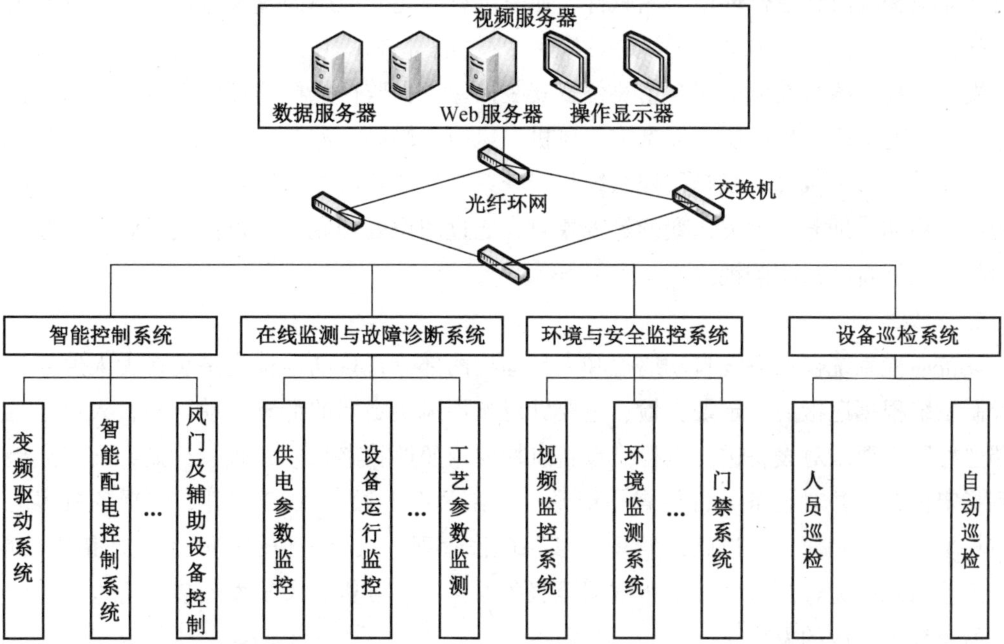

图 6-1 主要通风机无人值守系统组成结构图

制系统、变频驱动系统，采用双冗余的硬件配置与软件安全控制策略，对风机设备进行可靠控制，实现风机的自动运行、定期自动巡检、自动倒机切换、反风控制、风量自动调节。

2. 在线监测与故障诊断系统

在线监测与故障诊断系统是基于物联网的远程在线监测，主要由数据采集设备与智能传感器组成，对主要通风机系统相关设备进行数据采集、状态监测、趋势分析、故障诊断与预警，并将报警和故障信息反馈到控制系统，实现应急控制、预防检修。

3. 数据传输网络

数据传输网络利用矿井自动化环网，将现场数据上传到无人值守调度平台，实现远程监管和数据诊断。数据传输网络采用冗余环网，应确保线路故障或中断，不会影响风机的远程数据通信与控制。

4. 环境与安全监控系统

环境与安全监控系统主要由门禁系统、环境监测系统、视频监控系统等组成。

门禁系统是在关键地点如机房大门和工区大门配置可视化智能门锁，其作用是禁止非法人员出入风机房重要设施场所，只允许被授权的管理人员、巡视人员进入，对非法闯入、门锁被破坏等情况出现时信息传输到监控中心，系统会发出实时报警。

环境监测主要是在控制室、配电室等房间配置烟感传感器、温度传感器、湿度传感器、拾音器，通过数据采集模块连接到服务器，远程感知现场环境情况，环境参数出现异常时立即报警输出到后台环境监测软件，在三维可视化监控画面直观显示报警位置、报警数据等。

视频监控系统是在风机房各重要位置安装摄像头，监视风机房环境与各设备状态，主要监测点有变电所、配电所、控制室、风机、风门、蝶阀、润滑站、防爆门、风机院内出入口、周界防范区域等。视频监控系统与门禁系统、环境监测系统融为一体，当监控区域出现移动物体、烟雾、火灾、变形等现象时，通过图像处理软件，提供实时画面报警，对危险报警区域自动跟踪监视。

5. 设备巡检系统

设备巡检系统包括系统自动巡检和人员巡检两部分，自动巡检是系统在无人值守情况下控制系统根据巡检要求定期自检，主要针对备用风机定期的低频启动自检；人员巡检是按照巡检制度要求对设备进行点检。设备点检要依照巡检路线、日程、计划，配置点检设备到指定位置，并对设备进行检查、记录，或在手机上通过 APP 软件，配置各机房的设备点检填报管理画面，通过路线管理、参数填报管理、人员定位管理、上报回传等功能，实现点检信息的完整录入，并上传数据至服务器保存、分析，及早发现设备隐患，及时处理，避免较大事故的发生。

6. 无人值守调度平台

无人值守调度平台可设在矿调度中心，它是通风机数据汇聚点与控制的中心。其主要功能有：①实现工艺画面监控，如通风机工艺流程、供电系统、通信网络、实时曲线、历史曲线、报表等，实时显示当前风机运行情况及各部分数据分析等；②实现三维可视化监控，用于对风机房建筑物、设备、环境安全监测；当通风机及控制设备发生故障时，对设备故障进行地理定位，并显示故障位置与周围环境情况；③实现应急处置，主要是针对设备出现特殊故障时，系统根据实际情况自动给出应急处理流程，工作人员可以此进行故障处理操作；④实现异常报警功能，主要用于风机房内设备故障、环境安全报警，实现自动弹窗、闪烁显示，醒目地展示给工作人员，并与三维可视化监控、视频监控联动显示；⑤实现设备健康诊断，主要针对设备运维数据进行连续分析，对设备健康状况进行早期诊断，从而实现无人值守的控制。

（二）主要通风机无人值守控制系统的关键技术

1. 控制系统的可靠性设计

主要通风机是煤矿重要的安全设备，要实现无人值守必须有可靠的硬件系统保障，主要通风机故障停机是最大的风险之一，所以要确保控制系统供电的可靠性、主控单元的可靠性、网络传输的可靠性。

1）供电可靠性设计

大部分矿井主要通风机供电系统常用双回路供电、单母线分段式运行方式，但实际应用中还存在较多问题，具体表现在：第一，通风机采用冷备用方式，通风机在启动过程中有可能存在故障，其启动和挂网具有不确定性，导致每一次倒机都成为通风安全隐患；第二，供电系统采用单母线分段运行方式，一旦发生电源故障，需要通过切断故障电源的刀闸和断路器，闭合备用电源刀闸和断路器，闭合母联等一系列操作来完成供电电源的切换，该操作主要由人工完成，常常错失合闸最佳时机，延长停风时间，容易造成通风事故扩大化。针对上述情况，系统配置高压无扰快切装置，设定快切投入控制策略，控制两路进线与母联柜断路器切换，保证供电系统两路电源的快速切换。低压配电系统配置电源互投装置，实现低压供电电源自动切换。高压快切装置具有逻辑判断和智能选择等多种投切方式，以确保投切过程中主要通风机平稳运行。供电系统智能化设计如下：

（1）高压采用单母线分段接线方式，正常情况两段母线均带电，一回运行，一回备用。高压微机综保具有通信端口或高压系统自带通信管理机，能将高压数据上传到远程管理平台，进行远程控制与管理。

（2）低压也采用单母线分段接线方式，配电柜采用智能型断路器，满足智能远程操控和闭锁要求。

（3）高压系统配置变频切换柜系统，变频或电机出现故障后可以根据实际工况进行灵活多样的交叉拖动负载。

（4）控制系统采用不间断电源冗余配置，一号风机和二号风机独立使用，保证可靠运行。

2）主控单元的可靠性设计

为了提高通风机控制系统的可靠性，主控单元采用双机热备形式，正常情况下主机处于工作状态，备机处于监视状态，一旦备机发现主机异常，将会在很短的时间内接管控制权，代替主机控制设备正常运行。反之，当备机处于工作状态时，主机处于监视状态，发现备机异常时，快速接管备机控制权，控制设备正常运行，保证两套系统的无扰切换。

此外，控制系统传输网络也要采用冗余设计，确保线路故障或中断时，不会影响系统的控制。一般可利用煤矿光纤环网进行传输，确保系统数据传输的可靠性。

2. 主要通风机倒机切换控制技术

煤矿主要通风机需要定期将运转、备用通风机进行一次切换，或运转通风机故障时将运转通风机切换到备用风机，两台通风机的切换过程称为倒机操作。在倒机切换过程中因操作时间过长或设备故障等原因，会引起高瓦斯矿井瓦斯积聚或瓦斯超限问题；同时，也有可能发生备用通风机突然无法启动的问题，而此时运行通风机已经停转，很容易引发事故，即使迅速恢复原通风机的运行，也会造成倒机时间过长。对于倒机切换时间，《煤矿安全规程》有明确的规定，不允许超过 10 min。倒机控制是煤矿通风机控制的重要环节。

传统的主要通风机切换采用手动完成，其切换程序为：首先关闭运转风机，待运转风机转速下降到一定程度，再关闭运转风机调节风门；然后打开备用风机调节风门，启动备用风机，使其达到额定运行状态。该方式主要用于早期风机控制系统，不具备调速控制和先进的风门控制功能。在切换过程中，会造成一定时间的停风状态，对操作过程也有严格的要求，极易造成瓦斯积聚和安全隐患。矿井主要通风机倒机切换的核心问题是控制通风系统的稳定，以保证井下瓦斯不超限。因而，在自动倒机切换过程中，主要从风机风量调节控制角度解决主要通风机的安全切换和倒机操作问题。目前主要有以下几种倒机切换方式：

1）风门开度调节的倒机切换方式

保持运转通风机在正常运行的状态下，开启备用通风机，通过调节两个风门的开度，使其达到良好配合，保证通风系统风量的稳定，使双机切换时通风系统能较为平稳过渡。这种方法是通过调节风门开度实现风阻的改变，其明显缺点是当风量低于正常风量 30% 时，会造成风机喘振，且在风门带压的情况下，开闭调节较为困难。此外，风门开度的配合问题，在实际控制中难度较大。

2）风叶角度在线调节的倒机切换方式

将通风机叶片角度设为 0°，启动通风机的电动机，启动成功后调节风叶角度，从而达到增加负压和风量的目的，此方案启动平滑且对电网冲击较小。但风叶为液压控制，对调节设备要求较高，且在启动备用通风机过程中会有短时风阻短路现象。

3）变频调节的倒机切换方式

矿井主要通风机电机采用变频驱动，通过变频调节改变通风机的转速来实现对矿井通风系统的风量调节，即在倒机切换过程中，控制运行通风机减速，备用风机的转速逐步增加，通过检测变频速度，配合风门控制，从而实现矿井通风系统风量和负压的平稳过渡。整个切换过程采用程序自动控制，这种方法使切换时间大为降低，是目前较多采用的切换方式，兼有风机节能调速和自动倒机切换功能。

4）采用对空旁路风门的不停风倒机切换方式

对空旁路风门的不停风倒机方式是在主要通风机原通风网络上增加对空旁路风门，然后通过风道上的风门实现风路切换。每台通风机风门由立式挂网风门、对空旁路风门、立式闸板风门组成，其设计结构及布置结构满足不停风倒机风道的需要；满足一台风机正常挂网运转，另一风机可进行热备、测试和进行维修维护的需要。其通风回路示意图如图 6-2 所示。

采用对空旁路风门的不停风倒机切换方式，在原运行的主通风机不停机的情况下先启动备用通风机，在备用通风机正常启动后再进行倒机切换，进而实现了通风机的热备用；如果备用通风机无法正常启动，则可以暂时停止倒机操作，先进行故障的排查和设备检修，这时候因为实质性的倒机过程还没有正式开始，因此不会影响到原来风机的正常运行，也不会对通风网络造成影响。

不停风倒机控制过程如下：①运行风机正常挂网运行，开启备用风机对空风门，启动备用风机（此时风机处于空运转状态）实现热备用；②检查备用通风机运转正常后，关闭原运转风机挂网风门，开启对空风门，使原运转通风机处于空运转状态；③打开备用风机

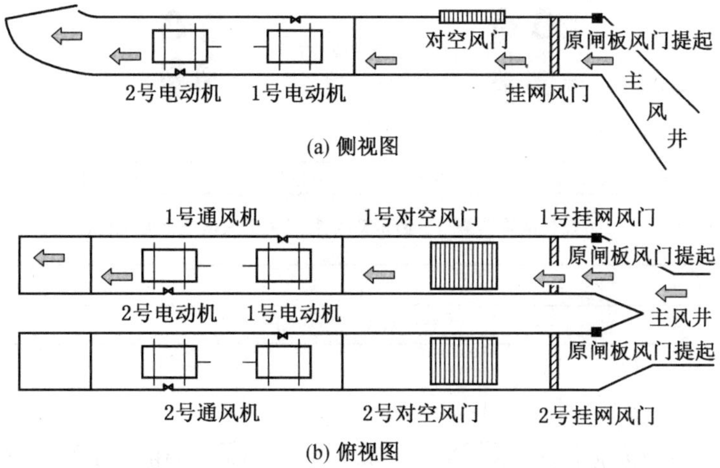

图 6-2 不停风倒机通风回路示意图

挂网风门，关闭备用风机对空风门，确认备用风机运行正常后，停止原运转风机，倒机切换完成。

在上述通风机倒机切换控制中，变频调节的倒机切换方式和采用对空风门的不停风倒机切换方式在实际应用中较容易实现自动化控制，切换过程也较安全可靠。在此特别指出，具有对空风门倒机切换功能的通风机再采用变频驱动进行风量调节和节能控制，可使通风机整体调控达到更好的效果。

3. 主要通风机故障监测与诊断预警

通过建立基于物联网的监测与诊断预警系统，可实时监控设备运行参量、状态及报警，对设备故障进行预先诊断，防止重大设备事故的发生；同时可以合理安排检修计划，不仅降低了设备运行和维护成本，更提升了设备整体管理水平。

1）主要通风机故障监测与诊断预警系统

系统主要由现场传感器、智能数据采集终端、风机故障监测与诊断软件等组成。风机故障监测与诊断预警软件运行在无人值守调度平台，并与智能控制系统进行数据交互，数据可上传到远程云平台，实现远程管理与应用。主要通风机故障监测与诊断预警系统如图 6-3 所示。

智能数据采集终端接收现场传感器的采集信号，对信号进行转换、分析、判断，完成风机设备、润滑设备、风门设备、供电设备、通风工艺参数等数据的监测。通过通信网络将监测的参数和开关量状态传输到无人值守调度平台上，通过风机故障监测与诊断预警软件实现主要通风机的故障分析与诊断。

风机故障监测与诊断预警系统也可以将数据上传到云平台，实现系统更多扩展功能，达到资源共享、远程管理与诊断。支持远程客户端和移动客户端随时通过云平台掌握风机运行情况，便于维护管理。

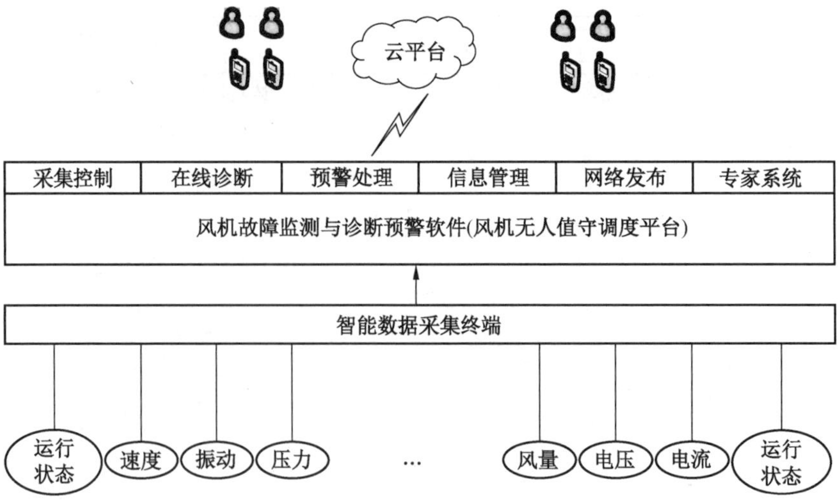

图 6-3　主要通风机故障监测与诊断预警系统

2）主要通风机在线故障诊断方法和预警处理

风机在线故障诊断与预警采用模块化设计，主要包括数据采集、在线故障诊断、预警处理、信息管理和网络发布等模块，对风机主要运行数据实时监测、诊断和预警处理。采用图形、动画的形式表达参数变化情况，并针对报警情况进行处理；对历史故障信息进行分析，得出一定周期内的风机参数动态趋势。主要通风机在线故障监测与诊断预警技术构成如图 6-4 所示。

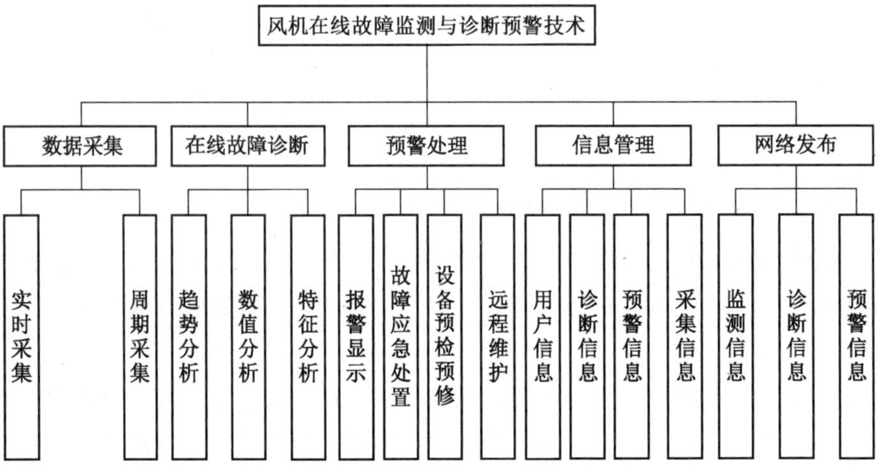

图 6-4　主要通风机在线故障监测与诊断预警技术构成

（1）数据采集。为了实现在线故障监测与诊断预警处理功能，需对主要通风机运行系统进行数据采集，包括有模拟量、开关量数据采集。

模拟量采集：①对负压值、风速两个模拟量的测量，通过计算以获得通风系统工作时的全压值和通风量值，以判定是否满足风机运行时能够克服通风阻力和所需最小风量的要求；②通过对风机前后轴温、风机水平和垂直振动速度值进行监测，并设置相应的报警预警值，对风机健康状态进行监测；③采集高压开关柜内电压 U_a、U_b、U_c 及电流 I_a、I_b、I_c 的实际值，有功功率 P，无功功率 Q，功率因数 $\cos\varphi$ 等电气参量数据，便于设备运行状况、能耗以及故障分析；④实时监测电机轴承温度变化、电机定子绕组温度、轴承振动等，对电机运行状况进行分析。

开关量（设备状态）采集：对风机运行状态、风门开闭状态、其他辅助设备的运行状态进行实时监测，对变频运行状态、配电柜的分合闸状态等进行实时监测，对故障状态进行实时判断。

（2）在线故障诊断。在线故障诊断模块结合专家系统可对设备各监测点实时数据进行远程诊断，通过数值分析、趋势分析、特征分析，将各种数值与分析系统设定标准值相比较，得出各种故障发生时的状态及数值，实现常见故障在线分析诊断功能。

电气设备在线诊断：通过对电气设备参数的监测，可判断电气设备绝缘状况、短路、过流等故障情况；通过对供电电源多种电参量实时记录，对供电系统电压偏差、电流畸变、谐波等实时监测，对供电品质、供电设备进行全面评估。

电机在线诊断：通过对电机电流、电压、轴承温度、轴承振动实时测量，根据测量数据，对电机的电气和机械状况进行评估。诊断故障包括：转子断条故障、定子的电气劣化问题、动态偏心和静态偏心、轴承问题、不对中及不平衡问题、电机能效等。

机械设备在线故障诊断：通过在风机本体上安装冲击脉冲传感器、振动传感器，捕捉冲击脉冲、振动传感器数据，结合设备有效运行参数信息，进行信号处理、分析设备故障及预警预报。充分监测风机在运行过程中的振动参数及有关性能参数动态变化，做出是否有故障、故障种类、故障部位、故障发展变化趋势等诊断结果。诊断故障包括：对振动、温度、负压、风量、转速等信号异常情况报警；旋转设备机械变形、磨损、不平整、喘振、谐振、异物进入及碰撞、整流器外形磨损、紊流、装配不当或设计缺陷等故障。

（3）预警处理。根据在线诊断的结果报告分析，进行声光报警和预警处置。主要分为故障应急处置、设备预检预修、远程维护。

故障应急处置：针对故障诊断结果，当主要通风机出现特殊故障时需要采取应急处置模式，需要针对特殊故障建立应急预案，提出应急处置措施。控制系统根据预定的应急预案完成通风机的特殊操作控制，最大限度地满足井下供风安全。当发生主要通风机停风时，及时给调度中心发出停风警报，便于调度中心采取撤离人员的应急措施。

设备预检预修：通过建立设备故障诊断与预警系统，对设备健康状态提前预警，预先提出检修计划，最大程度减少设备故障发生，从而实现设备预知维修。通过专家系统诊断，精确诊断故障源，实现精密维修，缩短维修用时。最终目标是能有计划地实施检修，减少非计划停机和设备事故，实现通风系统的安全运行；同时降低检修费用，缩短维修时间或避免设备的欠修或过度维修，减少备件的仓储和人力资源。

远程维护：远程维护是基于互联网技术的远程故障诊断，结合专家系统可对设备各测点实时数据进行远程分析，得出各种故障发生时的状态及参数，提高故障在线分析诊断处理能力；并及时做出维修方案与计划，各维护人员通过手机等互联网设备远程进行指导维护。

（4）信息管理。信息管理模块通过软件建立信息数据库，进行分项管理；数据库内分别建立关联型数据表，通过命令与数据库建立链接，进行采样数据、用户信息、诊断信息、报警信息管理；建立系统配置文件，通过字段、关键字、值的格式管理参量阈值和系统信息。

（5）网络发布。网络发布模块是选取数据库中的关键信息利用多种网络手段发布至互联网云平台，方便远程监控功能的实现，可以利用云平台大数据，多样化管理，最终实现风机无人值守的目的。

三、局部通风机智能控制技术

局部通风机是煤矿安全生产的关键设备，主要担负着抽排煤矿井下局部积聚的瓦斯，或与除尘装备联合使用排除工作面煤尘，改善工作环境，达到保证人员及设备安全生产的目的。常见的局部通风机有轴流式和离心式两大类，由于轴流式通风机体积相对更小、操作简单方便，并且能够更加轻松地实现设备串联，因此得到了更加广泛的应用。掘进工作面是瓦斯事故、煤尘爆炸事故的多发地点，因此要求掘进工作面局部通风机可靠、供风稳定。局部通风机智能控制技术是保证掘进通风系统安全、高效、可靠的重要技术手段，不仅井下局部通风机实现智能化控制，而且多个掘进工作面的局部通风机实现多级管控、集中管理、集中控制，实现现场无人值守。

煤矿智能化局部通风控制系统主要由供电设备、智能控制器、变频闭环调速装置、风速传感器、甲烷传感器、一氧化碳传感器等构成。煤矿每个掘进工作面配套两台局部通风机，一用一备，每台局部通风机配套一台专用隔爆型变频器控制两台电机。智能控制器利用传感器反馈的参数（井下不同部位的甲烷浓度、二氧化碳浓度、风速、温度、粉尘浓度等信号）确定风量设定值，通过变频器调整风机转速调整供风量，满足矿井通风需求和节能运行。当主工作局部通风机供风回路发生故障时，系统可自动将备用局部通风机投入运行，保障工作面不间断供风。

智能化局部通风控制系统向集成化、网络化发展，如“煤矿风机隔爆兼本质安全型双电源双变频调速装置”集成了两台变频调速器、两套独立的智能控制系统、两套传感器采集、远程通信网络接口。实现了局部通风机双机热备切换、智能通风控制、远程控制与管理等多种功能。

（1）双机热备切换。为了提高安全生产系数，当前我国煤矿掘进工作面的局部通风系统都是采用“双机热备”的工作方式，即两台通风机互为备用或者一主一从。双机热备切换就是两套独立的变频控制系统通过通风机切换控制器实现双方之间控制与切换，当主工作局部通风机系统中任意环节出现故障时，可自动切换至备用局部通风机，主、备通风机功能一致。双机切换有自动切换和手动切换两种模式。

自动切换模式：有两种切换方式，第一种为主从切换方式，第二种为对等切换方式。调速装置工作在主从模式下，两套变频系统分别可设定为主机和从机。调速装置正常启动时，都是主机在运行，从机备用。只有在主机发生故障或断电的情况下，自动切换到从机运行，而在主机故障恢复或重新上电后，从机立即停机，自动切换回主机运行。调速装置在设定为对等切换模式下工作时，两套变频控制系统不分主机、从机，互为备用。如果运行设备的通风系统发生故障，立即切换到备用系统工作。原运行设备检修好后，仍保持在备用系统工作，可在人机界面灵活控制主、备风机之间的切换。

手动切换模式：调速装置在“手动切换”工作状态下，两套变频控制系统相对完全独立。在特定工况下，必须通过人工方式控制主、备通风机之间的切换，才使用此种切换模式。

（2）智能通风控制。局部通风机控制系统具有自控通风、自控排放和手动控制 3 种运行方式。根据工作面甲烷浓度范围，局部通风机调速装置自动运行在不同工作模式。调速装置在煤矿井下正常工作时，运行在自控通风模式，根据不同工况，进行自动调节运行，既保证工作面有充足的新鲜风流，又可以实现最大的节能效果；当瓦斯达到一定范围时，调速装置自动工作在自控排放模式，依据《煤矿安全规程》的规定，实现瓦斯智能排放运行。手动控制是在其他特殊情况需要人工控制调速装置运行时，可以使用“手动控制”模式。

智能通风控制系统还具有风电闭锁、瓦斯电闭锁、二氧化碳电闭锁、温度电闭锁、智能降尘等功能，并能对系统自身进行监测和故障诊断，能实现一键开机、自动并联运行的功能。

（3）远程控制与管理。局部通风机控制系统具有就地控制和远程控制等功能，当用户配置上位机单元时，风机所有操作均可在地面调度室远距离自动化控制，可进行参数设定、参数设定保护、声光报警和远程集中管理等功能。对于多个工作面的矿井，通过通信网络将不同区域的局部通风机进行集中控制、视频监控，对局部通风机集中管理，实现井下局部通风机无人值守控制。

四、矿井通风网络智能化调控技术

矿井通风网络智能化调控技术采用全局调控的方法，通过建立矿井通风智能监测调控平台，对整个矿井通风状况进行全面监测，并对各风量调节设备进行集中控制。其主要功能有：通过对通风网络关键位置通风参数实时监测，结合通风网络自动解算模型，对通风网络进行稳定性判定和调风后的预估；根据判定结果，对主要通风机、局部通风机、风门、风窗等风网调节设备进行远程自动调控，达到合理通风要求；采用三维仿真软件，建立矿井三维通风系统动态模型，模拟各类工况下的通风状况，为风量调控提供依据。

矿井通风网络智能化调控技术集成了矿井通风网络综合监测、风量自动解算与评估、风量自动调控、三维仿真技术等，以煤矿通风安全监测数据为基础，根据通风网络自动解算的结果，实现风量的自动调节控制。

1. 通风网络综合监测

矿井通风量的需求大小与井下人员数量、生产产量、瓦斯涌出量、掘进进尺、巷道断面与长度等因素有关。矿井通风网络综合监测是对所有通风地点风量、风速、压力、温度、相对湿度、瓦斯、人员等参数进行实时动态精确测定，同时对采煤工作面进、回风巷通风断面面积进行实时动态精确测定与评估，即对通风安全、环境、人员、产量的全面监测。各监测系统接入智能监测调控平台，进行通风数据融合分析，各监测点以三维 GIS 图形集中展示，自动绘制各监测点风速、风量、压力、温度、相对湿度、甲烷等参数的变化曲线。当检测甲烷、风量、风速、压力、温度、相对湿度等参数的变化幅度超出预设范围时进行多种报警显示，实现通风网络的综合在线监测。

2. 风量自动解算与评估

风量自动解算与评估是根据矿井通风网络有关参数，对矿井各用风点的需风量、矿井风阻值自动进行通风网络解算。按照煤矿通风要求，分析出采掘工作面硐室和巷道的用风量，统计出全矿井总的需风量；根据给出的巷道断面面积、巷道长度、选择的支护方式，自动解算出巷道风阻值，即实时计算矿井通风阻力、矿井通风阻力分布情况、各条巷道及工作面的摩擦阻力系数等。通风网络解算部分采用通风优化算法，可对多个通风方案进行模拟、对比，从而得到最优的方案，确定矿井总风量、总风阻、各分支风量与风阻等。

风量自动解算也通过对井下各区域的瓦斯粉尘等有害气体的实时监测，综合分析各区域参数的安全通风状况，结合产量和人员情况，优化通风设定值，使各区域保持在安全通风范围内，同时避免了通风量过大造成的浪费能源，实现安全节能运行。

风量自动解算与评估可应用于矿井生产能力的扩大与水平延伸中长期规划编制，以及生产矿井技术改造等技术工作中，分析并解算新井巷开掘贯通和旧井巷报废后的通风状况；分析并解算井巷断面增大减小，支护方式改变，局部堵塞的变化情况。风量自动解算与评估也可应用于矿井灾害预防与处理计划的编制辅助决策，通风系统可靠性评价及救灾预案分析，灾变时期矿井风流状态的分析及避灾路线优化等。

风量自动解算与评估可采用三维 GIS 仿真技术对通风网络数据进行处理、解算，并对通风过程进行动态模拟与分析评估。

3. 风量自动调控

风量自动调控主要是根据通风系统自动解算与分析评估结果，对风网系统进行远程自动调控，达到合理要求。调控的主要对象包括通风设施的自动调控（即风门、风窗的调控），以及对主要通风机、局部通风机的自动调控。对风门、风窗设施的调控可以改变用风地点风阻，从而改变用风地点风量。对主要通风机调控可以改变矿井总供风量，合理调整风机运行工况点，达到节能高效运行。对局部通风机调控可以改变掘进工作面通风量，合理调整风机运行工况点，达到安全节能运行。

（1）通风设施的自动调控。通风设施的自动调控包括井下风门、阻断门的开关控制，以及调节风窗的自动控制。通风设施的自动调控主要是针对各用风地点风量的合理调控，调控系统可以预设各用风地点的风量，自动计算预设风量与实测风量的差，当差值超出预设值时（预设值可调），自动调节通风设施开口大小，使预设风量与实测风量的差值在预设值范围之内；调控系统也可根据实测需风地点的甲烷浓度、二氧化碳浓度、温度、风速、最多工作人数、局部通风机吸风量等参数自动计算需风量，并同步计算需风量与实测风量的差，当差值超出预设值时（预设值可调），自动调整通风设施（风窗）开口大小，使计算需风量与实测风量的差值在预设值范围之内。采煤工作面及其他全风压通风地点的风量计算要依据《煤矿安全规程》等国家或行业标准、规范。

（2）主要通风机的自动调控。调控系统根据主要通风机所担负通风任务区域的计算总需风量自动调节主要通风机工况点，使主要通风机实际通风量与计算总需风量相匹配，也可通过预先设置主要通风机的供风量自动调节主要通风机工况点，使主要通风机实际通风量与预设风量相匹配。主要通风机反风时可预先设置主要通风机的反风风量，自动调节其反风运行工况点，使实际反风风量与预设的反风风量相匹配。主要通风机总需风量计算要依据《煤矿安全规程》《煤矿通风能力核定标准》（AQ 1056—2008）等国家或行业标准、规范。

主要通风机的风量调控方法主要有两种：第一种方式是机械调方式，借助风门和前导叶调节及风机运行叶轮片安装角度的改变来调节煤矿主要通风机风量，其中，调节风门的方式本质上是增大了通风网络阻力，不够经济，而调整前导叶，其风量调节范围较小；第二种方式是管路的阻力特性保持不变，通过调节电机的转速来调节风量，主要采用变频调速控制实现风量调节。变频调速控制是目前最有效的风量节能控制方法，对于通风机而言，其功率 N 与转速的三次方成正比，即当所需风量减少，风机转速降低时，其功率按转速的三次方下降。通过变频调节转速，节能效果非常明显。同时，电机运行效率与控制精度也会大大提升，确保电机转速工作处于最佳节能状态。

与其他调节方法相比较，变频调速技术便于实现自动化控制，能够灵活调节风机转速，改善功率因数，平稳启动风机，降低成本，确保了主要通风机工作的合理性与经济性。因此，在主要通风机风量调节中，可优先选用变频调速方式。

（3）局部通风机的自动调控。调控系统可通过预先设置局部通风机的供风量，局部通风机自动调节其转速，使实际供风量与预设的供风量相匹配。系统也可根据实测的需风地点的甲烷浓度、二氧化碳浓度、温度、风速及预设最多工作人数等参数自动计算需风量，根据计算需风量自动调节局部通风机转速，确定合理的局部通风机工况点，使局部通风机实际供风量与计算需风量相匹配。

任务二　矿井瓦斯防治智能化技术

【学习目标】

知识目标：

（1）了解水力压裂割缝和压裂联合增透技术。

（2）了解瓦斯流量智能化监测系统。

（3）掌握瓦斯动力灾害实时监测系统。

（4）掌握矿井智能化瓦斯巡检系统。

（5）了解瓦斯抽采达标在线评价系统。

（6）掌握煤与瓦斯突出灾害监控预警系统。

技能目标：

（1）正确使用各种与瓦斯相关的设备或监测系统。

（2）利用设备或监测系统对瓦斯进行监测或治理。

【任务描述】

瓦斯事故是煤矿生产过程中的第一杀手，在5%～15%的甲烷浓度时，一旦遇到明火瓦斯很容易引起爆炸。造成人员大量伤亡，瓦斯还会导致窒息。与此同时，瓦斯也是一种清洁能源，燃烧过程中不会产生有毒有害气体，且燃烧热值较高，能够作为燃料使用，同时瓦斯也是一种重要的原料。目前，瓦斯防治及抽采工作都开始逐步向科技化、智能化发展，本次任务将对瓦斯智能化防治技术、抽采技术进行介绍。

【任务知识】

一、水力压裂割缝和压裂联合增透技术

随着煤矿开采逐渐向深部转移，煤层瓦斯压力、瓦斯含量都明显增大，特别是低透气性煤层瓦斯治理难度越来越大，必须采用强化措施来增加煤层的透气性才能有效地进行瓦斯抽采。

水力割缝是通过钻孔向煤体里注入高压射流水对钻孔周围煤体进行切割并将煤岩屑沿钻孔排出，形成煤体裂缝孔洞（裂缝孔洞的大小直接影响煤层周围的卸压效果），增大单个钻孔有效影响半径，导致煤体原有的应力平衡被破坏，周围煤体向裂隙孔洞空间运移，煤层发生卸压、变形和膨胀，进一步产生更多裂缝，扩大煤体的塑性区。缝槽能够对周围压裂钻孔起到弱面的作用，高压压裂水进入裂缝以后，能够促使弱面裂缝继续起裂、扩展和延伸，弱面将会继续扩大，致使压裂孔和水力割缝孔之间的煤体裂隙充分发育，形成互相贯通的立体裂隙网络，有效解决非定向水力压裂时裂隙在煤体无序扩展、压裂后存在局部应力集中和卸压盲区等问题。

二、瓦斯流量智能化监测系统

1. 煤矿常用流量计及局限性

瓦斯抽采流量测量是瓦斯抽采监测的重要参数之一。由于煤矿工作环境复杂，瓦斯抽采管路流量变化范围大，且抽采瓦斯气体中含有大量的水汽和粉尘，煤矿上常用的几种流量计，由于原理和结构方面的原因，在现场应用中都存在一定的局限性。

（1）孔板流量计。由于采用的原理是节流原理，人为减小了抽放管道的直径，从而大大地增加阻力而影响抽放效果。孔板流量计还有一个突出的局限性，即量程比太小，一般为3：1，用1台流量计不能克服流量变化范围大的问题。

（2）涡轮流量计。由于管道内的水汽和粉尘造成轴承磨损及卡住等问题，难以长期保持校准特性，需要定期校验，限制了其适用范围。

（3）涡街流量计。测量范围较大，一般10：1，但测量下限受许多因素限制，一般为5~6 m/s，对管道振动较敏感。

2. 循环自激式流量计

循环自激式流量计不受管道瓦斯气体水汽和粉尘的影响，具有准确性高、可靠性和稳定性好的特点，传感器量程比宽，即使管道内气体流速低于1 m/s，也能准确测量。

循环自激式流量计工作原理。在流体中设置一个涡流发生体，在涡流发生体的下游沿传感器测量腔体两侧设有2根涡流引出导管，涡流引出导管的另一端连接至信号检测元件。抽采管道内的气流首先通过传感器测量腔体的涡流发生体，在涡流发生体的下游会产生有规则的涡流，涡流将能量传递给传感器腔体两侧的涡流引出导管内的空气，涡流的动能使涡流引出导管内的空气产生双向涡流，交替推挽产生脉动，这些脉动信号会周期性通过涡流引出导管另一端的信号检测元件，使信号检测元件产生周期性变化的信号输出，它的变化频率和抽采管道内的气体流速有关。把检测元件输出的频率信号送入到信号调理电路中处理方波脉冲，然后由微控制处理器计算信号频率，通过软件拟合出频率与流量的对应关系，在流量计上实时显示流量数据，并上传至上位机，在上位机进行数据的显示、存储和报警。循环自激式流量计工作原理如图6-5所示。

在常见的物理量中，热量是最敏感的检测指标，即使有微小的气流通过，也有信号响应，可实现对流速在1 m/s的瓦斯流量准确检测；由于传感器电路检测的是热量的变化频率而不是热量的绝对值，并且热质的工作温度高于100 ℃，即使有水汽通过，也会被高温蒸发，因此传感器不受水汽的影响。另外，由于采用的是循环自激的信号发生方式，传感器测量腔体两侧的2根金属引出导管内的空气并不和被测气流混合，抽采管道内的被测气流即使含有粉尘和水汽，也不会进入传感器金属引出导管内，因此，该传感器具有防尘防水的优点。

3. 流量计在井下钻场瓦斯抽采流量监测的应用

煤矿井下钻场瓦斯抽采流量的测量，多数仍采取人工测量的方式，即皮托管+U形压

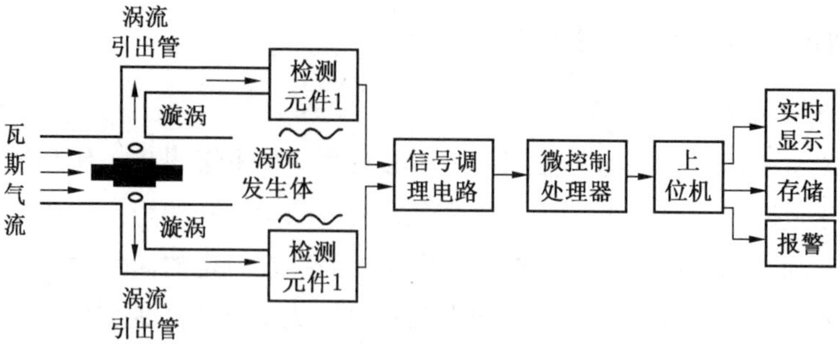

图 6-5　循环自激式流量计工作原理

差计的方法，需要花费大量的人力和时间，效率低，测量实时性差，难以为瓦斯抽放管理和危险区段监控提供实时有效的数据。

通过循环自激式流量计对钻场瓦斯抽采的实时监测，实时显示并统计钻场瓦斯抽采标准流量、浓度，分析瓦斯动态抽采量及甲烷浓度的变化趋势，为评价监测点抽采措施的有效性，调整钻场钻孔，优化瓦斯抽放系统的抽放参数提供可靠的监测数据，从而提高矿井瓦斯抽放系统的抽放效果。当某监测点瓦斯抽采质量明显下降时，及时发出报警信号，以便查找分析原因，避免事故发生。

三、瓦斯动力灾害实时监测系统

瓦斯动力灾害实时监测系统具有高速智能、低功耗、多通道并行、数据处理及传输高速稳定等特点，具有声发射信号及瓦斯、应力（应变）等模拟量信号的实时采集、存储、传输，多通道信号同步，特征参数实时提取和分析，灾害预警，报表打印，数据查询等功能，即可采集全波形声发射信号，又可直接作为参数型声发射系统使用，可用于矿井动力灾害的实时在线监测预警（如采掘工作面的冲击地压、煤与瓦斯突出、冒顶等煤岩瓦斯动力灾害）。

1. 瓦斯动力灾害实时监测系统工作原理

通过在线实时监测、采集、分析煤（岩）体内部的声发射信号，分析特征参数指标变化规律、趋势及灾害前兆特征，实现煤岩瓦斯动力灾害的连续预测预警。声发射监测技术原理和微震监测技术原理相同，所不同就是频谱范围的差异。与传统技术相比，微震/声发射定位监测具有远距离、动态、三维、实时监测的特点，还可以根据震源情况进一步分析破裂尺度、强度和性质。

2. 瓦斯动力灾害实时监测系统应用

矿山动力灾害发生的实质就是采掘活动导致煤岩体快速破裂失稳的灾变过程。声发射技术用于煤岩瓦斯复合动力灾害孕育过程的监测和灾变前兆辨识，开阔了考察采动（扰动）煤岩体变形与损伤的视野。利用声发射监测设备，结合传统的接触式的应力、变形、钻屑量、瓦斯放散初速度、瓦斯压力和瓦斯含量测量方法，形成煤岩动力过程的多信号相应机理和时空相应规律，形成煤岩瓦斯复合动力灾变的分级预测预警体系。

四、矿井智能化瓦斯巡检系统

矿井智能化瓦斯巡检系统由信息钮、巡检器、智能光瓦（智能光干涉甲烷测定器）和管理软件4部分组成。通过将安全巡检的地点信息和巡检人员信息输入装有安全巡检管理软件的计算机和巡检器，巡检人员按照巡检计划确定的时间，定时、定人、定位对每个巡检地点进行检查。每到一个待检地点，用巡检器读取安装于该地点的信息钮，巡检器就会自动地记录此处的巡检时间，同时使用智能光瓦自动测定该地点的甲烷浓度值，数据会自动保存在智能光瓦中。在巡检工作完成后，将巡检器和智能光瓦连接到计算机，通过系统软件读取巡检器和智能光瓦中的数据并进行处理，最后形成完整的安全巡检数据存入系统数据库，自动生成巡检报表。

巡检数据自动存储在巡检器和智能光瓦中，摆脱了手工记录（或录入）模式，可以完全杜绝空班漏检现象。对巡检员和巡检地点进行信息钮对照，自动匹配巡检器和智能光瓦内的数据。可以进行高效快速的数据统计，对每个巡检地点某个时期内的数据变化进行独立分析，对每位巡检员的检查情况进行分析。

智能化瓦斯巡检仪软件框架图如图6-6所示，由Linux核心平台作为整个巡检过程的主控单元，从Linux本地数据库调取巡检线路，再由单片机为核心的气体采样模块以固定时间间隔采集巡检路线中的气体浓度值，经过MCU数据处理后，将测量值实时显示在一体化软件界面上，同时形成历史数据报表和历史数据曲线，并可在一体化软件中查看，最后用报警算法实时比较环境参数值和预设报警值，一旦数据超限则进行声光报警。

当数据上传模块开启时，利用Java虚拟机在无线网络覆盖的区域自动或手动上传数据到井上服务器；若需要连线调度，则Linux平台自动开启无线模块进行通话调度；若需要拍照/摄像执法，则调用Linux平台的摄像头驱动程序进行照相或摄像，同时将照片或录像存储到本地数据库，以供查阅及导出。

五、瓦斯抽采监控智能评价管理系统

瓦斯抽采是瓦斯治理的主要手段，但随着抽采系统的日益复杂，目前的管理机制逐渐不能满足煤矿瓦斯抽采的要求，管理工作量大、规范性差、效率低仍然是矿井瓦斯抽采工作中的难题。煤矿瓦斯抽采监控智能评价管理系统，以监测监控、日常信息自动化管理、辅助决策的流程化管理机制为依据，实现了抽采数据在线监控、抽采日常信息自动化管理、抽采智能评价的一体化流程式管理功能，并利用计算机系统及网络对各种抽采数据进行处理和综合管理，具备了较高的自动化水平和较好的数据共享性能。通过对各类抽采数据的有效整合分析及规范化流程管理体系，进一步加强了抽采系统的管理水平，有力保障了抽采工作的平稳、安全、高效进行。

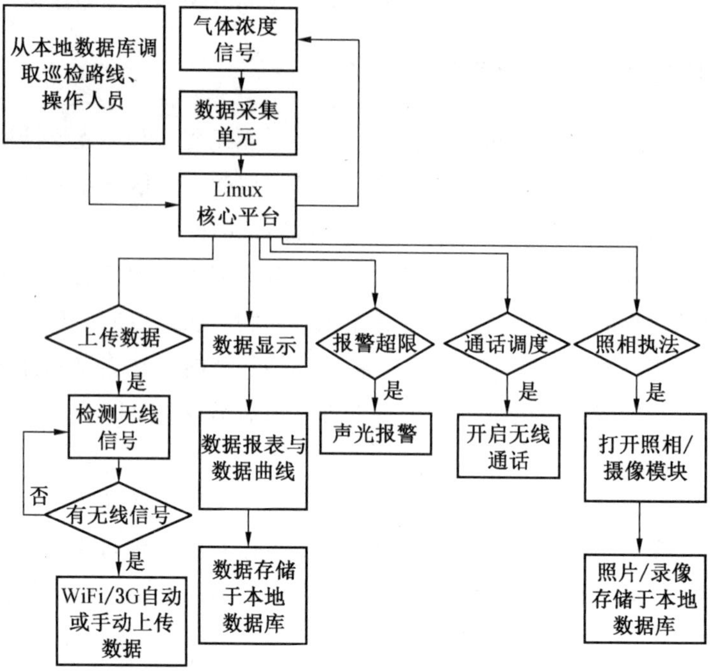

图 6-6 智能化瓦斯巡检仪软件框架图

1. 实现原理

煤矿瓦斯抽采监控智能评价管理系统以规范的资料管理、通畅的信息共享为基础，因此首先需要构建瓦斯抽采监控智能评价管理数据库，存储矿井基本参数，抽采区域基本参数，抽采管路和设备基本参数以及日常抽采数据等信息；然后通过对井下抽采系统的无缝连接实时获取各抽采监测点的数据，在此基础上进行综合分析和计算后对抽采无效数据进行过滤形成标准化数据，存入数据库；煤矿瓦斯抽采监控智能评价管理系统服务器端程序，通过对已经进行过滤的标准数据进行访问，自动生成煤矿瓦斯抽采工作所需的日常报表及统计数据，最后根据统计数据、矿井基本参数、抽采区域基本参数、钻孔数据以及抽采评价模型对抽采系统进行实时的智能评价和预测。系统特点是数据自动采集发布，抽采报表自动统计，抽采评价自动生成。瓦斯抽采监控智能评价管理实现流程如图 6-7 所示。

2. 系统特点

（1）通过与抽采监控系统无缝连接，实现了抽采数据自动获取与处理，减少了抽采管理过程中人为数据记录，为抽采工作提供了准确的数据。

（2）实现了抽采所需日常信息的实时自动统计和计算，进一步促进了抽采管理工作的自动化、精细化、规范化。

（3）抽采系统的智能评价功能为抽采后续工作及抽采系统改进提供了决策参考，提高了抽采系统的工作效率。

（4）通过对抽采监控数据、抽采统计数据、抽采系统参数信息、抽采设备信息等数据

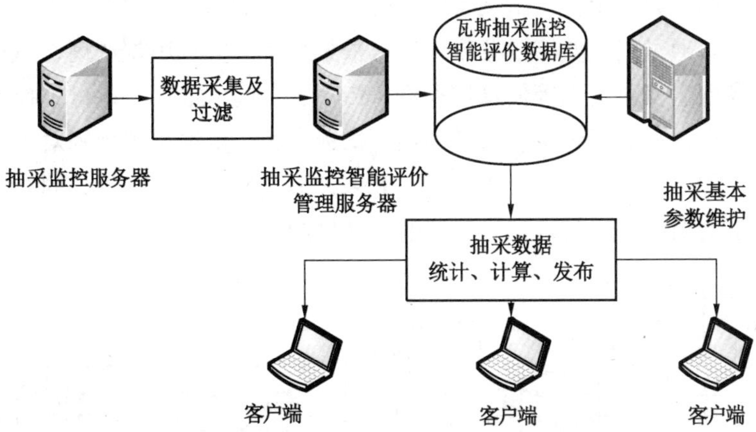

图6-7 瓦斯抽采监控智能评价管理实现流程

进行统一管理，实现了资料管理的便捷性和资料的信息化。

3. 现场应用分析

以某矿突出危险工作面为例对抽采效果进行验证。该采煤面平均煤厚 4 m，倾角 8°。该工作面倾向长 188 m，瓦斯涌出量 90. 71 m^3/min，相对瓦斯涌出量 75. 1 m^3/t。总储量为 12. 8 万 t，吨煤瓦斯含量为 14. 5 m^3/t，总瓦斯含量 187 万 m^3。

通过在线监控获取到该工作面抽采纯量为 1. 7 m^3/min，煤矿瓦斯抽采监控智能评价管理系统通过参数对抽采系统进行分析和计算，最终得到对应的抽采系统钻孔设计。对该抽采系统进行预测评价，得出如瓦斯含量降到 8 m^3/t，则要抽采瓦斯 83 万 m^3，施工钻孔进尺 5112 m，抽放时间 342 d，经考察此工作面实际施工钻孔进尺 5255 m，抽放时间为 384 d，评价和预测结果较为符合实际结果，为抽采工作提供了有效的决策参考。

六、煤与瓦斯突出灾害监控预警技术

煤与瓦斯突出（以下简称"突出"）灾害监控预警技术是集突出灾害防治工艺、突出灾害相关信息监测技术及装备、预警分析软件及联动控制平台、防突管理方法为一体的煤矿突出灾害治理成套技术，以高度信息化、自动化、智能化的安全信息监测装备及专业软件平台为载体和依托，实现了煤与瓦斯突出灾害在线监测、实时分析、智能预警与联动控制，以及突出灾害防治的精细化和规范化过程管控。

煤与瓦斯突出灾害监控预警技术基于两个"四位一体"防突体系，从区域危险性预测、区域防突措施设计、保护层开采、钻孔施工效果、瓦斯抽采达标等方面进行矿井突出危险"区域"宏观把控，并从工作面预测、局部措施、瓦斯涌出、隐患管理、通风异常等方面进行工作面"局部"突出危险性动态分析。监控预警实现流程如图 6-8 所示，首先，通过矿井数字化建设，实现对矿井煤层赋存、瓦斯赋存、地质构造及井巷工程等信息的数字化入库，为监控预警提供基础信息平台；然后，以甲烷传感器、风速风向传感器、激光测距仪、瓦斯突出参数测定仪、防爆智能手机等硬件为支撑，借助井下工业环网、办公网络及移动互联网，通过突出监控预警系统信息采集平台，实现甲烷浓度、风速风向、工作面进尺、突出参数、安全隐患等信息的采集、传输及存储；最后，通过监控预警专业分析系统，对各种安全信息进行识别、分析和预警指标计算，根据预警规则对工作面突出危险程度进行判识，并以网络、短信、声光报警等多种形式发布预警结果，同时启动预警响应机制，实现与电力监控、人员定位等系统的联动控制。

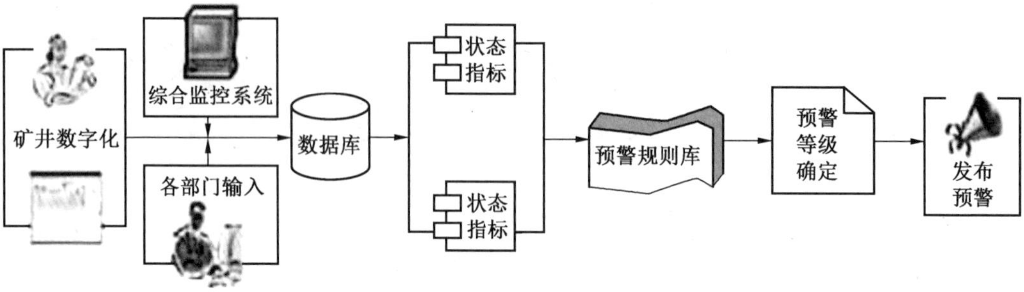

图 6-8　煤与瓦斯突出灾害监控预警实现流程

煤与瓦斯突出灾害监控预警软件系统采用组件式架构，由瓦斯地质四维分析系统、钻孔智能设计与轨迹在线监测分析系统、瓦斯抽采达标评价系统、防突动态管理与分析系统、瓦斯涌出特征动态分析系统、矿压监测特征分析系统、安全隐患管理与分析系统、智能通风系统及瓦斯灾害监控预警平台等多个专业分析子系统共同构成，每个子系统既可以单独运行，完成特定专业分析功能，又可以与其他子系统联合运行，实现防突综合管理和预警功能。

1. 技术特点

（1）自动化程度高。实现了与突出灾害相关的瓦斯监测、突出参数预测、构造探测、声发射、采掘进度、钻孔轨迹、瓦斯抽采、矿压监测、安全隐患、通风参数等信息的动态监测及自动采集，确保了数据的及时性和可靠性。

（2）预警准确率高。实际考察 180 余对高瓦斯、突出矿井，跟踪 100 余万米采掘巷道，预警结果与实际危险性高度吻合，准确率达 85% 以上。

（3）技术与管理融合度高。工艺研究与平台建设并行、技术与管理相融合，实现了地质与瓦斯赋存、采掘部署、措施的设计与施工、措施监督与效果评价、预测预报与监测监控等突出灾害防治全过程控制。

（4）针对性强。根据实施矿井灾害严重程度以及安全管理模式，定制预警解决方案。

2. 预警系统功能模块设计

1）系统文件配置模块

系统文件配置模块包括预警参数设置、工作面设置、监控目录设置和数据库接口设置 4 个子模块。预警参数设置主要包括对监测工作面预警指标参数进行录入，在与基础指标相结合的情况下进行修改，以符合实际矿井的需要；工作面设置是在监测预警前对预警工作面参数进行设置，包括工作面基础信息录入和确定；监控目录设置是将监测数据所在位置进行确定；数据库接口设置是预警服务器信息与预警系统软件通过局域网相连接，以实现预警指标计算的监测数据以及基础瓦斯监测数据的存储。

2）突出预警模块

突出预警模块是工作面突出预警系统的重点，在监测过程中会以趋势曲线形式反映在预警界面中。当预警指标信息随着瓦斯监测数据进行变化时，预警状态的综合指标信息也会随着各基础指标进行变化。当综合判定指标信息超出预警指标设定参数时，突出预警系统便会发出报警。在发出报警的同时，系统右侧备注栏也会提出相应的建议措施，以提供科学决策。

3）监测数据分析模块

数据分析模块是在系统监测进行中或系统监测结束后，将数据库存储的基础数据以 Excel 格式导入，通过基础预警指标和综合指标的联合判定，对以往误判或漏判的监测数据进行分析，从而在整体的工作面推进过程中形成历史趋势图，在数据异常点和突出预警发出点进行具体分析。为方便人员使用和数据信息的直观显示，数据分析结束后会以报表形式呈现。

任务三 矿井火灾防治智能化技术

【学习目标】

知识目标：

（1）了解采空区防自然发火综合预警系统。

（2）了解束管监测系统在防灭火中的应用。

（3）了解注氮技术在矿井防灭火中的应用。

（4）了解智能注浆监测系统在防灭火中的应用。

技能目标：

结合理论知识，经过培训后可管理束管监测系统、注氮系统等。

【任务描述】

火灾是矿山的五大自然灾害之一。井下火灾后，产生大量的有害气体会使人员窒息、中毒，严重威胁着矿工的生命安全；可能引起瓦斯、煤尘爆炸，从而扩大灾情；产生再生火源，使煤炭资源大量被烧毁或冻结、损坏机械设备；产生火风压，会造成风流紊乱，使某些井巷的风流方向发生逆转现象，导致受灾范围扩大。因此，矿井火灾防治对于煤矿生产、井下员工生命安全至关重要，提升防灭火技术是矿井灾害防治的重要内容。本次任务将介绍采空区防自然发火综合预警系统，束管监测系统、注氮技术、智能注浆监测系统在防灭火中的应用。

【任务知识】

一、采空区防自然发火综合预警系统

系统通过对采空区温度、煤层自然发火标志性气体（CO、CH_4、C_2H_2、C_2H_4、O_2等）进行原位在线监测分析以及采空区自然发火趋势综合判断监测，可以实时对工作面自然发火预警提供关键数据信息，对采空区煤层自燃隐患发生、发展趋势提供可靠技术支持。采空区防自然发火综合预警系统具有全光纤、原位监测、多参数、本质安全、可靠性高、检测量程大、传输距离远、响应速度快、抗电磁干扰等优点。采空区防自然发火综合预警系统适用于煤矿井下工作面、回风系统、进风系统、采空区等自然发火关键区域。

二、束管监测系统在防灭火中的应用

JSG-7 束管监测系统束管检测路数有 16 路或 32 路，可监测 CO、CO_2、CH_4、C_2H_2、C_2H_6、C_2H_4、O_2 等气体，对矿井火灾早期预防和处理起到关键作用。JSG-7 束管监测系统能准确、及时分析矿井采空区、上隅角等气体情况，从而采取预防煤层自然发火的有效措施，避免煤炭自燃事故发生。

JSG-7 束管监测系统是基于微机分析与控制，在红外线连续分析、色谱高精度分析、束管负压运载气体 3 项技术基础上开发出来的产品。系统工作时，先启动抽气泵，使束管内形成负压（即井下外部压力大于束管内压力），井下气体被吸入束管，到达井上电磁阀前并处于等待检测状态；气相色谱仪达到稳定工作状态后，微机通过控制接口板输出一个开关量给驱动电路，驱动电路的继电器吸合，接通某一路束管的电磁阀，该路束管内的气体被分别送入红外线分析仪和色谱仪中，分析结果被送到微机内的数据采样接口板上，经过信号放大、模数转换，将模拟量变成数字量，然后由分析软件进行处理，形成谱图和分析结果，分别在屏幕和打印机上表现出来，完成某一路束管气体的检测分析过程。其综采工作面测点布置图如图 6-9 所示，采空区封闭后测点布置图如图 6-10 所示。

JSG-7 束管监测系统主要技术指标：

（1）一次进样可完成对 O_2、N_2、CH_4、CO、CO_2、C_2H_4、C_2H_6、C_2H_2 等有害气体的全分析。

（2）最小检测浓度（各气体质量分数）：微量分析不大于 0.1×10^{-6}，常量分析不大于 0.01%。

（3）束管监测路数：不低于 16 路，可扩展至 32 路。

（4）井下管路最大采样距离不小于 25 km。

（5）色谱仪拥有快速加热和降温能力的温控系统，能减少开、关机的等待时间；色谱仪开机时间不大于 30 min，关机时间不大于 1 min。

（6）全组分分析时间不大于 3 min。

束管监测系统能实现 24 h 不间断连续监测井下气体和井下取样地面分析化验。该系

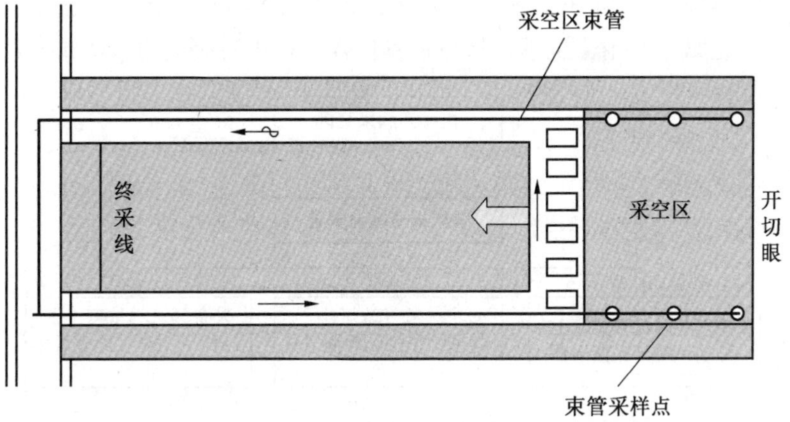

图 6-9 综采工作面测点布置图

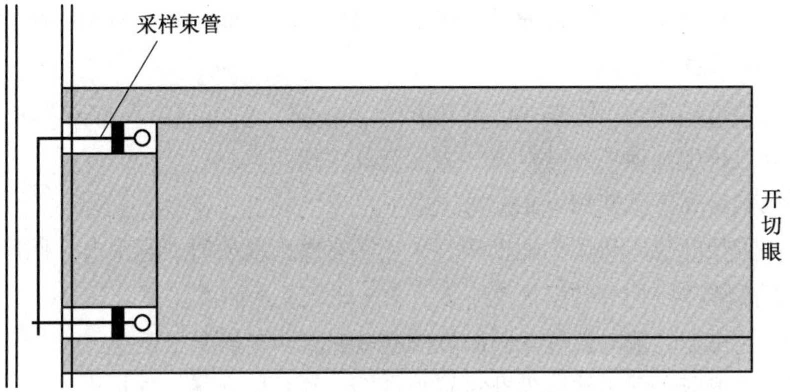

图 6-10 采空区封闭后测点布置图

统具有性能稳定、功能齐全、自动化程度高、灵敏度高等优点，在采空区、回风巷、采煤工作面及上隅角等可能自然发火的地点有很好的应用，能预测预报火灾事故的发生。

三、注氮技术在矿井防灭火中的应用

注氮防灭火技术是向火区注入惰性气体氮气达到防灭火的目的。氮气可充满整个空间，既能减弱或扑灭明火火灾，又能抑制隐蔽火源的燃烧。当采空区与上层采空区坍塌贯通后，上层采空区遗煤分布范围广且着火点位置不明确，而多层采空区呈立体分布，无论是黄泥灌浆、注凝胶、注阻化剂，都不可能将采空区遗留的浮煤全部包裹，因此注浆、阻化防止其自燃难以实现，且成本巨大。采用向采空区注氮的方法，可有效降低漏风风流中的氧含量，甚至以注入的氮气替代漏风风流，阻隔漏风，从而起到抑制老采空区遗煤自燃的效果。

1. 注氮防灭火的原理

空气中的氮气体积含量为78.1%，氮气比空气略轻，在标准状态下，1 m^3 氮气的质量为 1.25 kg。氮气在常温常压下是无色、无味、无毒的不可燃气体，对振动、热、电火花等都是稳定的，无腐蚀作用，也不轻易与金属化合。注氮防灭火的原理如图 6-11 所示。

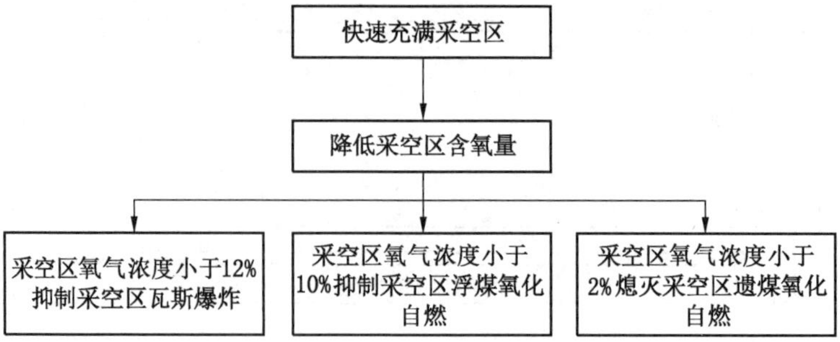

图 6-11　注氮防灭火原理

2. 注氮防灭火的特点

（1）氮气比空气略轻，可以充满封闭范围内的所有空间，特别有利于综放面采空区上部和巷道冒顶区的防灭火。

（2）通过管道输送，不需用水，输送方便。

（3）灭火过程中不损坏井巷设备，灾后恢复工作简单。

（4）氮气本身无毒，使用安全。

（5）使用方便，投入防灭火速度快，采空区有发火征兆时，只需开启阀门，便可迅速向采空区注入氮气。

（6）灭火速度快，能迅速降低封闭区的氧含量使火区窒息。

（7）目标注氮时，能迅速降低巷道冒顶区的一氧化碳含量，保证灭火人员的安全。

（8）能提高火区内气体压力，减小向火区漏风。

（9）火区漏风过多时效果下降，故氮气灭火时需一定程度的严密性。

（10）封闭注氮时对火源的降温效果较差，因此氮气灭火后或者将火源点甩入采空区窒息带，或者进入封闭区内（巷道火灾）直接降温。

四、智能注浆监测系统在防灭火中的应用

为了完善井下注浆灭火工序、合理分配注浆站注浆量、提高矿井灭火效率，提出了基于计算机远程监测的矿井注浆灭火系统。该系统能够将注浆站跑浆、漏浆问题进行实时处理并报警，对灭火过程中的注浆量进行了科学准确的统计和计算，保证井下的安全生产。

1. 智能注浆监测系统结构

如图 6-12 所示，整个注浆流程是从地面注浆泵站向井下多个注浆点进行浆液运输的。因此，注浆系统由井下多个注浆分站系统和地面上位机系统组成。基于计算机远程监测系统需要在井下注浆点安设一个监测分站，在地面注浆站内安装一个监测分站，以此来监测井下注浆点用浆密度、注浆量，地面监测分站负责监测地面注浆站的浆液密度和用量。从

监测分站的对应接口通过 RS-485 煤矿专用总线和煤矿通信监测系统连接，将监测数据传输到地面控制中心进行处理。

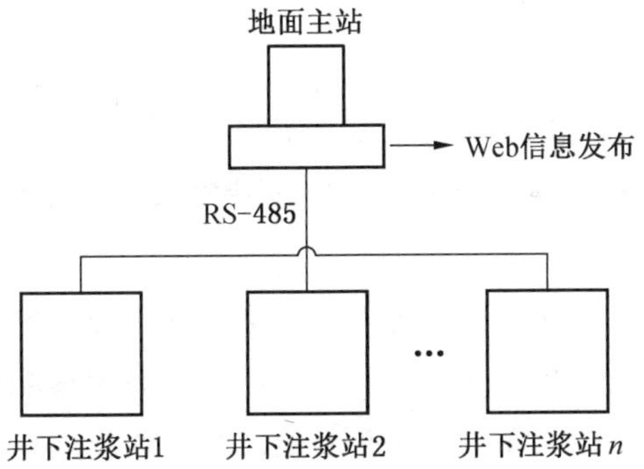

图 6-12 智能注浆监测系统示意图

2. 地面主站功能

收集处理井下监测分站输送的注浆密度和注浆量数据，建立查询、存储及报表打印机制。该主站最重要的处理功能为比对功能，将井下分站采集的数据和地面主站采集的数据进行比对，根据比对结果，计算机处理程序可以判断浆液输送管路是否出现阻塞、漏浆、跑浆等问题。此外，地面主站系统还具有 Web 发布功能，主站程序还能将比对结果实时地发送到煤矿企业局域网中，相关技术人员和管理者能够通过访问局域网相关内容完成对注浆站的监测和分析。

3. 井下监测系统软、硬件设计

井下注浆现场安装了井下监测分站，该设备能够及时地监测注浆液密度和注浆量。井下监测分站的电路有：断电保护、键盘显示、时钟电路、A/D 转换电路及 CPU 电路，全部通过 RS-485 总线连接到一起。单片机的内置时钟芯片电路可以实时地将注浆液泄漏时间和注浆液密度、流量记录下来。为了满足井下生产需求，分站信号变送器和流量传感器全部采用了本质安全型设备——矿用智能电磁流量计。

井下分站监测系统提供注浆全过程的监测，全天候储存注浆记录、注浆液浓度瞬间值、实时注浆量，对跑浆、漏浆问题实时报警。记录内容包括：注浆量累计值、设定时间段内的累计注浆量、注浆开始时间、注浆结束时间等。通过开发的组态软件程序完成注浆曲线绘制、报表生成及打印。

任务四 矿井粉尘防治智能化技术

【学习目标】

知识目标：

(1) 了解粉尘浓度在线监测系统。

(2) 了解红外线自动净化水幕。

(3) 了解煤体动压注水技术。

(4) 了解新型降尘剂的应用。

技能目标：

(1) 可根据生产情况进行职业危害防护设计。

(2) 能正确佩戴职业危害防护设备，使用各种职业危害防护设施。

【任务描述】

煤矿在生产、贮存、运输及巷道掘进等各个环节中都会向空气中排放大量的粉尘。如果人长期吸入呼吸性粉尘，将会引起肺部纤维性病变，导致患硅肺病，这是一种危害较大的矿工职业病。此外，井下煤尘在一定条件下能发生爆炸，造成人员伤亡和矿井设备严重破坏，酿成严重的矿井灾害。矿井粉尘的防治也是矿井灾害防治的重要内容，目前智能化新技术、新产品已在矿井粉尘防治中得到应用，本次任务对粉尘在线监测系统、红外线自动净化水幕、煤体动压注水技术等进行介绍。

【任务知识】

一、粉尘浓度在线监测系统

我国非常重视粉尘危害，对作业场所的粉尘排放浓度制定了相关标准，严格控制粉尘浓度，以减少粉尘危害。及时有效地对作业场所的粉尘浓度进行监测，能更好地掌握粉尘浓度状况，进行有效地除尘和降尘，对确保人身安全和提高环境质量发挥着极其重要的作用。

1. 在线式粉尘浓度监测系统

在线式粉尘浓度监测系统 LBT-FM 由粉尘浓度传感器、仪表、报警器、电源箱组成，实现作业现场的粉尘浓度在线检测，实时报警，企业可实时掌握作业现场的粉尘浓度。

2. 粉尘浓度传感器技术特点

(1) 额定工作电流小，大大减轻了现场总电源的负担。

(2) 输入电压范围宽，仪器在输入电压 (12~24)V DC（本安电源）的范围内均能正常工作。

(3) 可直读空气中粉尘颗粒物质量浓度。

(4) 利用光散射原理对粉尘进行检测，由微处理器对检测数据进行运算，直接显示粉尘质量浓度并转换成数据信号输出。

(5) 采用红外遥控调校传感器各参数，实现不开盖调节，使调校更加简单。

(6) 可实现 0~5 V、4~20 mA 电流标准信号输出，还可以与各种标准的 200~1000 Hz 输入的二次仪表连接。实现远距离传输，及时准确测量现场的粉尘浓度，检测粉尘浓度趋势变化。

3. 粉尘浓度监测系统在工作面的布置

粉尘浓度在线监测系统在工作面布置如图 6-13 所示，GCG500 型粉尘浓度传感器安装在距工作面 20~50 m 处，用绳索固定在巷道顶上，进气口迎着风流方向，并保持固定。

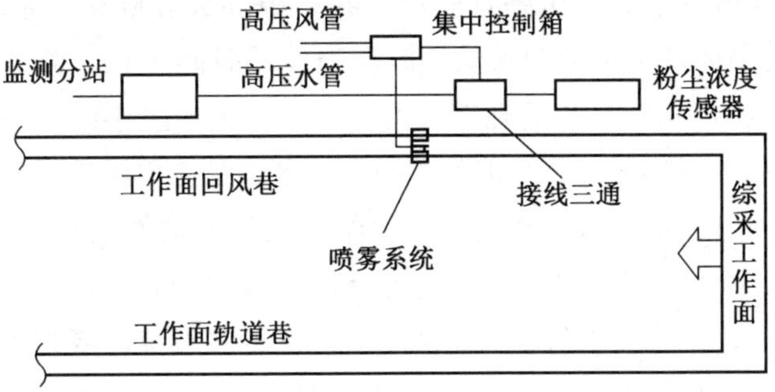

图 6-13 粉尘浓度在线监测系统在工作面布置图

二、红外线自动净化水幕

红外线自动净化水幕除尘装置的主机内部采用模块化设计，具备液晶显示，人机交互等功能，通过与红外线传感器、触控传感器、红外热释传感器、循环定时控制模块的配套使用，形成了多种用途的矿用自动喷雾除尘装置，达到了一机多能的效果。红外线自动净化水幕适用于井下大巷、运输巷、回风巷、采煤机支架等地点。

红外线自动净化水幕除尘装置主要用于综采工作面，对采煤机采煤过程中产生的大量粉尘进行喷雾降尘，在整个综采工作面上设定若干个喷雾点（一般 3~4 个支架安装 1 道喷雾装置），采煤机移动到装有传感器的支架时，传感器接收到信号，打开电磁阀开始喷雾工作。

红外线自动净化水幕的应用效果：

(1) 节约水资源，变常开为实时自动喷雾，克服了煤泥水横流，提高了水的利用率，使水的利用率提高了 80%。

(2) 减少了人力和管理成本，实现无人操作和管理自动化，各生产地点不再需要专人来进行开放和关停，从而节约了成本，也便于统一管理。

(3) 净化了各作业地点空气环境，消除了煤尘所带来的安全隐患，减轻了安全工作的压力，对超前防范煤尘爆炸，起到了积极作用。减小了粉尘对工人的危害，大大降低了硅肺病的可能性。

三、煤体动压注水技术

煤体动压注水是通过钻孔将压力水和水溶液注入煤体，增加水分，以改变煤的物理力学性质，可减少煤尘的产生，还可减少冲击地压、煤与煤层气突出和自然发火。

煤是一种多孔介质，流体可以在其中流动，但煤中有大小不同的各种孔隙，大的直径可到数毫米，小的微孔直径小于 100 nm。水在不同孔隙中的运动形式也不相同，渗透运动在大的裂隙和孔隙中发生，毛细运动在较小的孔隙中发生，而分子扩散运动则在煤的超微结构的孔隙中发生。每一种形式，在空间和时间下都不是共存的，它搬运水分的速度也有很大的差别。当向煤体注水时，压差首先使水在裂隙和大孔隙中运动（它按渗透规律流动），高压虽然能使煤体发生破裂和松动，但渗透运动时间不长，范围不大，湿润效果不高，一般只能达到 10%～40%；之后在毛细力的作用下进入较小的空隙中，使煤体发生毛细管凝聚、表面吸着和湿润等；而在扩散作用下，水才可能更深地进入煤的微孔中，使煤层内无机的和有机的组分发生氧化或溶解。毛细作用和扩散作用是煤层湿润的主导作用，可以持续很长时间，并能使煤体均匀、充分地湿润，将湿润效果提高 70%～80%。

利用动压注水可以在煤层中形成人工的空腔、槽缝和裂缝，或扩大已有的裂缝以及促使煤体发生位移，可以增加煤体的渗透性和润湿性。脉动注水方式的压力是周期性变化的：一方面，不同的注水压力可以使水渗入不同的裂隙-孔隙中，增加煤体的润湿性，动压水可以使裂隙不断贯通、扩大，扩大润湿半径，最大范围地改变煤层的物理力学性质；另一方面，通过周期性的脉动高压作用于煤体，在不同压力下煤体的裂隙-孔隙产生“膨胀-收缩-膨胀”反复作用，最大限度地使得煤体力学性质发生改变，使煤体中的裂隙孔隙得到进一步的拓展，增加煤体的润湿范围。另外，脉动高压水有利于游离高压瓦斯的排放，减少煤体中的瓦斯含量，起到卸压和排放瓦斯的作用，从而达到防止煤与瓦斯突出的效果，同时相应地减少水在煤体中的运动阻力，增加了煤体的吸水量。低压注水时，煤体得到相当均匀的湿润，降低煤体的强度和脆性，增加塑性，减少采煤时煤尘的生成量；同时将煤体中原生细尘黏结为较大的尘粒，使之失去飞扬能力，从而达到减少粉尘的目的。

【习题】

1. 简述通风系统的任务。
2. 矿井主通风机倒机切换方式有哪些？各自原理是什么？
3. 简述风量自动调控技术。
4. 简述主要通风机无人值守控制系统的关键技术。
5. 简述注氮防灭火的原理。
6. 简述煤体动压注水降尘机理。

项目七　煤矿排水智能化系统

煤矿井下环境及地质情况复杂，井下涌水是非常危险的一项因素。如果发生透水，除影响生产外，还可能造成淹井事故，威胁人员生命安全。因此，井下的排水系统非常重要。当前，许多矿井水泵房排水自动化水平不高，应急能力差，存在很大的安全隐患。本项目包括矿井水害与防治概述、矿井排水系统及无人值守控制系统、矿井水文动态监测3个子任务，主要针对目前矿井排水系统存在的问题，利用先进的传感器技术、通信技术、计算机技术、网络技术，实现了排水系统智能化。

任务一　矿井水害与防治概述

【学习目标】

知识目标：

(1) 掌握矿井水害类型。

(2) 了解水害防治技术现状。

技能目标：

能够查询水害防治技术现状。

【任务描述】

通过多年的实践探索，我国的防治水技术不断发展，为我国煤矿水害防治发挥了重要的支撑作用。在水害综合治理工作方面，我国制定了“预测预报、有疑必探、先探后掘、先治后采”基本原则，采取“防、堵、疏、排、截”综合治理措施。但随着煤矿开采向深部延伸，煤矿开采的水文地质条件越来越复杂，给矿井防治水提出了更高的要求。

【任务知识】

一、矿井水文地质

我国煤矿的水文地质条件非常复杂，从寒武纪石煤至第四纪泥炭沉积，共有10个聚煤期，其中，以石炭二叠纪和侏罗纪为主要聚煤期。大地构造运动形成了煤田的分布、成煤时期、沉积环境、构造特征，也形成了不同的水文地质条件。其中有天山—阴山纬向构造带以北的东北和内蒙古东部沉积早侏罗纪-晚白垩纪含煤地层，以南至昆仑山—祁连山纬向构造带以北，贺兰山经向构造带以东的广阔地区，沉积了海陆交互相的石炭-二叠纪含煤地层；昆仑山—祁连山纬向构造带以南，康黔古陆以东则沉积了晚二叠纪含煤地层；

西北地区则在侏罗纪形成了一些大型陆相聚煤盆地；此外，云南–西藏及台湾在中生代和新生代分别沉积了含煤地层。以上聚煤区的地质和水文地质条件各不相同，在此基础上，结合矿井防治水的需要，可以将中国煤田划分为6个水文地质类型区，即东北侏罗纪孔隙–裂隙水类型区、华北石炭二叠纪孔隙–岩溶水类型区、西北侏罗纪裂隙水类型区、华南晚二叠纪岩溶水类型区、云南–西藏中生代裂隙水类型区及台湾第三纪裂隙–孔隙水类型区。其中，以华北石炭二叠纪煤田和华南晚二叠纪煤田的水文地质条件最为复杂，矿井水害威胁严重。该区域主要水文地质问题如下：华北煤系底盘中奥陶统马家沟灰岩水害问题、黄淮平原新生界松散层水害问题、华南煤系底盘下二叠统茅口灰岩水害问题及顶板上二叠统长兴灰岩水害问题。

随着煤矿开采向深部延伸，以及废弃和关闭的大量不具备安全生产条件的各类煤矿对地下环境的破坏，煤矿开采的水文地质条件越来越复杂，水害隐患越来越严重。

二、矿井水害类型

我国煤矿的地质条件极为复杂，矿井突水与地质构造、采矿活动、地应力、地下水水力特征等因素有关。水害类型按照水源不同可以划分为：地表水、老空水、孔隙水、裂隙水、岩溶水；按照导水通道不同可以划分为：断层水、裂隙水、陷落柱水、钻孔水；按照与煤层的相对位置可以划分为：顶板水、底板水。

1. 地表水水害

在有地表水体（如常年有水的河流、湖泊、水库、水塘等）分布的地区，由于井下防隔水煤（岩）柱留设不当，当井下采掘工程发生冒顶或沿断层带坍塌、裂隙导水时，地表水将迅速地灌入井下进而发生水害事故。尤其是在一些平时甚至长期无水的干河沟或低洼聚水区，多年来一直无事故，不容易引起人们的注意和重视。突遇山洪暴发、洪水泛滥时，有些早已隐没不留痕迹的古井筒、隐蔽的岩溶漏斗、浅部采空塌陷裂缝甚至某些封闭不良的钻孔，由于洪水的侵蚀渗流就会突然陷落，造成地面洪水大量倒灌井下，从而造成水害事故。洪水有时可以冲毁工业广场，直接从生产井口倒灌井下，造成井下作业人员无法撤出。这种水害往往来势突然、迅猛，无法抗拒，有时可能造成重大损失。

2. 老空（窑）水水害

老空（窑）水主要是指采空区、老窑和已经报废井巷产生的大量积水。这种水贮集在采空区或与采空区相联系的煤岩或岩石巷道内，水体的赋存形态极不规则，水文地质资料不齐全、不准确，不断推进的生产矿井采掘工作面与这种水体的空间关系错综复杂，难以分析判断；且这种水体又十分集中，压力传递迅速，其流动与地表水流相同，不同于含水层中地下水的渗透，采掘工作面一旦接近便可突然溃出。事实表明这种积水即使只有几立方米也可能发生透水事故，造成人员伤亡。这种水体不但存在于地下水资源丰富的矿区，也可能存在于干旱贫水的矿区，近几年老空透水是水害事故的主要类型。

3. 孔隙水水害

孔隙水是指松散岩层孔隙中的水。新生界第四系松散孔隙充水含水层，甚至古近系充水含水砂砾层往往呈不整合覆盖于煤系地层之上，直接接受大气降水和展布其上的河流、湖泊、水库等地表水的渗透补给，在剖面和平面上形成结构极其复杂的松散孔隙充水含水体。这些含水体长年累月不断地向其下伏煤层顶底板充水含水层及断层裂隙带渗透补给，其水力联系程度因彼此间接触关系的不同和隔水层厚度及分布范围的不同而变化，同时还会因各类钻孔封孔质量的好坏，引起上述水力联系发生变化。这些变化往往导致有关充水含水层的渗透性和采空区冒落裂缝带的导水强度难以真实判断，因而采掘工作面往往会发生涌水量突然增大的异常现象，情况严重时就会造成突水淹井事故。在一些特定条件下甚至可能造成水与流砂同时溃入井下造成伤亡事故。

4. 裂隙水水害

裂隙水是指坚硬基岩裂隙中的水，可以分为风化裂隙水、成岩裂隙水和构造裂隙水。煤系中砂岩裂隙水的预防难度不大，如果没有动静储量补给，一般不会对煤矿安全构成较大威胁，但往往对煤矿生产有较大影响，主要采取超前疏放水措施来解决其影响生产的问题。对于动静储量丰富的裂隙水，在查明其补给水源和主要通道后，应采取有效的措施，如封堵后再进行有效的疏放水。

5. 岩溶水水害

岩溶水水害可分为北方薄层灰岩水害、厚层灰岩水害和南方厚层灰岩水害。北方石炭二叠纪煤系下部常含有数层灰岩，由于它们夹在几个可采煤层之间，或夹在煤层与奥陶系灰岩之间，在构造断裂作用下常发生突水事故，一般情况下对矿井不构成淹井威胁。北方石炭二叠纪煤系底部接近奥陶系灰岩，由于特定的水文地质条件富水性极好，地下水动静储量十分丰富，历史上曾多次发生重大淹井事故，每次都造成严重损失。南方开采煤层底板以茅口灰岩为代表，顶板以长兴灰岩为代表，其特点是灰岩岩层厚，洞穴和暗河发育，其发育情况与当地侵蚀基准面的相对标高有关，水源主要来自地表降水和地表径流渗入。由于这类灰岩多赋存于主采煤层顶底板附近，与煤层之间几乎没有可利用的隔水保护层，矿井的开拓、开采根本无法摆脱其影响，因而常发生突水、突泥甚至暗河突水等灾害，具有极大的破坏力。

6. 钻孔水水害

钻孔水水害主要是指封闭不良钻孔导致的水害事故。井田内所有钻孔必须全部标注在采掘工程平面图上并建立台账。煤矿应根据钻孔台账记录逐孔排查，特别是对打穿多个含水层和煤层的钻孔的处理更要查清历史资料，无资料的必须在一定区域内采用相应的预防措施并落实到相关人员。

正在使用的观测孔，确保每个钻孔均按照规定要求安装孔口管并加盖封好；同时还要查找台账中的报废钻孔，报废前是否做专门的封孔工作及封孔质量是否可靠，确保地表水或含水层水不会沿钻孔灌入井下。

对于地面正在使用的观测孔、注浆孔、电缆孔、与井下或者含水层相通的其他钻孔，其孔口管的高程应高出当地最高洪水位高程；低于此规定的，应采取措施解决，以确保矿井安全。

三、水害防治技术现状

由于矿井突水事故频发，给安全生产带来不利因素，造成了较大的经济损失。为此，我国的科学工作者开展了广泛的科学研究和现场测试工作，综合防治水和勘探技术取得了较大进步，形成了我国目前的工作面顶底板突水预测预报、带压安全开采、水文地质探查、水害治理、水害监测预警等综合防治水技术，提高了我国水害防治的理论水平和实际能力。

在突水理论研究方面，我国于20世纪60年代开始研究突水规律，并提出了“突水系数法”的概念。所谓“突水系数”就是单位隔水层厚度承受的极限水压值，是一种突水预测方法。20世纪70—80年代，通过不断深入研究工作面矿山压力对底板破坏作用的影响，原煤炭科学研究总院西安分院对“突水系数”的表达式进行了两次修改。此后又提出了“安全系数”的概念，形成了“双系数法”，这种预测方法在生产实际中取得了较好的效果。基于“突水系数”的改进，建立了带压安全开采的安全水压预测模型，并形成了带压开采工作面评价技术。

在水文地质探查方面，开发了基于物探、化探、钻探等煤矿防治水实用技术及设备，实现了对各种不同水文地质条件的探测。在生产过程中，防治水工作可分为采区（工作面）布置前、工作面掘进中、回采准备阶段、回采过程中和水患预处理、水害治理等不同阶段。对不同的水害类型和各个阶段，提出了相应的防治水探测方法与设备，也强调了工作面开采过程中井下水的动态监测方法。

在水害监测预警方面，针对矿井水文地质动态监测、煤层底板或防水煤（岩）柱突水监测、原位地应力监测等方面进行了研究，并采用多元信息融合技术，对矿井水害进行了监测预警，为水害预警提供了新方法。

任务二　矿井排水系统及无人值守控制系统

【学习目标】

知识目标：

（1）掌握矿井排水系统、排水设备。

（2）了解矿井主排水自动化无人值守控制系统。

技能目标：

（1）能够掌握矿井排水系统、排水设备。

（2）通过查询能够了解矿井主排水自动化无人值守控制系统的应用现状。

【任务描述】

矿井排水系统承担着排出井下涌水的重要任务，是保证矿井安全生产的关键环节。排水系统各种设备能否安全、可靠、有效的运行，关系到整个矿井的生产与安全。

矿井自动排水系统是根据煤矿井下的实际情况，在原来的设施基础上进行自动化改造，以使设备在无人值守的情况下自动运行和自我诊断的一套系统。矿井排水无人值守控制系统通过决策控制，对设备的运行状态、运行过程进行自动检测、自动控制，使设备达到最佳工作状态，从而达到有效地节约能源、降低劳动强度、降低运行成本和延长设备使用寿命等目的。

【任务知识】

一、矿井排水系统概述

矿井排水系统是保证煤矿安全生产的重要环节。其主要任务是将矿井涌水及时排送至地面，为井下生产创造良好的工作环境，保证井下工作人员安全工作和机械、电气设备良好运转。

矿井排水的一般过程是，矿井内的水经排水沟或管路汇集到中央水仓，中央水仓中的水通过泵房中的水泵，经管道、井筒中的水管集中排至地面，再经过污水处理后复用。由于矿井井深、开拓方式、开采水平、涌水量大小的不同，形成了不同的井下排水系统。按开采水平不同，排水系统可分为单水平开采的排水系统和多水平开采的排水系统。

1. 单水平开采的排水系统

一个水平开采时，全矿涌水汇集于主排水设备的水仓中，由水泵直接排至地面。当矿井深度大于一台水泵所产生的压头时，可将水泵分别安装在上、下两处，分段排水，先将涌水排到中间转载水仓，然后再排至地面，这种情况下，上、下两处水泵工作互不影响，对排水设备强度无须特殊要求。

2. 多水平开采的排水系统

几个水平同时进行开采工作时，可采用不同形式的排水系统。具体情况下，要根据工作安全可靠、费用消耗低等条件选择排水系统。

（1）各个水平分别设置排水设备将水排至地面，这种排水系统能保证各个水平的排水不受其他水平排水情况的影响。缺点是各个水平都设置有较大的排水设备，井筒中管道数目多，管理检修复杂。

（2）主排水设备设置在上水平，下水平的涌水由辅助排水设备排至上水平的水仓中，然后由主排水设备排至地面。优点是只有一个水平设置大型的排水设备，井筒中管道数目少；缺点是当主排水设备发生故障时会影响下一个水平的排水，这种排水系统一般在下水平涌水较少，开采下山时采用。

（3）上水平的涌水引入下水平水仓中，由下水平主排水设备将水排至地面。其优点是排水系统简单，仅在下水平设置一套排水设备，基建及管理费用较少，而缺点是上水平的水流到下水平后再排上去，损失了位能，增加了电能消耗。这种排水系统，只有在上水平涌水很小，两水平的高度差不大时采用。

不同的排水系统，由不同的排水设施与排水设备构成。这些排水设施承担着不同的排水任务。中央泵房的排水设备是主要的排水设备，负责将全矿的涌水或大部分涌水排至地面；辅助排水设备负责把下一开采水平的水排至主排水设备所在水平；转载排水设备负责把由于反向坡度不能自流集中到主排水设备的水，转载到主排水设备。

对于工作面涌水量较大的矿井，需要在积水坑设水窝排水设备，先将积水排至水沟，再排至中央水仓，称为水窝排水。

为了把掘进工作面或淹没坑道中的水排出，要求水泵随工作面前进或水位下降而移动，这种排水方式称为移动式排水。

对于水文地质情况复杂、有突水淹井危险的矿井，在正常排水系统的基础上另外安设地面直接供电控制，且排水能力不小于最大涌水量的潜水泵，即抗灾强排水系统。抗灾强排水系统通常根据矿井实际情况进行不同的设计、应用。

二、矿井排水设备

1. 矿井主排水设备

矿井主排水系统一般采用离心式排水设备，主要由离心式水泵、电动机、启动设备仪表、管路及管路附件等组成。

（1）离心式水泵。离心式水泵是排水设备的主要组成部分，分为单级离心式水泵与多级离心式水泵。离心式水泵依靠叶轮运转所产生的离心力而排水。电动机驱动叶轮在泵壳内高速旋转，叶轮中的水以高速甩离叶轮，在泵壳内汇聚形成高压水流沿着排水管被扬升到高处。在排水的同时，叶轮进口处因为水流的排出而形成真空，于是水仓中的积水，在大气压的作用下被压入叶轮的进口，叶轮在电动机的带动下不断高速旋转，形成连续排水。

（2）滤水器和底阀。滤水器安装在吸水管下端，其作用是防止井底沉积的煤泥和杂物吸入泵内，以防水泵被堵塞或被磨损。在滤水器内装有舌型底阀，其作用是不使引水漏掉。这是采用灌水模式时使用的一种设备。

（3）闸阀。调节闸阀安装在靠近水泵排水管上方的排水管路上，位于逆止阀的下方。其功能为：①调节水泵的流量和扬程；②启动时将它完全关闭，以降低启动电流。放水闸阀安装在调节闸阀上方排水管路的放水管上，用于检修排水管路放水。

（4）逆止阀。逆止阀安装在调节闸阀上方，其作用是当水泵突然停止运转时，或者在未关闭调节闸阀的情况下停泵时，能自动关闭，切断水流，使水泵不致受到水力冲击而遭到损坏。

（5）灌引水漏斗、放气栓和旁通管。灌引水漏斗是在水泵初次启动时，向水泵和吸水管中灌引水。在向水泵和吸水管中灌引水时，要通过放气栓（又叫作气嘴）将水泵和吸水管中的空气放掉。当排水管中有存水时，也可通过旁通管向水泵和吸水管中灌引水，此时要将旁通管上的阀门打开。

（6）射流泵或真空泵。离心式水泵在启动前必须将吸水管和泵腔内注满水才能进入运行状态，否则水泵转动时将无法吸水，形成“干烧”，严重影响水泵的使用寿命。在无底阀的排水系统中，水泵每次启动都要灌水。这一工作由抽真空设备完成，一般使用射流泵或真空泵。它们的工作原理不同，但都能使水泵工作腔达到一定的真空度，保证系统正常工作。

（7）电动机、启动设备。它们是水泵的电气驱动设备，用于控制水泵的启动、停止，以及正常运转。电动机是给水泵提供动力的装置，其功率选型要与水泵扬程相匹配。

此外，仪器仪表是排水系统重要的测量元件，由压力、水位、流量等仪表组成。

2. 矿井强排水和水窝排水设备

矿井强排水系统是针对水文地质条件复杂、有突水淹井危险的矿井，为了预防井下异常涌水引起重大事故，而另外建设的强行排水系统。矿井强排水系统的主要设备包括矿用潜水泵、排水闸阀、排水管路等配套设备。矿用潜水泵有立式和卧式两种布置方式，可根据矿井实际安装环境条件、所配潜水泵数量及电动机功率等确定采用立式潜水泵还是卧式潜水泵。同时要根据矿井井深和涌水量确定潜水泵的扬程、流量等参数，其排水能力不小于矿井最大涌水量。强排水系统排水管路应直接敷设至地面，强排管路应在水泵出水口安装逆止阀和手动闸阀。正常情况下，强排水泵排水管路上的控制闸阀应保持常开状态。强排水泵电源须直接引自地面供电系统，水泵电动机引出电缆与入井电缆连接装置须同时满足防水、防爆要求。强排水泵的运行受地面自动化系统的控制。

井下水窝排水系统主要是针对掘进工作面、回采巷道的涌水和淋水积聚，以及各种水管跑、冒、滴、漏等所造成的井下巷道积水而配备的排水装置。其主要功能是将积水坑内的水排出，经巷道水沟流入中央水仓。水窝排水设备主要采用潜水泵，将潜水泵置于积水坑内直立吊挂安装，水泵底座距离积水坑底板须留有一定的高度，防止淤积堵塞水泵。水泵功率一般较小，排水管路单一，其启动控制工艺较为简单，通过判断积水坑高、低液位情况，控制潜水泵开停。

三、矿井主排水自动化无人值守控制系统

矿井主排水自动化无人值守控制系统是利用传感器监测技术、计算机控制技术、网络通信技术，实现井下各泵房数据自动监测、设备自动运行、现场无人值守的智能控制系统。它改变了传统的依赖人工判断压力、真空度、阀门状态及出口流量进行设备启停控制的手动操作模式，有效降低工人劳动强度，减少井下操作人员，提高生产效率；同时，也提高了设备控制的可靠性。

（一）系统组成

矿井主排水自动化无人值守控制系统主要由现场在线监测传感器、现场泵阀控制设

备、现场通信与主控设备、传输网络、地面计算机监控平台等组成。在智能化控制的基础上，又融合视频图像监控、安全门禁管理、设备点检等系统。矿井主排水自动化无人值守控制系统组成如图 7-1 所示。

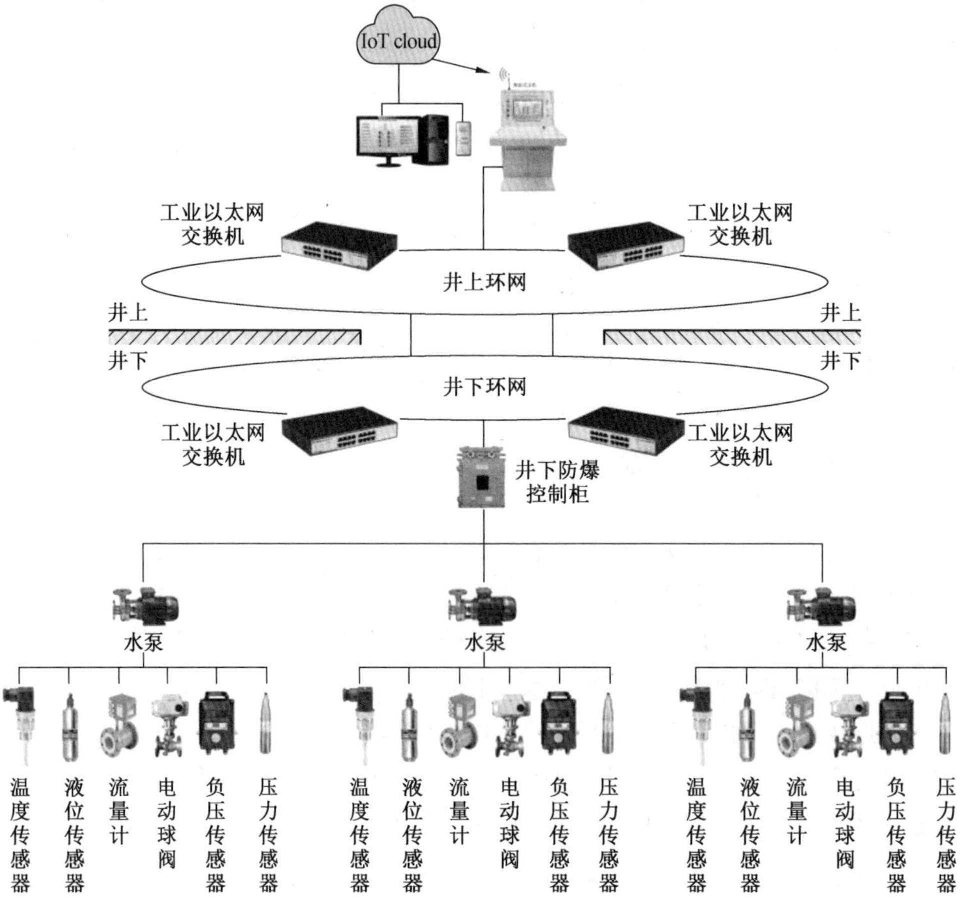

图 7-1　矿井主排水自动化无人值守控制系统组成

1. 在线监测传感器

水泵房在线监测传感器由设备运行状态监测传感器、工艺数据监测传感器、环境监测传感器组成。泵房主控设备对各传感器进行数据采集，并将数据上传到地面计算机监控平台，对水泵房数据实时在线监测。传感器数据采集方式有数字量输入、模拟量输入等方式。

为了提高监测的可靠性，对重要监测部位的传感器要采用冗余配置，保证检测环节可靠稳定。例如：水仓液位是水泵自动控制的重要参数，在每个水仓可安装一个无接触液位传感器（如超声波液位传感器）和一个投入式液位监测装置（如投入式液位传感器或浮球开关），实现水仓液位的双路冗余监测，任意一个传感器故障，不影响另一个传感器工作，提高了水仓液位监测的可靠性。

2. 现场泵阀控制设备

现场泵阀控制设备主要包括水泵启动控制装置、阀门控制、阀门电动执行机构等，水泵启动控制装置与泵房主控设备通过总线通信，将水泵启动的电流、电压、电量、有功功率、无功功率、功率因数等参数上传至泵房主控设备，并接收主控设备的指令，实现水泵的启停控制。阀门控制箱主要实现电动阀门的信号采集与控制，并将信号反馈给泵房主控设备，从而实现阀门的远程监控。

3. 现场通信与主控设备

现场通信与主控设备包括水泵集控箱与防爆交换机等设备，担负采集关联设备运行信息、设备状态，并通过工业以太网与地面服务器通信、交换信息的任务，实现对各设备集中监控。集控箱通过传输网络将其所采集的水泵阀门等设备状态上传给地面监控平台，同时根据接收到的命令驱动相应设备动作。现场通信与主控设备能实现水泵就地自动控制与远程计算机控制，并具有智能保护功能。

水泵集控箱是水泵控制系统的核心设备，一旦故障，会造成整个控制系统瘫痪，特别是在无人值守的情况下，现场没有人员操作，在矿井涌水量大时，有可能延误了排水时间，造成事故。所以，要充分考虑其冗余性配置。目前有两种常用的配置方式：第一种是采用两套集控箱共同完成多台水泵的控制，两套集控箱控制单元相互冗余，当一套故障时，自动切换到另外一套继续工作，不影响排水系统的正常运行；第二种是采用单台集控箱对应单台水泵的控制模式，某台集控箱故障，不会影响其他水泵运行，各台水泵集控箱之间相互通信，实现每台水泵之间的信息交互，从而达到多泵联控要求。

此外，控制系统应配置后备式（UPS）不间断电源，在系统断电时仍能保证系统控制、检测和通信环节的正常，在系统供电故障的情况下，实现故障在线监测与实时报警。

4. 传输网络

对于无人值守控制系统，要求网络通信实时性好、可靠性高。水泵控制系统与地面远程监控平台要构建稳定而冗余互备的网络系统。在建有工业冗余环网的矿井，水泵控制系统可就近接入环网交换机。

5. 视频图像监控

视频监控系统是水泵房无人值守控制的重要建设内容。在现场无人值守的情况下，可对现场环境设备进行远程监控，给远程管理人员提供现场图像显示。同时地面监控平台具有视频联动功能，能根据操作需要自动切换摄像头及坐标、调节焦距，实现水泵房全面的图像视频监控。视频图像监控系统具备存储、录像、回放功能。

6. 设备点检与安全门禁管理

井下主排水泵房是煤矿关键的固定设施，在无人值守的情况下，需设置门禁管理系统，避免非相关人员闯入，正常巡视人员可通过相应的身份识别准入进行巡视；设备点检系统是为巡视人员配备的巡检设备，巡视人员采用点检设备对巡检结果进行记录上传，从而对设备的健康状况进行综合分析，实现有计划地检修、维护。

7. 地面计算机监控平台

地面计算机监控平台由地面监控平台硬件与软件构成，硬件部分主要包括数据存储服务器、视频服务器、计算机工作站、网络设备、报警设备等。软件部分融合了水泵监测各类数据，包括水泵控制、环境监测、设备点检与安全管理等方面的数据，主要功能是对水泵房运行状况进行综合监控，对采集数据进行智能运算、综合分析，实现水泵运行优化、故障诊断、提前预警、应急处置及安全管理。

地面数据监控平台还可将数据通过通信网络上传到远端物联网平台，由物联网平台通过大数据分析，对水泵房设备进行全生命周期的管理。地面数据监控平台具有水泵运行效率分析、故障诊断预警、专家决策分析等功能，并能通过手机、笔记本电脑等移动端设备查看各种信息，实现在移动端信息化管理。

（二）无人值守控制功能

1. 工艺过程自动控制

水泵的工艺过程自动控制包括自动注水、闸阀控制、故障保护与报警，实现水泵的自动启动、停止，以及运行过程中的自动保护。

1）自动注水

启动前的注水是水泵工作的重要操作流程之一。对于有底阀的水泵，在启动前，以排水管路中的压力水为水源向泵体内灌水，只有在其叶轮完全淹没于水中的情况下，泵体内部才能形成必要的真空度实现正常排水。因此，在启动前，系统自动打开旁路电动球阀和排气电动球阀给水泵注水，当达到要求的真空度时，自动关闭旁路电动球阀和排气电动球阀，检测到球阀关闭后发出开泵命令。对于无底阀水泵，有两种注水方式，第一种为采用射流泵注水，第二种为采用真空泵注水。采用射流泵注水时，自动打开射流泵注水阀门，然后打开射流泵真空阀门，当从排水管引来的高压水由喷嘴高速射出时，它连续不断地带走了吸入室中的空气，使与吸入室相连的泵体内形成真空，当达到要求的真空度后，自动关闭射流泵的注水阀门和真空阀门，然后启动水泵。当采用真空泵注水时，打开真空阀门，开动真空泵抽出泵体内的空气，由于泵体上、下出口均已被水密封，因此，泵内的空气越来越稀薄，气压也越来越低，形成负压，当达到要求的真空度后自动关闭真空阀门，启动水泵。

2）闸阀控制

水泵启动时，闸阀处于关闭状态，水泵启动后打开闸阀正常排水，当水泵停止时，为了防止水锤，先关闭闸阀，待闸阀反馈关闭信号后，停止水泵运行。

水泵排水管网设有压力传感器及流量传感器，当水泵运行时监测排水管内压力及流量值，发现异常后及时停止水泵，从而有效地防止水泵空转。

3）故障保护与报警

（1）电气保护：监视水泵电动机欠压、过流、短路等故障，实现故障报警停机保。

（2）水泵空转保护：运行时排水管内压力及流量值发生异常后及时停止水泵，从而有效地防止水泵空转。

（3）电动阀、闸阀故障保护：电动阀、闸阀故障时，实现报警。

（4）水仓缺水保护与报警：水仓缺水时停止水泵运行。

2. 水泵合理调度与运行优化

煤矿井下主水泵房一般安装有运行泵、备用泵和检修泵，至少 3 台。井下自动化排水系统不仅要实现单台水泵的自动启停控制，而且要通过自动检测水仓水位及相关参数，对多台水泵进行合理调度、优化控制，包括根据矿井涌水量的合理投切、自动轮巡节能优化，从而实现无人值守自动运行。

1）水泵的合理调度与自动投切

多台水泵联合调度运行，要以水仓液位或矿井涌水量为优先原则，确定水泵运行台数，调度水泵合理投入，即采用水仓水位的变化率和正在工作的水泵数量来判断矿井涌水级别，或通过矿井水情监控系统获得矿井涌水信息，从而确定水泵的工作台数，实现高水位或涌水量大时多台水泵自动投入，在正常水位或低水位时进行节能优化与轮巡控制。

2）水泵的自动轮巡

在正常水位时，为了防止备用泵及其电气设备、备用管路长期不用，而使设备锈蚀或受潮损坏，导致需要紧急投入时不能及时启用，影响矿井排水，因此需要对水泵进行自动轮换运行。在实际控制中，通过对水泵启停次数、运行累计时间进行记录统计，按照均衡使用的原则，自动轮巡切换。

3）水泵的节能优化控制

当水仓液位在正常水位或低水位时，在矿井涌水量不大的情况下，采用移峰填谷措施，在用电高峰期尽量减少水泵运行，在用电低谷时间段可多开水泵，以实现节能降耗。通过液位传感器监测水位变化情况，结合峰谷时间和峰谷电价，计算费用最低的水泵运行方案，实现经济运行。

4）水泵的故障切换

当某台水泵或所属阀门故障时，系统自动发出声光报警，同时将故障水泵或管路自动退出，切换到备用水泵继续工作。

3. 控制方式

系统分为自动、手动、检修 3 种控制方式，并具备远程、就地控制功能。

自动方式下，为无人值守的控制模式，系统无须人工干预，按照预定的程序自动调节、自动控制水泵及闸阀的开启。液位传感器连续检测水仓水位，根据水仓液位及其矿井涌水量，合理调度水泵的开、停，自动轮换及节能运行。自动方式可运行在远程或就地控制模式。

手动方式下，操作人员根据水仓水位，确定开泵台数，并由人工手动开停水泵或通过作上位机界面实现水泵的单台控制，可运行在远程或就地控制模式。

检修方式下，设备之间的闭锁关系解除，可就地对水泵、阀门单独进行检修操作。

4. 地面远程监控功能

地面远程监控平台是数据处理与存储的主要载体，集成了实时数据监控、视频图像监控、异常报警显示、可视化故障定位管理、故障应急处理、设备运维与安全管理各项功能，可实现水泵房远程监控、运行维护与安全管理。

1）实时数据监控

在监控中心平台的监控界面有工艺流程、供电系统、通信网络等，实时监测与显示当前排水系统所有设备的运行情况，显示实时设备运行参数、状态及故障信息，将各种运行数据和故障形成标准的统计曲线和报表。

2）视频图像监控

视频监控系统在现场无人值守的情况下，给远程管理人员提供现场图像显示。通过操作调取水泵房内各路视频信号，直观地观察现场实时画面，自动跟踪设定目标，在状态改变或出现异物时弹窗报警。故障发生时，实现与故障信号联动，显示故障设备或相关环境情况，掌握水泵房的设备运行状况。

3）异常报警显示

监控平台设专门的报警界面进行提醒。出现报警或故障时，自动弹窗、闪烁显示，醒目地展示给工作人员。同时，其他各部分画面及视频系统集中显示故障具体情况。

4）可视化故障定位管理

采用三维立体展示技术，建立各设备、建筑物之间的时空关系，方便远程专家人员全面了解水泵房的现状与运行情况。系统发生故障时，会自动定位相关联故障设备、故障地点，便于故障点快速定位、故障诊断与处理。

5）故障应急处理

故障发生时，平台会按照预先设定的控制策略自动处理。当出现特殊情况时，需要人为干预控制时，系统进入应急处置模式，系统自动弹出应急处置流程画面，由操作人员介入，判断选择采用哪种流程运行，帮助工作人员解决特殊故障下的复杂操作。

6）设备运维与安全管理

无人值守的控制系统集成了设备点检和水泵房安全门禁系统。其中，设备点检数据上传到监控中心平台，与设备在线监测和工艺控制数据进行融合，构成设备运维与安全管理功能。

设备运维功能：正常情况下对设备点检自动排程，按计划点检，方便管理。同时对点检过程进行记录，如建立巡检点表，包括线路图、点检项目、点检数据、点检时间、点检人等。系统记录设备运维数据，当后台发现有潜在故障问题时，会及时弹出窗口，提醒管理人员，实现有计划地检修、维护。

安全管理功能：系统安全管理包括用户登录安全管理与水泵房准入安全管理。用户登录安全管理可采用指纹、虹膜、人脸识别、账号验证等形式进行，并留有操作记录及操作人员信息；水泵房准入安全管理可在水泵房安装门禁系统，工作人员经授权方可开启门禁，进入水泵房，在地面集控室应能记录并监视水泵房进出人员情况。

四、矿井水窝排水自动化无人值守控制系统

在一些大型煤矿井下，水窝数量多，区域分布广，位置分散，管理难度大，适用于网络化的集中管理和无人值守控制。每个水窝排水点由液位监测传感器、智能排水控制装置、通信接口等组成，适用于煤矿井下永久性或临时性水窝自动排水的场合，具有数据采集、控制、传输接口。液位传感器采用抗污耐腐蚀投入式传感器，或者浮球开关式液位传感器，有安装条件的选用超声波液位传感器，各类传感器应符合隔爆或本安要求。为了确保监测数据的可靠性，液位传感器可采用冗余设计。

所有水窝点的自动化控制装置可就近接入井下环网，距离环网较远的水窝点可通过无线 4G 专网或 WiFi 接入井下环网，上位机监控平台通过光纤与环网接入器相连，构成集自动化控制、数据通信、远程管理为一体的井下水窝无人值守控制系统。

水窝排水自动化无人值守控制系统主要功能如下：

（1）数据采集与自动控制。水窝控制装置通过数据采集接口对当前水位状态、排水泵启停状态、故障状态进行实时采集。通过水位传感器对水仓水位的监测，实现对水泵的开、停控制。当高水位时水泵控制装置自动启动潜水泵，当低水位时水泵控制装置自动停止潜水泵。当发生故障时，系统自动保护停机，并通过网络上报调度中心。

（2）上位机远程监控。自动控制系统利用工业以太网（或无线通信网络等）将数据传送到地面计算机监控系统，可对水窝排水设备运行状态实时显示、远程控制及故障报警。同时，可根据水位上升速率和水泵排水量等检测矿井涌水量，实现各个水窝点、水窝点支线、区域的水量监测，为水情监控提供预警依据，与主排水系统实现联动控制。

五、矿井强排水自动化控制系统

强排水系统是发生透水事故或矿井涌水淹没井下造成常规排水系统瘫痪时的应急排水系统。其自动化控制系统全部设在地面集中控制，主要包括配电系统、启动控制柜、控制系统及传感器等。

配电系统为启动控制柜提供两路专用电源。启动控制柜用于拖动井下潜水泵运行，可根据需要配备软启动装置。配电系统具有过流、欠压、漏电保护与报警功能。

控制系统设在应急强排水配电室内，用于对配电装置、启动装置、强排水泵集中监测与控制。其主要功能是实时检测配电回路电压和电流、潜水泵电动机电流和电压、水泵开停状态，以及故障状态，采集地面强排水管道出口压力、出口流量，以及井下水仓液位等信号。它同时具备调度室远控、配电室集控功能，实现就地启动或远程应急启动。此外，为防止强排水系统长期搁置不用，导致相应的潜水泵机组出现机械故障或电气故障，使在出现紧急状况时，系统不能及时地投入使用，要定期巡检，保证系统正常运行。

在矿井地面总调度室通过工业以太网与强排水控制系统通信，实时显示所有设备参数状态及故障信息，管理人员可实时掌握强排水系统的所有检测数据及工作状态，并根据矿井涌水信息，实现远程应急控制。

井下排水系统是煤矿防治水的重要内容，通过智能化技术的应用，将进一步提升防治水技术水平。随着网络化、智能化技术的进步，井下排水自动化向多系统融合、集中远程控制、智能物联的方向发展，把各排水系统统一接入综合自动化网络平台实现集中管理、集中控制，通过信息融合、大数据分析，实现水情预警、系统联动。

任务三　矿井水文动态监测

【学习目标】

知识目标：

掌握矿井水文动态监测系统组成和系统功能。

技能目标：

（1）能够熟练掌握矿井水文动态监测技术。

（2）通过网络搜索等能够了解矿井水文动态监测技术的应用现状。

【任务描述】

随着矿井开采范围的不断扩大和开采深度的不断延伸，矿井水文地质条件越来越复杂，矿井水文观测点不断增多且分布较远，人工观测任务繁重，且观测数据有限，不能完全反映矿井涌水量变化的真实情况。采用计算机技术、传感器技术、通信网络技术开展矿井水文动态实时监测和水害分析，可以有效地指导矿井防治水工作。

【任务知识】

矿井水文动态监测是在各水文观测点安装传感器，通过传感器准确采集地表水文孔的水位、温度，以及井下水文孔水压、水温、水仓液位、采空区积水液位、明渠流量、管道流量、底板应力等原始水文数据，结合矿区降雨量及气象监测，实时掌握矿井各个水文观测点的涌水变化情况。重点对涌水点、突水点、放水点实时监测，同时利用计算机分析处理，对水害的发生进行预警。

一、矿井水文动态监测系统组成

1. 系统总体架构

矿井水文动态监测系统采用现代化监测技术对矿井水文参数进行动态监测，其总体架构分为感知层、传输层、监控层 3 层结构，如图 7-2 所示。

感知层由现场水文监测传感器、传感网络、采集分站组成，主要负责传感器数据采集，实现对矿井水文地质数据的全面准确感知；传输层主要负责将采集的数据实时可靠地上传到地面监控中心，根据实际情况可采用有线或无线等不同的组网传输方式。监控层主

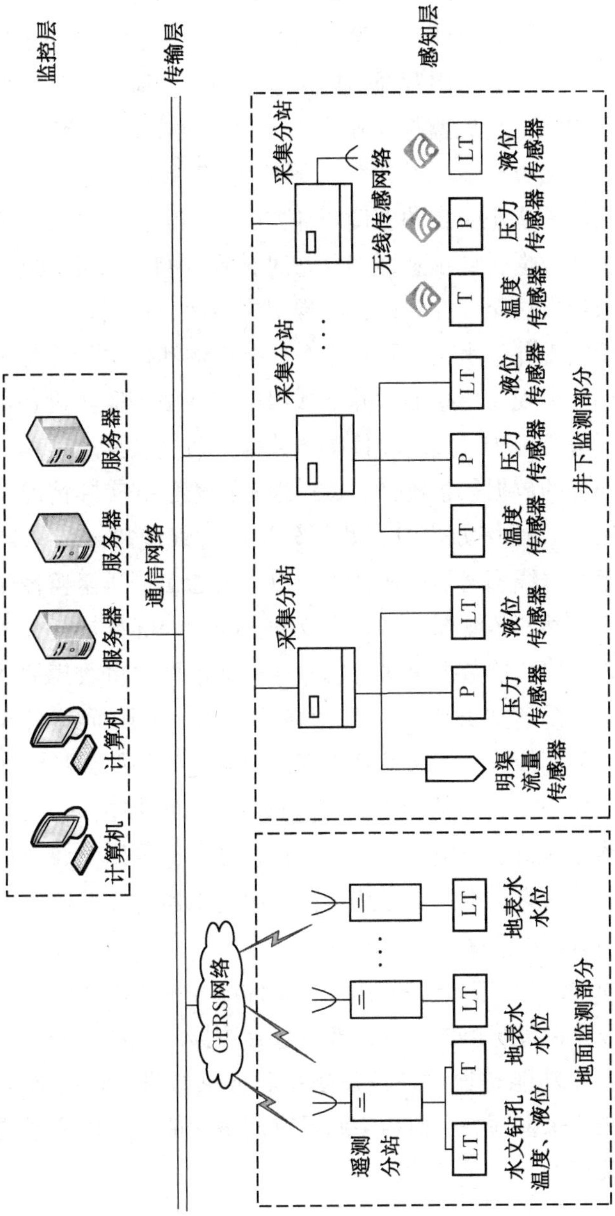

图7-2　矿井综合水文在线观测系统总体架构

要负责数据的采集存储、分析处理、集中展示，实现矿井水文动态监测系统软件应用功能。

2. 系统组成

系统按照不同物理分区可分为地面监测部分、井下监测部分、监控主站 3 部分。地面监测部分主要实现地面水文钻孔、河道、湖泊等监测点水位、水温的采集测量，由现场传感器、遥测分站等组成。遥测分站内置通信模块、电池组，遥测分站主要完成现场传感器数据采集，并通过通信网络上传到监控主站。由于水文地质钻孔分布于野外分散的位置，架线困难，故采用无线遥测方式。无线遥测可采用 GPRS 或 NB-lot 或 LoRa 等通信方式，其工作模式可设为主叫应答或定时自动上传两种方式（即监控主站通过通信模块发送指令呼叫，遥测分站应答发送数据；或预置遥测分站时钟定时自动发送数据）。遥测分站可通过这两种方式将测量数据发送至监控主站，实现集中显示、存储。

井下监测部分主要实现井下水文钻孔、水仓、排水沟和排水管道等水文观测点的数据采集测量。井下监测部分由现场传感器、井下数据采集分站等监测设备构成。数据采集分站内置数据通信单元，主要用于采集现场传感器数据，通过数据通信单元与地面监控主站通信，实现井下监测部分的数据采集传输。数据采集传输根据实际情况采用有线通信方式或无线通信方式。采用有线通信方式时，井下分站通过线缆接入传感器，采集传感器数据，并将测得的数据通过总线型通信或矿井工业以太网通信传送至监控主站处理；采用无线通信方式时，在采集分站和传感器之间建立 ZigBee 或 LoRa 低功耗无线传感网络，由采集分站负责将区域内若干传感器数据采集汇总，通过通信网关将收集的数据转发到主干网络，再上传到监控主站。随着矿井无线宽带网络的应用，采用无线宽带与无线窄带相结合，实现传感器数据的采集传输，将会达到更好的效果，即将低功耗无线传感网络采集的数据，通过无线 LTE-4G（5G）通信网关，将数据转发到监控主站，实现数据无线传输。由于矿井水文监测传感器的安装环境较恶劣且位置较分散，采用无线通信技术将更方便地实现传感器的部署与数据采集，也特别适用于低功耗传感器的数据监测。采用无线传输技术也将减少井下线缆部署，提升系统的可靠性。

地面监控主站由硬件部分与软件部分构成，硬件部分主要由数据存储服务器、计算机工作站、网络设备、报警设备等组成，软件部分包括数据库软件、操作系统软件、监控软件、应用软件等。其主要功能是通过通信设备接收分站数据，进行数据存储、分析、处理，实现水文动态监测和水害预警。监控主站具有网络功能，可以通过局域网、互联网等多种形式，实现数据共享。

二、矿井水文动态监测系统功能

矿井水文动态监测系统集成了数据采集存储、实时监测、统计分析、水害预警、数据网络共享等功能。通过对各类矿井水文数据的采集，建立统一的数据管理。基于数据处理的结果，采用数据分析方法，绘制各种数据变化图表，对水文变化进行实时预警。

1. 数据采集存储功能

数据采集存储是数据处理与分析的基础。煤矿水文动态监测数据包括地面监测数据与井下监测数据，同时还包括气象数据、地质数据、水文观测孔基本资料、设备管理数据（包括设备位置、设备编号，以及采集的数据类型）等。通过设计和建立功能完善的系统数据存储，打破信息孤岛，方便矿井水文信息数据管理和对煤矿突水信息的综合分析。根据数据特性不同，对所有监测数据进行预处理后分类存储，并提供数据库存储备份，监测数据应长期保存。数据库分为实时数据库和历史数据库，用于实时数据的查询和历史数据的查询。

2. 实时监测功能

通过地面中心站，可以观察所有水文监测点的实时水压、水温、液位、涌水量情况，并以图形直观显示监测系统中的观测数据；显示各个监测点的瞬时值和历史记录值；显示各个监测点的超限报警；可以任意选定观测站进行重点监测。

矿井涌水量是水文动态监测的重要参数，要对矿井各观测点、各区域涌水量进行实时监测计量。通过监测自动化排水系统各水仓液位及工作面各积水点排水流量，按巷道不同支线、不同区域进行综合计量，从而分析与确定排水点、巷道支线、区域涌水量变化与异常情况。

矿井涌水量监测采用分级计量方式，实现各排水点计量、区域计量、综合计量等。

排水点计量：通过排水点的液位、水泵的开停时间和泵的流量计算排水点的日流量或规定时间内的出水量。

区域计量：将区域范围内各排水点的出水量进行统一计量，分析区域涌水量。

综合计量：对各排水点的出水量的总和进行计量。

通过多种计量方式，从不同维度反映涌水量的监测变化情况，为数据统计分析提供准确的依据。

3. 统计分析功能

通过对水文观测点数据的连续监测，形成统计数据与图表，实现监测点的年、月、日曲线显示和数据报表显示，自动生成系统监测数据的对比报表、对比曲线，以及柱状对比图等各类统计分析图表。采用不同的数据分析手段对矿井水文监测数据进行分析。例如：通过对矿井各排水点的日、月、年涌水量进行同比、环比分析，对矿井不同区域的日、月、年涌水量进行同比、环比分析，对矿井涌水异常进行预警。

4. 水害预警功能

建立矿井水文监测预警模型，采用极值预警、趋势预警、综合超限预警等方法对各个监测点的水文参数进行实时超限预警显示、危险等级在线预报；对预警的变化范围进行管理，矿井不同的地理位置可能要求的报警阈值不同，将水文变化阈值与相应的地理位置进行关联，对不同的地理情况进行不同的预警处理；可以任意选定井下某个观测站进行重点监测，显示该监测点的危害等级。

5. 数据网络共享功能

系统通过网络互联、移动互联，实现信息资源共享，相关管理人员可以通过身份验证确定网络权限，利用手机、PC 机等各类终端浏览各测点的实时监测画面，进行实时数据查询、历史数据查询，并通过列表、曲线图、直方图的形式显示监测信息与超限报警信息。目前，随着大数据、神经网络、多参数融合等技术的应用，结合 GIS 软件，将会给矿井水文地质监测和水害预警提供更多的分析方法。

【习题】

1. 矿井水害类型有哪些?
2. 简述矿井主排水自动化无人值守控制系统的组成。
3. 简述矿井水文动态监测系统组成。
4. 简述矿井水窝排水自动化无人值守控制系统结构及功能。

项目八　煤矿智能化供电装备及系统

电力是现代化矿山企业生产的主要能源，煤矿的电气化为煤矿生产过程的机械化和自动化创造了有利条件，不断改善矿工的劳动条件。现代的煤矿生产机械无不以电能作为直接或间接动力。本项目通过煤矿供电系统、煤矿供电系统的主要装备、煤矿智能供电系统3个子任务，学习煤矿供电系统、高低压供配电装置、智能化供电等知识，使学生了解和掌握电气智能化控制技术在煤矿生产中的高效应用，从而更好地保障煤矿安全生产。

任务一　煤矿供电系统

【学习目标】

知识目标：

(1) 掌握矿山供电的基本要求、电压等级、负荷分类。

(2) 掌握深井、浅井供电系统。

技能目标：

(1) 能够对煤矿各级变电所电路进行分析。

(2) 能够根据煤矿的用电设备分析负荷的分类。

【任务描述】

煤矿供电系统是煤矿生产系统中的重要一环，它负责向各生产环节安全、可靠、连续地配送电能，以满足煤矿正常生产的需要，因此，煤矿供电系统的安全性、可靠性和连续性直接影响着煤矿的安全高效生产。本任务主要让学生了解矿井地面供电系统和井下供电系统等相关知识。

【任务知识】

一、煤矿供电系统概述

(一) 煤矿企业对供电的基本要求

由于煤矿生产的特殊性，煤矿供电系统必须满足如下基本要求。

1. 可靠性

可靠性是指电力系统按可接受的质量标准和所需数量不间断地向电力用户提供电能的能力量度。为保证矿井供电系统的运行可靠性，《煤矿安全规程》规定，矿井应当有两回路电源线路，当任一回路发生故障停止供电时，另一回路应当担负矿井全部用电负荷。正常情况下，矿井电源应当采用分列运行方式。若一回路运行，另一回路必须带电备用，以保证煤矿井下生产过程中供电的可靠性。

2. 安全性

安全性是指电力系统在发生故障情况下，系统能保证稳定运行和正常供电的风险程度。为保证矿井供电系统的运行安全性，煤矿井下必须采取防爆、防触电、防潮和过流保护等一系列安全技术措施，严格遵守《煤矿安全规程》中的相关规定。

3. 连续性

连续性是指在给定的时间内，电力系统不停电持续运行。为保证矿井供电系统的运行连续性，按照《煤矿安全规程》的要求：对井下各水平中央变（配）电所和采（盘）区变（配）电所、主排水泵房和下山开采的采区排水泵房供电线路，不得少于两回路。当任一回路停止供电时，其余回路应当承担全部用电负荷。主要通风机、提升人员的提升机、抽采瓦斯泵、地面安全监控中心等主要设备房，应当各有两回路直接由变（配）电所馈出的供电线路；上述供电线路应来自各自的变压器或者母线段，线路上不应分接任何负载。上述设备的控制回路和辅助设备，必须有与主要设备同等可靠的备用电源。

4. 供电质量

衡量供电质量的指标主要有两个：电压和频率。供电电压和频率偏离额定值的幅度不能超过规定的允许范围；否则，电气设备的运行性能就会显著恶化，甚至损坏电气设备。我国对供电质量的具体要求是频率偏差小于±0.5 Hz；电压偏差不超过±5%。

（二）电力负荷的分类

煤矿供电系统根据用电设备的重要性和中断供电后对人身安全的影响以及所造成的经济损失大小，将电力负荷分为一级负荷、二级负荷和三级负荷。不同等级的负荷其供电可靠性的要求不同。

1. 一级负荷

因供电突然中断，可造成人员伤亡或重要设备损坏且难以修复，给煤矿企业造成巨大经济损失和不良政治影响的用电设备，称为一级负荷。如矿井主要通风机、井下主排水泵、升降人员的立井提升机、瓦斯抽放设备等。对这类负荷，要求使用两个独立电源进行供电。当任一电源发生故障时，另一电源应立即投入运行，从而保证一级负荷的不间断供电。

2. 二级负荷

因中断供电影响设备正常工作，可给矿井造成大量减产或造成较大经济损失的用电设备，称为二级负荷。如井筒保温设备、空气压缩机站、矿灯充电设备、采区变电所和综采工作面的电气设备等。对于大型煤矿的二级负荷，一般采用两回路电源或专用线路供电。

3. 三级负荷

三级负荷是指除一、二级负荷以外的其他负荷。如地面机修厂、地面附属车间、职工生活用电等，一般采用单回路电源供电。

（三）煤矿供电系统的基本组成

矿井地面变电所是全矿井的供电枢纽，它担负着煤矿各生产环节的供电、变电和配电的任务。矿井供电系统由地面供电线路、地面变电所、井下供电系统、风井变电所等组成。通常地面变电所由两个独立电源供电，分别来自电力系统两个不同区域的变电站或发电厂。矿井地面供电系统常采用35 kV（110 kV）双电源供电，经地面变电所降压之后，形成6 kV（10 kV）高压供电系统，分别向煤矿地面高压大功率设备、井下主变电所和其他负荷供电。

井下供电系统主要包括井下主变电所、采区变电所和工作面配电点3部分。井下主变电所是煤矿井下的供电枢纽，它一方面将来自地面变电所的6 kV（10 kV）电能经一定配电方式配送给采区变电所或者采区配电点及附近的高压负荷；另一方面将6 kV（10 kV）的电能经所用变压器降压后配送给井底车场附近的低压负荷。

（四）煤矿供电系统的电压等级

1. 地面供电电压

煤矿地面变电所的供电电压为35～110 kV，经地面变电站降为6 kV（10 kV）之后，一方面直接配送给地面高压大功率负荷，如主、副井提升机，主通风设备，空气压缩机设备等；另一方面将6 kV（10 kV）电能配送给井下中央变电所。

2. 井下供电电压

根据井下生产负荷的功率大小、地理位置、供电可靠性和安全性要求不同，其供电电压也不同，常用的电压等级见表8-1。

表8-1　井下用电负荷常用电压等级

电压等级	用　途
10（6）kV	井下输电电压及大型设备的动力用电电压
3.3 kV	大型综采工作面及高产高效工作面的动力用电电压
1140 V	一般综采工作面的常用动力用电电压
660 V	井下低压电网配电电压
380 V	小型矿井井下的低压电网配电电压
127 V	井下电钻、照明信号装置的用电电压

（五）煤矿供电系统的供电方式

1. 地面负荷供电方式

对于地面的一级负荷，如主要通风机、主提升机等，一般采用双回路供电，以保证供电的可靠性和连续性。

对于地面的二级负荷，如空气压缩机站、选煤厂等，依据其重要性以及对生产系统安全性的影响程度，可采用双回路供电，也可以采用单回路供电。

对地面的三级负荷，如生活楼、食堂等，一般采用单回路供电。

2. 井下负荷供电方式

井下中央变电所是煤矿井下的供电枢纽，采用单母线分段接线方式。正常时联络开关断开，母线采用分列运行方式；当某条下井电缆发生故障退出运行时，母线联络开关合闸，保证对负荷的供电。其中，井下水泵用的高压电机是井下中央变电所的重要负荷，每台水泵要用一根专用电缆进行供电，分别接在各段母线上，以保证其供电可靠性。

采区变电所是采区的供电枢纽，分为单电源进线和双电源进线。传统的采区供电方式是采区变电所-工作面配电点。随着采煤机械化程度的不断提高，采区供电容量不断增加，传统的采区供电方式已不能满足供电要求，因此出现了采区配电所-移动变电站-工作面配电点的供电方式。中央变电所为主排水泵房高压电机供电时，只需要从高压防爆开关直接接线，此时高压防爆开关应为高压磁力启动器，但是控制水泵正常运行的辅助设备，如电动闸阀的电源也必须取自低压开关。

工作面配电点通过控制开关、磁力启动器，用软电缆向综采或掘进工作面的设备供电，同时利用干式变压器或煤电钻变压器综合装置，将电压降为 127 V，向电钻、照明和通信设备供电。综采工作面的低压配电，可根据采煤工作面的供电负荷容量选择一台或两台移动变电站，掘进工作面相对于采煤工作面负荷较小，往往一台移动变电站就能够满足一两个工作面的配电需要，其供电线路长，一般属于干线式供电。根据《煤矿安全规程》的要求，采掘工作面的局部通风机必须采用三专（专用开关、专用电缆、专用变压器）供电，并能实现双风机双电源自动切换。

二、地面供电系统

地面供电系统主要由高压电源系统、地面变电所和地面用电负荷组成。

（一）高压电源系统

为了确保煤矿供电的可靠性，一般设计至少两路高压电源（35 kV 或 110 kV），分别来自上级不同的枢纽变电站或者同一枢纽变电站的不同母线段，当一回路电源出现故障时另一回路电源能够保证矿井负荷的正常供电。

（二）地面变电所

煤矿地面变电所是全矿供电的总枢纽，担负着煤矿供电、变电和配电的任务。一般由供电系统、变电系统和配电系统组成。

1. 供电系统

两路高压电源一般采用桥型方式接入地面变电所，桥型接线不仅方便于切换主电源保证供电的可靠性，还可以方便于切换变压器，确保主变压器检修的便利。

2. 变电系统

变电系统由两台主变压器组成，它们采用全桥方式接线，具有操作方便、检修灵活等特点。主变压器承担着煤矿供电系统的变电任务，为了保证煤矿供电的安全性，变压器副边中性点采用中性点经消弧线圈接地的供电方式，这样可以通过调节系统的电感来补偿供电系统接地故障时的电容电流，有效降低单相接地故障时接地点故障电流。

3. 配电系统

配电系统采用单母线分段接线方式。对于重要负荷，均采用双回路配电方式，每一回路配出线来自于不同母线段上，以确保重要负荷供电的可靠性和连续性。为了提高矿井供电系统的供电能力，降低线路损耗，配电系统要配备无功补偿设施，以提高供电系统功率因数。

三、井下供电系统

井下供电系统主要由井下中央变电站、采区变电所、工作面配电系统组成，负责向掘进工作面、采煤工作面以及其他负荷供电。

（一）井下中央变电所

常规井下中央变电所主接线系统如图 8-1 所示。

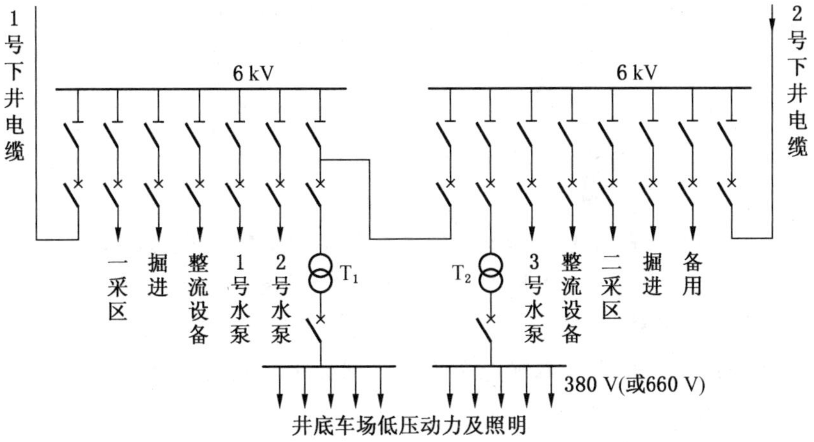

图 8-1　井下中央变电所主接线系统图

由图 8-1 可知，井下中央变电所的两路电源分别来自地面变电站的不同母线段，并分别接于井下中央变电所分段母线的不同母线段，两段母线采用高压配电装置相连接。

井下的重要负荷采用双回路供电模式，比如掘进工作面，特别是局部通风机，当一路电源出现故障时，另一路电源可以保证掘进工作面的正常供电，以消除因为计划停电停风所造成的瓦斯积聚隐患。主排水系统一般采用多水泵排水系统，但主水泵的供电电源来自不同的母线段，以保证主排水系统的供电可靠性。采区负荷一般采用采区变电站或采区配电点的供电模式。

（二）采区变电所

采区变电所是采区供电的枢纽，它接收来自中央变电所的高压电能，经单母线分段后，一部分直接配送给综采工作面配电点、综掘工作面配电点和运输系统配电点，一部分经变压器降压后，馈送给附近的低压负荷。典型的采区变电所供电系统如图 8-2 所示。采区变电所是井下的第二级供电系统，它既可以节省高压供电电缆，还可以降低电能损耗，提高供电质量，特别是对于长距离供电，设置二级供电系统可以保证井下供电系统各级变电站之间继电保护的时限配合，提高继电保护的动作可靠性。

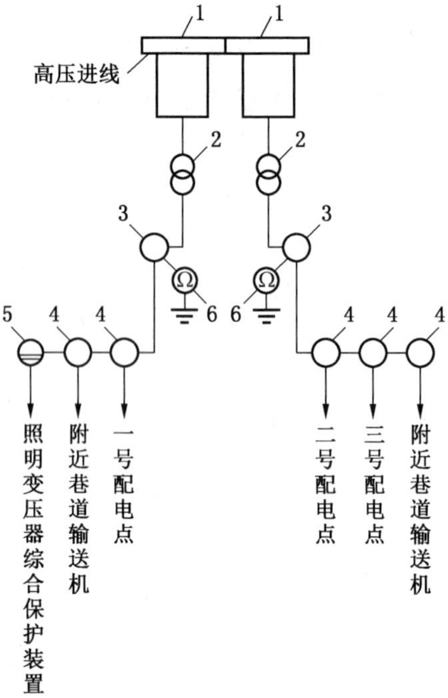

1—高压配电箱；2—矿用变压器；3、4—低压隔爆馈电开关；5—照明变压器综合保护装置；6—检漏继电器

图 8-2　采区变电所供电系统

（三）工作面配电系统

工作面配电系统由综采工作面配电系统、综掘工作面配电系统等组成。

1. 综采工作面配电系统

综采工作面配电系统主要为采煤机、刮板输送机、转载机、破碎机、泵站、带式输送机、绞车及水泵等负荷提供电能。

综采工作面一般采用配电点供电模式。一般配电点设置在综采工作面顺槽距工作面较近的地方，这样高压就可以深入负荷中心。配电点布置有移动变电站和负荷控制中心，移动变电站和负荷控制中心的数量及容量依据工作面负荷大小决定。每台移动变电站或负荷中心的高压电源均来自采区变电所，对于重要负荷，比如工作面采煤机和刮板输送机，采用有备用的供电模式，也就是说，当一路高压电源出现故障时，另一路高压电源可以保证重要负荷正常供电。

根据综采工作面负荷类型和负荷容量大小的不同，现代化综采工作面供电系统存在 3.3 kV、1140 V、660 V3 种供电电压。3.3 kV 供电电压适用于采煤机和刮板输送机等大型负荷的供电系统，而 1140 V 适用于转载机、破碎机、带式输送机等大中型负荷的供电系统，而 660 V 则适用于乳化液泵站、小水泵、绞车等小功率负荷的供电系统。

2. 综掘工作面配电系统

综掘工作面配电系统主要为掘进机、局部通风机及其辅助装置提供电能。

1）供电电源及供电方式

对于高瓦斯综掘工作面供电系统，其供电电源来自采区变电所，三路 6 kV 电源分别由采区变电所配出，其中一路电源经移动变电站向掘进工作面的掘进负荷供电，另外两路分别经专用移动变电站向局部通风机供电，当一路电源出现故障时，另一路电源要能够确保局部通风机的正常供电。

对于低瓦斯综掘工作面供电系统，其供电电源也是来自采区变电所，采用两路 6 kV 电源供电，其中一路电源经移动变电站向掘进工作面的掘进负荷供电，同时还作为局部通风机的备用电源，当局部通风机的专用电源故障时，备用电源可确保局部通风机的可靠供电。另一路电源经专用移动变电站向局部通风机提供正常工作时的电能。

2）电压等级

综掘工作面的负荷都属于中小型负荷，供电电压一般有两种，分别是 1140 V 和 660 V，大型掘进工作面一般采用 1140 V 供电，而中小型工作面一般采用 660 V 供电。

3）控制方式

掘进工作面作为独头巷，容易出现瓦斯聚集现象，而一旦遇到电火花或者机械火花，易引起瓦斯爆炸。为了避免瓦斯积聚的安全隐患，局部通风机不但要采取“三专”供电方式，而且还要保证掘进工作面不管是电源、线路，还是开关、控制系统出现故障，都要保证局部通风机的可靠供电。这就需要可靠的控制系统和健全的闭锁措施。

冗余控制。为了保证掘进工作面的连续供风，一般都采用双风机双电源的局部通风方式，这样当一路风机或者电源出现故障时，另一路风机可以保证掘进工作面的正常供风。这一功能的实现需要专用的局部通风机集控系统，它可以保证不论是电源、电路出现故障，还是开关、风机出现故障后，都可以依靠集控系统自动切换到备用系统，以保障掘进工作面通风的连续性。

风电闭锁。风电闭锁是一种对局部通风机启动器和掘进机启动器进行连锁控制的方法。该控制方法可以实现局部通风机工作后，才允许向掘进机供电；局部通风机停转时立即自动切断掘进机的供电电源。

瓦斯电闭锁。瓦斯电闭锁是一种通过监测掘进工作面甲烷浓度实现掘进机供电的控制方法。当掘进机工作面甲烷浓度超过设定值时，瓦斯电闭锁自动切断掘进机的供电电源，确保掘进工作面的生产安全。

任务二　煤矿供电系统的主要装备

【学习目标】

知识目标：

掌握煤矿供配电设备的工作原理。

技能目标：

(1) 对照实物能说明矿用高压配电装置的结构及电气工作原理。

(2) 对照实物能说明矿用隔爆馈电开关的结构及电气工作原理。

(3) 对照实物能说明低压电磁启动器的结构及电气工作原理。

(4) 对照实物能说明移动变电站的结构及电气工作原理。

【任务描述】

煤矿供配电系统主要由供配变电设备及各种电压等级的供电电缆组成，供配变电设备主要包括高压配电装置、高压电磁启动器、低压配电装置、低压电磁启动器、移动变电站、负荷控制中心等，电气设备类型不同，所具有的功能和作用就不同。本任务就供配变电设备的类型、构成、工作原理及技术性能进行介绍。

【任务知识】

一、矿用高压配电装置

矿用高压配电装置是用于煤矿供电系统高压配电中起配电、控制和保护作用的电气设备。矿用高压配电装置以断路器为主体元件，由母线、隔离开关、负荷开关、熔断器、电流及电压互感器、继电器、计量仪表、保护装置和操作机构等元件组成，针对控制对象使用场所及主要电气设备的技术要求，按一定的接线方式将相关的一、二次设备组合起来，装于封闭或敞开的金属柜内，并通过隔板分隔各功能单元。高压配电装置按其在煤矿中的使用场所分为3类：地面变电站用高压配电装置、井下中央变电所用高压配电装置和井下采区变电所用高压配电装置。

（一）地面变电站用高压配电装置

地面变电站用高压配电装置及设备型号及其含义如图8-3所示。

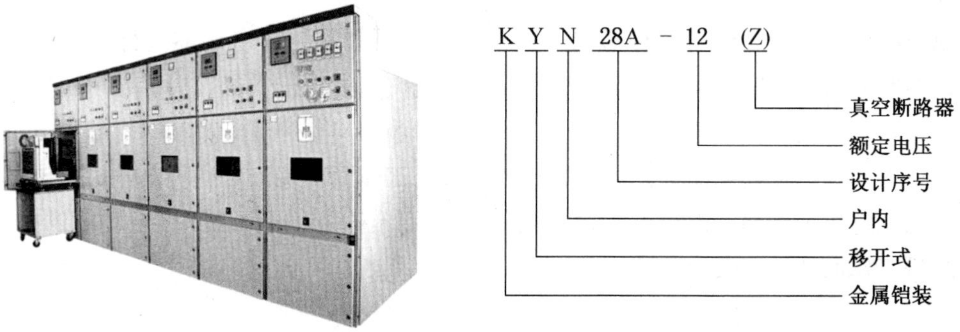

图8-3 地面变电站用高压配电装置及设备型号及其含义

柜体结构分为间隔式（J）、铠装式（K）和箱体式（X）；型式特征分为固定式（G）和移开式（Y）；使用场所分为户内式（N）和户外式（W）；操动机构分为电磁式（D）、气动式（Q）、手动式（S）、弹簧式（T）和液压式（Y）；环境代号分为化学腐蚀场所式（F）、高海拔地区式（G）、高寒地区式（H）、干热带式（TA）和温热带式（TH）。高压配电装置主要电气元件都有其独立的隔室，由母线室、手车室、电缆室等功能单元隔室组成，用隔板互相分隔，本任务以典型型号 KYN28-10 高压配电装置为例进行分析。

KYN28-10 高压配电装置由母线室、断路器手车室、电缆室和继电器仪表室 4 个隔室组成，各隔室由钢板弯制焊接而成，各隔室间用金属板分隔，螺栓连接。该配电装置属于铠装移开式的，铠装式指各室间用金属板隔离且接地，可以将故障电弧限制在电弧产生的隔室内；移开式指主要电气元件安装在可抽出的手车上，由于其良好的互换性，提高了供电的可靠性。

手车在柜体内有断开位置、试验位置和工作位置。当手车在工作位置时，一次和二次回路接通；当手车在试验位置时，一次回路断开，二次回路接通；当手车在断开位置时，一次和二次回路断开。当手车从断开位置、试验位置向工作位置移动时，静触头盒上的活门与手车联动，同时打开；反向移动时活门则会自动关闭，形成有效隔离。母线室所有母线均用套管覆盖，母线连接处装有绝缘罩，母线通过绝缘套管从一个开关柜引至另一个开关柜，通过高强度的螺栓连接。当母线发生燃弧故障时，隔板和柜间隔离套管可以防止故障电弧蔓延到其他隔室。电缆室装有电流互感器、接地开关、电压互感器、避雷器等元件，通过机构变化可以实现左右联络，并可装设电压互感器。继电器仪表室安装有综合控制保护装置和二次元件，实现对一次侧测量、控制和保护。继电器仪表室与高压隔室相对独立并完全隔离，底部装有减震器，可防止振动引起二次回路元件的误动作。此外，手车室和母线室都装有压力释放装置，使断路器或母线发生故障时可以释放压力或排泄气体，确保装置的安全。

（二）井下中央变电站和采区变电站的高压配电装置

矿用高压配电装置是根据煤矿井下的特殊环境采用安全措施后用于井下馈送高压电能的矿用防爆型电气装备。按防爆结构不同，可分为增安型、隔爆型、本安型、特殊型等类型，最常用的是矿用隔爆型。隔爆型高压配电装置的隔爆外壳必须具有耐爆和隔爆性能，即在爆炸压力下无永久性变形或损坏，在隔爆接合面任何部分的间隙不应永久性的增大。隔爆性也称为不传爆性，即壳内爆炸产生的高温气体与火焰通过接合面时受到足够的冷却，不能将壳外爆炸性混合物点燃。隔爆性能主要由隔爆面长度、间隙厚度和隔爆面光洁度决定。

1. 整体结构

图 8-4 为矿用井下隔爆型高压配电装置，分为隔爆箱和机芯两大部分。隔爆箱由箱体、箱门、后盖板（上下各一块）、接线腔、底架等组成。配电装置为活节螺栓压板式快开门结构，箱门上装有显示器，用来显示电压、电流、故障情况等，有“确认”“移位”“漏电”“照明”“复位”按钮以及真空断路器电动分、合闸按钮。

机芯是本配电装置的心脏。机芯安装在小车上，由真空断路器、电压互感器、电流互感器、压敏电阻器、高压综合保护装置和上下两组高压隔离插销头组成。

2. 配电装置的机械闭锁

为保证安全，配电箱设有以下机械闭锁装置：

图 8-4　矿用井下隔爆型高压配电装置

隔离开关与断路器的闭锁。断路器在合闸位置时，机芯小车不能拉出或推进；小车被拉出或未推到位，断路器不能进行合闸操作。

隔离开关与箱门的闭锁。箱门在打开状态，机芯小车不能进行隔离开关合闸操作；机芯小车处于隔离开关合闸位置时，箱门不能打开。

二、矿用高压电磁启动器

矿用高压电磁启动器是集测量、控制和保护于一体的电气设备，主要用于煤矿井下 6（10）kV 三相交流电动机及变频器频繁启动、停止的控制，并能直接测量相关电气参量，实现对电动机状态的监测和保护。在矿井生产系统中，采用高压电磁启动器控制的负荷主要有主要通风机、主排水泵、主压风机、主提升机等。本文以 QBGZ 系列矿用隔爆高压真空电磁启动器为例进行分析。

（一）矿用隔爆高压真空电磁启动器结构

启动器采用隔爆型结构，可分为隔爆箱和机芯小车两大部分，其隔爆箱由壳体、箱门、后盖（两块）、接线腔、底架等组成。壳体为长方体结构，中间装有隔板，将箱体分为前后腔，前腔装有机芯小车。车上装有真空接触器、三相电压互感器、母线穿心式电流互感器、压敏电阻器或过电压保护装置、隔离插动触头等。

（二）高压电磁启动器电气系统组成

高压电磁启动器电气系统主要由主回路、控制回路和智能综合保护系统组成。

1. 主回路

主回路由隔离开关、电流互感器、真空接触器、过电压保护器、零序电流互感器组成。其中，隔离开关用于隔离电源，在无负荷电流情况下接通和切断主回路；电流互感器用于测试电动机的工作电流，为高压综合保护装置提供判断依据；真空接触器是电磁启动器的关键元件，在操作机构的控制下，用于闭合、切断电动机主电路，并能可靠熄灭工作和故障状态下电流所产生的电弧；过电压保护器具有高非线性、大电流、限制电压和高能量的特性，可起到限制瞬态过电压的作用。

2. 控制回路

控制回路主要由电压互感器、熔断器、控制变压器、继电器、远近程切换开关、中间继电器组成。其中，电压互感器为控制回路提供电源以及为综合保护系统提供监测电压信号；熔断器用于保护控制回路短路故障；控制变压器、继电器和中间继电器将综合保护装置的控制信号转换为对真空接触器操作机构的控制，从而实现对主回路通断的控制；远近程切换开关实现电磁启动器远程和就地控制的切换功能。

3. 智能综合保护系统

综合保护系统是集继电保护、综合测控、数据通信功能于一体的智能化系统，以 PLC 或 DSP 为核心，设计有 RS485 标准通信接口，可对供电线路各物理参量进行监测、计算、判断和处理，实现对电动机的控制与保护，具有过载、短路、漏电、欠压、过压、绝缘监视等保护功能。

三、矿用隔爆真空馈电开关

矿用隔爆真空馈电开关是一种集隔离开关、断路器、保护组件和隔爆外壳于一体的组合电器，用于接收、馈送低压电能并能实现对所馈送线路的控制与保护。下面以 KBZ20-400（200）/1140（660、380）矿用隔爆真空馈电开关为例进行分析。

（一）矿用隔爆真空馈电开关结构

矿用隔爆真空馈电开关如图 8-5 所示。馈电开关的隔爆外壳呈方形，分隔为上下两个空腔：接线腔与主腔。接线腔在主腔的上方，集中了全部主回路与控制回路的进出端子。接线腔两侧各有两只主回路进出线大喇叭嘴及两只控制电路进出线小喇叭嘴。主腔由主腔壳体与前门组成。前门关闭时，前门与壳体有上、下扣块与左右齿条扣住。

（二）用途及电气保护

（1）馈电开关主要用于煤矿和其他周围介质中有煤尘和爆炸性气体的环境，在交流

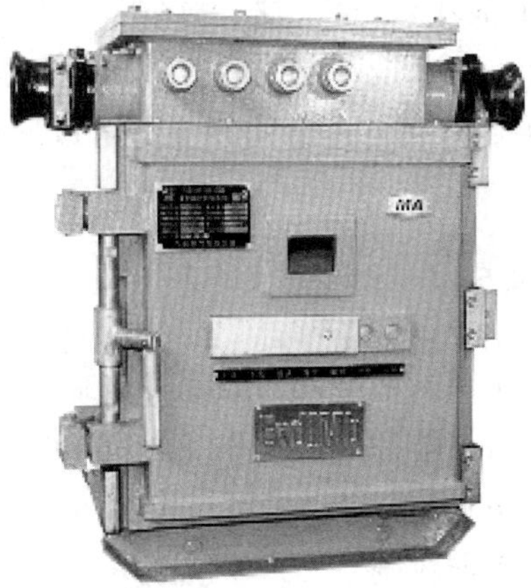

图 8-5 矿用隔爆真空馈电开关

50 Hz、1140（660）V 或 380 V，额定电流 400A 及以下的线路中，开关既可作配电系统的总开关，也可作配电支路首、末端的分开关。

（2）短路保护。短路保护动作倍数分挡连续可调，短路整定电流值为开关整定电流的 3.0~10.0 倍，精度为±5%。短路保护动作时间小于 100 ms。

（3）过载保护特性。过载保护采用热积累算法原理，还可实现断续过载情况下的过载保护。过载动作时间与理论计算值误差小于±500 ms，电流计算精度为±5%。

（4）漏电闭锁保护。开关在分闸状态、负荷侧绝缘电阻在（1+20%）40 kΩ（1140 V）、（1+20%）22 kΩ（660 V）、（1+20%）7 kΩ（380 V）闭锁值以下时，能可靠地实现漏电闭锁，并显示“漏电闭锁”和阻值。当绝缘电阻上升到大于解锁值时，则自动解除漏电闭锁。

（5）漏电保护。馈电开关作为总开关时，自动选择基于附加直流电源检测的漏电保护功能，并作为分支馈电开关漏电保护的后备保护。馈电开关作为分开关时，漏电保护具有选择性，自动选择漏电故障支路。漏电延时动作时间 0~250 ms 可调；为保证漏电保护的纵向选择性功能，应注意馈电总、分开关上下级动作时间的配合。

在运行中开关负荷侧绝缘电阻在（1+20%）20 kΩ（1140 V）、（1+20%）11 kΩ（660 V）、（1+20%）3.5 kΩ（380 V）动作值以下时，能可靠地实现选择性漏电保护跳闸并显示“漏电故障”。

（6）过压保护。当电网进线电压 $U_{ac}>120\%$ 额定电压时，过压保护动作，动作时间小于 100 ms，精度为±5%。

（7）欠压保护。当电网进线电压 $U_{ac}<65\%$ 额定电压时，欠压保护延时 5 s 动作，精度为±5%。欠压保护可以整定选择“打开”或“关闭”。

（8）风电闭锁。主要用于本开关与局部通风机开关组成的连控，当局部通风机开关正常工作时，本开关才能正常启动工作；当局部通风机开关因故跳闸时本开关就会自动跳闸断电。

（9）瓦斯闭锁。主要用于本开关与瓦斯断电仪组成的连控，当瓦斯断电仪正常工作时，本开关才能正常启动工作；当瓦斯断电仪因故跳闸时，本开关就会自动跳闸断电。根据瓦斯断电仪跳闸时的输出接点状态，瓦斯闭锁保护可以选择“常开”或“常闭”作为动作条件。

四、矿用低压电磁启动器

下面以智能化矿用隔爆兼本质安全型真空电磁启动器（图 8-6）为例介绍矿用低压电磁启动器，该启动器适用于具有爆炸性危险气体（甲烷）和煤尘的矿井中，供电电路为交流 50 Hz、额定电压 1140 V 或 660 V。启动器可与甲烷传感器相连，用于检测采掘工作面的甲烷浓度，当其超限时，启动器跳闸，实现甲烷断电。

启动器由安装在橇形底架上的方形隔爆外壳和芯架小车组成，隔爆外壳分上、下腔两

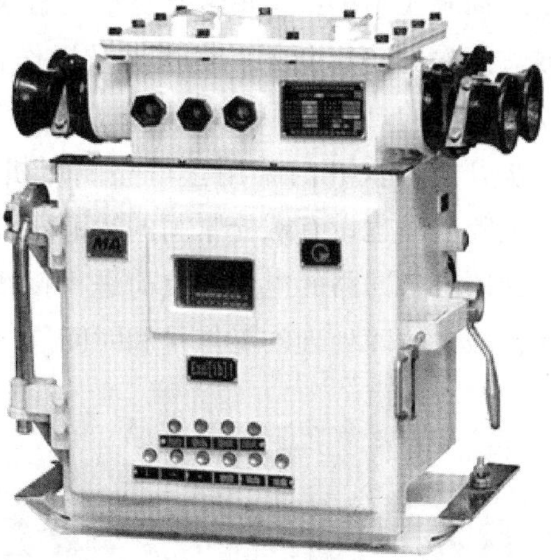

图 8-6　智能化矿用隔爆兼本质安全型真空电磁启动器

部分。上腔为接线腔，下腔为主腔。启动器的输出电缆和控制电缆的连接，均采用压盘式引入装置。

启动器的前门采用快开门结构。开门时，先顺时针转动门右旁锁孔里的门闩，直至门闩完全脱离前门插入转轴缺槽，然后将门手柄向前扳并使其向左转，门向右平移脱离卡板后打开。前门与隔爆开关有可靠的机械连锁，保证只有隔离开关在断开的位置时，前门才能打开。前门打开后，以正常的操作方式不能合上隔离开关。

隔离开关操作手柄有方向、停止、反向 3 个位置。隔离开关与真空接触器的电气连锁是通过隔离开关的辅助触点来实现的。这样就可以避免隔离开关带负荷分断，但在紧急情况下，如接触器触头粘连，允许隔离开关带负荷切断电源。

启动器的组成电气元件（真空接触器、隔离换相开关、变压器、电流互感器、熔断器、中间断电器、阻容吸收器、综合电脑保护器、显示器、控制按钮、本安变压器等）均安装在芯架小车上，启动器前门打开后，芯架小车可沿导轨拉出，方便安装和维修。芯架小车与箱体的电气连接采用插接连接方式，芯架上的插板进入主腔内的插座依靠主腔内旋钮机构拧入。

五、矿用隔爆兼本质安全型组合开关

QJZ2-2000/1140 系列矿用隔爆兼本质安全型组合开关（以下简称组合开关）适用于含有爆炸性危险气体和煤尘的矿井中，对三相鼠笼式异步电动机的启动、停止进行控制和保护，并可在停止时改变相序。

（一）矿用隔爆兼本质安全型组合开关结构

如图 8-7 所示，组合开关外壳为长方体框架结构，由 20 mm 厚的 Q235A 钢板焊接而成，坚固耐用。整个箱体分为进线腔、主控腔和出线腔 3 个独立腔体。隔离换向开关操纵手柄、停止按钮和机械闭锁机构均在箱体的前面板上。箱体主腔为抽屉式前、后开门的结构形式，每个回路设有滚轮的抽屉式小车；小车装有真空接触器、中间继电器、时间继电器、阻容保护、电流互感器、二次回路熔断器、变送器及操作过电压保护电路等元器件，组成各回路的控制单元。控制单元的真空接触器容量可根据用户要求，灵活地进行组合。

主腔正面为两扇长方形快开门，快开门采用止口型隔爆机构，灵活的铰链与操作机构，方便门的开启、关闭。主腔后面也设有螺栓紧固的铰链式隔爆三开门结构，可方便地对隔离换向开关、主回路熔断器、各回路的电源和负荷进行接线及检修，同时，可快速整体更换发生故障的控制单元，减少故障处理的工作量和时间。

图 8-7　矿用隔爆兼本质安全型组合开关

（二）用途、功能及特点

（1）组合开关的先导回路为本质安全型电路，能防止控制线路短路或接地时引起自启动事故的发生。

（2）采用 PLC 对系统进行实时监控，可灵活地对运行方式和短路、断相、过载、过/欠压等实施保护及漏电闭锁，具有智能化程度高、性能稳定、动作可靠等优点。

（3）专门设计了和 PLC 配套的数据采集处理器，对组合开关的电压、电流、绝缘状态等大量数据信号的采集进行了扩展，并具有 A/D 转换、判断和处理等功能。所有模拟信号全部处理为数字信号，具有抗干扰能力强、信息量大、控制可靠、准确等特点。

（4）采用中文显示系统，可对组合开关进行参数和单机、顺控、双机双速（含单机双速、双机单速、双机双速和点动）等多种控制方式的设定，并有工作状态和故障类型、时间显示和记忆功能。具有友好的人机界面，大大提高了故障判断和排除的效率。

（5）8 路以上组合开关可设置两组独立的双机双速控制方式，对厚煤层放顶煤开采工艺的前、后两部工作面刮板运输机的机头、机尾电动机分别实施双机双速控制方式。

（6）10 路、12 路可提供两路 AC 127 V/300 VA 的照明及信号电源，8 路以下只提供一路 AC 127 V/300 VA 电源。

（7）提供标准的 RS-485 通信接口。

（8）根据需要可提供电机温度保护的控制接点。

（三）结构特征

（1）进线腔：4 路装有 1 组接线柱 R、S、T；6 路、8 路装有 3 组接线柱 R1、S1、T1，R2、S2、T2，R3、S3、T3；10 路、12 路装有 R1、S1、T1～R6、S6、T6 六组接线

柱，供 1140 V 进线使用。

（2）出线腔（以六回路为例）：输出有六组接线柱，分别为：

U1、V1、W1，第 1 路接线柱；

U2、V2、W2，第 2 路接线柱；

U3、V3、W3，第 3 路接线柱；

U4、V4、W4，第 4 路接线柱；

U5、V5、W5，第 5 路接线柱；

U6、V6、W6，第 6 路接线柱。

依照组合开关回路数不同，出线腔有相应组数的接线柱。

在出线腔装有九芯接线端子和接线排，作为温度保护、远控、程控回路和通信等使用。

（3）主控腔：组合开关所有的主回路和控制保护元件均装在主控腔内。

真空隔离换向开关 HGK1、HGK2、HGK3……安装在腔体的右侧，型号为 GHZ-630（800）/1140，其作用是确保供电电源正向—断开—反向 3 个位置的无载转换，特殊情况下可带负荷分断。

交流真空接触器 KM1、KM2、KM3……安装在腔体的后板上，接触器型号为 NC9-630/1140、CKJ5-400/1140、CKJ5-250/1140、CKJ5-125/1140，按用户所需进行组合，控制电压 AC 220 V，各回路分别控制普通电动机或双绕组双速电动机。

控制变压器 T 安装在主腔体内，规格均为 AC 1140 V/220 V/127 V/36 V/1500 VA，为控制单元和真空接触器提供控制电源和外供 AC127 V 照明及信号电源。

电动机的限流熔断器 FU1、FU2、FU3……型号为 NGT3，额定工作电压 1140 V，额定工作电流视真空接触器规格不同分别为 800A、560A、300A，限流熔断器和 PLC 对主电路短路故障进行的双重保护。

阻容保护 TBP1、TBP2、TBP3……用于吸收过电压。

（四）电气保护功能

1. 短路、过载和断相保护

短路、过载和断相保护采用鉴幅式保护原理：通过模拟量输入通道采集到由 I/V 变送器转换的三相电流信号与存放在 PLC 的整定电流值进行比较，判断是否发生故障以及发生故障的类型；发生故障时，在显示器上显示故障类型和发生故障的时间以及故障时的电流值，与此同时若该回路为顺序控制运行或者双速控制运行方式的回路之一，则投入顺序控制运行方式的所有电动机将逆启动顺序停机；该回路为单机控制运行时，按照设定的时间延时停机。

2. 过/欠压保护

过/欠压保护原理：通过 PLC 的模拟量输入通道采集到电网电压信号与 PLC 存放的过/欠压值进行比较，若发生电压异常（包括过压和欠压），PLC 发出停止信号，使所有电动机同时停机，并在显示器上显示系统电压异常故障以及故障时的电压值和发生故障的时间。

3. 漏电闭锁保护

漏电闭锁采用附加直流的检测原理：硬件上将各回路中间继电器 J 和接触器 KM 的两个常闭触点和两个已知电阻串接在各自的漏电闭锁检测回路上，通过 PLC 的模拟量输入通道采集到检测回路上某点的电压信号，利用电阻分压的原理和设定值进行比较，若小于设定的漏电闭锁电阻值，对单回路控制运行的电动机实施闭锁而不能启动；若该回路为顺序控制运行或双速控制运行中的一个回路，则该控制方式下的所有电动机都不能启动。在检测正常情况下，电动机启动时，串联在漏电检测回路上的中间继电器 J 和接触器 KM 的两个常闭触点相继打开，切断漏电检测回路，避免主回路接地。

六、移动变电站

移动变电站是由矿用高压配电装置、干式变压器和低压配电装置组成的移动式成套电气设备，多用于向集中负荷供电，具有移动方便、可深入负荷中心等优点。

如图 8-8 所示，矿用移动变电站包含高压配电装置（高压开关）、干式变压器（主变压器）和低压配电装置（低压开关）三部分。

图 8-8　矿用移动变电站

1. 高压配电装置

高压配电装置通过高压侧电源接线室与主变压器连接，主要负责移动变电站主变压器次侧高压电源的控制和保护。高压配电装置主要包括隔离开关、断路器、熔断器等。高压配电装置具有过载、短路、欠压、漏电保护功能，当低压侧检测出这些故障时，可以反馈到高压侧，高压侧能自动分断高压断路器，断路器同时具有电动合闸和手动合闸两种合闸方式。

2. 干式变压器

矿用移动变电站大多采用的是矿用隔爆型干式变压器。矿用隔爆型干式变压器外壳为全波形，两边开盖式或上开盖式，具有机械强度高、温升低、散热效果好等优点。干式变压器的铁芯采用冷轧晶粒取向硅钢片，导磁性能好，采用 45°全斜多级接缝叠片方式，绝缘等级为 B 级或 H 级，空气自冷。铁芯采用无穿芯、拉带夹紧结构，有效降低空载损耗、空载电流及铁芯噪声。矿用隔爆型变压器主要结构特点是箱壳的全部接合面均按隔爆要求制作，能承受 0.8 MPa 的内部压力。

3. 低压配电装置

低压配电装置通过低压侧接线室与主变压器连接，主要负责主变压器输出后，对负载电路的电压、电流以及绝缘状况进行检测并实现保护。保护分为漏电保护、短路保护、过载保护、欠压保护以及变压器差动保护和温度超限保护。保护应该能够快速地反映系统故障或不正常运行状态，并将故障部分切除，以保证系统无故障部分继续运行。低压侧没有断路器，当低压开关检测到以上故障时，会将该故障反馈到高压侧，通过切断高压侧的断路器而实现保护。

移动变电站的高、低压开关之间设有电气连锁。高压开关大盖与高压开关箱体之间有电气连锁；低压开关箱与高压开关大盖之间有机械连锁，以保证高压开关和低压开关箱盖未盖严时不能进行分合闸操作。

七、矿用负荷控制中心

随着我国煤矿综合机械化采煤工作面自动化技术的快速发展，工作面各种生产装备的供电和控制模式已经由独立变压器和独立控制开关的供控模式发展成为集高压配电装置、干式变压器、低压组合开关于一体的负荷控制中心供配控一体化模式，具有集成度高、安全、可靠、智能化等特点。这种负荷控制中心适用于综采、综掘工作面集中负荷的控制，可控制的主要负荷有采煤机、刮板输送机、转载机、破碎机、带式输送机等设备，而且能够按照设定的控制模式工作。负荷控制中心根据可控负荷的多少和电压等级的大小可分为多种类型，下文以 KZ 系列矿用隔爆兼本质安全型矿用智能负荷控制中心为例进行分析。

（一）矿用负荷控制中心结构组成

矿用负荷控制中心位于煤矿井下综合机械化采煤工作面的运输巷内，负荷控制中心主要包括主回路、控制回路以及保护回路三部分。

1. 主回路

主回路由矿用隔爆型移动变电站用高压真空配电装置（以下简称高压真空开关），矿用隔爆型干式变压器（以下简称干式变压器），以及矿用隔爆兼本质安全型低压组合开关（以下简称低压组合开关）组成。

（1）高压真空开关。高压真空开关负责向干式变压器提供高压电能，可对干式变压器进行不频繁通、断操作并起保护作用，即当干式变压器及其出线部分出现过载、短路、欠压等故障时，能自动切断电路。

（2）干式变压器。干式变压器为隔爆型变压器，采用空气绝缘，具有维护方便、工作可靠等特点。一般副边是低压绕组，可以单电压输出，也可以多电压输出。主要功能是将来自于井下中央变电所的高压电能变换为 3.3 kV 或者 1140 V 低压电能向工作面用电设备。

(3) 低压组合开关。低压组合开关通过内置的多回路真空接触器将干式变压器提供的低压电能按照接线要求配送给相应的驱动装置，并且能够对多路负荷进行多种方式的控制和保护。

2. 控制回路

根据综合机械化采煤工作面转载机、破碎机、刮板输送机等负荷的控制要求，负荷控制中心设有多个控制回路，通过设定不同的组合方式和工作模式对被控负荷进行控制。根据被控对象的实际需求，可设计为单机手动方式、单机程控方式、单机双速方式、双机自动方式、双机程控方式、双机低速方式、双机高速方式和点动工作方式。8 种控制方式基本可以满足煤矿井下主要负荷在各种情况下的控制要求，且只需要两个转换开关便可以灵活转换，非常适合煤矿井下工作面多负荷的集中控制。

3. 保护回路

保护回路包括高压侧保护装置和低压侧保护装置两部分。高压侧保护主要用来保护变压器内部及其低压侧出线的故障，由漏电保护模块、短路保护模块、过载保护模块、电压保护模块以及变压器差动保护模块和温度超限保护模块等组成。低压侧保护用来保护被控电动机及配电线路故障，由漏电保护模块、短路保护模块、过载保护模块、电压保护模块等组成。

(二) 矿用负荷控制中心分类

根据工作面动力负荷的供电电压、负荷中心低压侧供电电压等级主要分为 3300 V、1140 V 两种，也可以同时输出两种电压等级，以供工作面不同电压等级的负荷。3300 V 电压主要向大功率负荷供电，如采煤机、刮板输送机、转载机等；1140 V 电压主要向中功率负荷供电，如破碎机、乳化液泵、喷雾泵等。根据工作面负荷数量多少常将其分为 2 回路、4 回路、6 回路、8 回路、10 回路、12 回路等负荷控制中心。这些回路之间相互组合，协同对设备进行供电和控制，保障生产的可靠性。

任务三　煤矿智能供电系统

【学习目标】

知识目标：

(1) 了解矿用负荷控制中心智能化控制与保护技术的相关知识。

(2) 熟悉矿井地面智能化变电站检测监控技术。

技能目标：

(1) 能够操作矿井智能化变电站监测监控软件。

(2) 能够根据所学知识分析矿井地面智能化变电站检测监控技术的作用。

【任务描述】

信息化、工业化两化融合促进了智能化技术的发展，煤矿的两化融合促进了数字化矿山的建设。矿井供电系统作为煤炭生产系统中的重要一环，对其进行数字化、智能化改造已刻不容缓。本任务主要是学习矿井供电系统智能化控制的相关知识。

【任务知识】

一、煤矿智能供电系统的基本组成

煤矿供电智能化系统是指以低碳、环保的智能设备为基础单元，采用先进的计算机技术、通信技术及控制技术，以信息传输数字化、通信平台网络化、信息共享标准化为基本要求，自动完成信息采集、测量、控制、保护、监测、诊断等基本功能，并可根据需要支持供电系统实时自动控制、在线状态监测、系统故障诊断、装备寿命评估的控制系统。煤矿智能供电系统主要包括设备级智能化、系统级智能化和网络级智能化 3 个层面。

1. 设备级智能化

设备级智能化是指煤矿供电系统各类变配电设备的智能化，也就是使变配电设备具有测量数字化、控制网络化、状态可视化、功能一体化和信息互动化的特征，并且拥有控制系统、保护系统、监测系统、诊断系统和通信系统。其中，保护系统是基于单片机、DSP、高端 CPU 以及 PLC 的集检测、处理、保护、控制、通信于一体的系统。煤矿井下供配电设备主要包括高压配电装置、高压电磁启动器、低压配电装置、低压电磁启动器等。

2. 系统级智能化

系统级智能化是指变电站内部组成变配电系统的智能化，也就是变电站智能化。智能变电站将智能化一次设备、网络化二次设备，根据通信规范分层构建，实现智能设备间的信息共享并可相互操作，解决了传统变电站自动化技术存在的信息不共享、互动不灵活等问题。智能变电站自动完成信息采集、测量、控制、保护、计量和监测等基本功能，并可根据需要支持系统实时自动控制、智能调节、在线分析决策、协同互动等高级功能。在煤矿供电系统中，系统级智能化主要包括移动变电站、动力负荷控制中心、井下中央变电站等的智能化。

3. 网络级智能化

网络级智能化是指从井下到地面所有智能化供配电设备依据通信网络所建立的智能化供电系统。煤矿智能供电网络是指基于大数据、云计算、物联网等技术和煤矿智能化信息平台，借助矿井工业以太网，通过开发适合煤矿供电系统特征的大数据挖掘算法和分析方法，对大量监测数据进行挖掘分析，找出数据的内在规律，形成数据总结、分类、聚类、关联分析，对煤矿供电系统及其用电设备进行数据统计、计量管理、实时监测、故障预警及故障保护、状态评估与寿命管理。

二、矿用智能化负荷控制中心

矿用智能化负荷控制中心是向综采工作面生产设备提供电能的控制与保护中心，是集控制、通信、监测、保护和自诊断于一体的电气设备，属于矿用隔爆兼本质安全型智能化组合电器。它主要由智能化高压配电装置、干式变压器和低压智能化组合式电磁启动器3部分组成，可实现对综采工作面采煤机、刮板输送机、转载机、破碎机和带式输送机的集中控制。随着高产高效自动化工作面采煤技术的不断进步，矿用负荷中心既要满足自动化控制的要求，还要满足矿井生产信息化、网络化和智能化的要求。

下面以KXJZ1-700/3.3-6型矿用隔爆兼本质型智能负荷控制中心为例进行介绍。

1. 矿用智能化负荷控制中心的功能

KXJZ1-700/3.3-6型智能负荷控制中心是以PLC作为控制核心，具有灵活的人机操作、灵敏的信号检测、安全的故障保护、完善的网络通信和可靠的故障诊断功能。

（1）人机操作平台。为了使操作人员及时了解被控负荷及井下电网的运行状态，负荷控制中心以大屏幕液晶显示系统作为人机操作平台，便于直观显示、查询装置状态和历史数据。

（2）信号监测功能。智能负荷控制中心可以采集被控对象和供电系统的电压、电流功率因数、电缆绝缘状态等各项参量。采样信号应该准确可靠，能够反映系统实际状态，只有基于准确的采样信号，才能实现可靠的故障保护。

（3）故障保护功能。通过可靠的先导电路、功能互补的漏电保护、基于相敏检测电的电流保护、基于幅值检测和定时限的电压保护，实现负荷控制中心的安全连续运行。

（4）通信功能。负荷控制中心是煤矿井下综采工作面的集控设备，必须具备稳定有效的通信功能，以满足全矿井安全监测监控的需要。

（5）故障诊断功能。可靠的故障诊断是负荷控制中心安全稳定运行的前提，也是负荷控制中心智能化的体现，既能实现系统内部故障的自诊断，又能实现外部故障的状态识别。

2. 矿用智能化负荷控制中心的控制模式

矿用智能化负荷控制中心是综采工作面主要负荷的供电和控制核心，它需要根据不同生产的工艺需求，实现关键生产装备的多种智能化控制功能，保证综采工作面的高效安全。

（1）单机手动方式。该方式下，负荷控制中心6组控制回路相互独立，可以单独控制6路负荷。采用耦合器进行远程启停控制，耦合器与负荷控制中心之间采用本质安全型先导电路连接。该方式可用于采煤机、破碎机、转载机及乳化液泵等负荷的单独控制。

（2）单机程控方式。该方式下，程控回路相互依存，协调工作，非程控回路仍然独立工作。将需要进行程序控制的电动机按顺序连接，控制时以逆煤流方向延时依次启动，顺煤流方向延时依次停止。该方式用于带式输送机、转载机、破碎机的程序控制，以保障综采工作面生产的连续性。

（3）单机双速方式。该方式是为实现双速电动机变极调速而设计的，适用于煤矿井下破碎机和转载机的启动，可提高其启动性能。

（4）双机自动方式。双机是指驱动刮板输送机的双速双回路电动机，所有双机工作方式均是为满足该电动机控制功能而设计的。“电流为主、时间为辅”是双机自动方式的控制原则，能够保证高速绕组不会在重载情况下强行工作，有效地保护了电动机，提高了低速绕组向高速绕组投切成功的概率。

（5）双机低速方式。该方式下，双速电动机将一直在低速状态下运行，不会投切高速。该方式用于当刮板输送机上积煤量过多时，双速电动机通过低速方式运行以甩掉重荷。但由于电动机低速绕组按短时运行设计，即低速绕组运行后，若在一段时间内未收到停止信号，PLC 会自动发出跳闸信号用于检查故障。

（6）双机高速方式。在双速电动机低速出现故障且负载较轻时，可以用双机高速方式直接启动高速绕组，该方式可作为应急措施来保证煤矿生产连续性，提高生产效率。

（7）点动运行方式。该方式主要用于刮板输送机的紧链控制。该方式下，按下启动按钮，电动机启动，松开按钮，电动机停止。

3. 矿用智能化负荷控制中心的监测系统

完善的监测系统是实现智能负荷控制中心的保障，它以 PLC 为控制核心，通过模拟量和数字量扩展模块来实现多信号的采集、系统控制、保护和自诊断等功能。

CPU226 是系统中央处理器，是智能负荷控制中心的核心；EM235 和 EM232 是模拟量扩展模块，用来处理系统模拟量；EM23 是数字量扩展模块，用来处理高速数字量；EM277 是通信扩展模块，用来实现基于 Profibus 的通信功能；HVB 是高压检测单元，用来完成高压绝缘检测功能；VS 是电压检测单元，用来提取稳态电压信号；FIS 是功能信号输入单元，用来选择系统运行状态及电动机运行方式；DPS 是 BCD 码拨盘输入单元，用来输入系统额定运行参数；CS 是电流检测单元，用来提取电流幅值信号；PC 是先导控制信号，用来实现电动机的远程控制；ELIS 是漏电闭锁单元，输出反映电缆绝缘状态的信号；MB 是保护主板，完成稳态电压保护、BCD 码拨盘读取等功能；PBX6 是 6 回路负荷保护电路板，完成先导控制、漏电闭锁、电流保护和程序控制等功能；ELB 是漏电板，用来完成漏电保护功能；DM 是继电器驱动模块；CRS 是主接触器返回信号，PLC 根据该信号的有无来判断电动机的启停状态；IPS 是隔离换相开关状态信号；PWS171-STN 是大屏幕液晶显示屏，用来直观显示系统工作/故障状态和参数。

4. 智能负荷控制中心的通信系统

通信系统是实现智能负荷控制中心控制、监测、保护和故障诊断的重要基础，是负荷控制中心与上位机进行数据交换的纽带。考虑煤矿井下特殊环境，综合数据传输的实时性、通信距离和抗干扰能力等关键指标，矿用智能负荷控制中心设计了一种基于 RS-485 总线的主从式通信系统。

5. 矿用智能化负荷控制中心的保护系统

矿用智能化负荷控制中心的保护系统主要通过对煤矿井下各种电网故障进行状态分析，并针对不同的故障采取相应的保护措施，以保证综采工作面高效连续生产。保护系统主要包括漏电保护、电流保护和电压保护，且满足全面性、安全性、可靠性和灵敏性的要求，具体如下：

（1）全面性。保护系统的保护范围应涵盖负荷控制中心各个模块单元，对出现的漏电、过电压、过电流等故障均能起到有效保护。

（2）安全性。应保证操作人员的人身安全，即在出现漏电的情况下，保护装置应能保证从发生最严重的触电事故到电源被切除的时间与流经人体的电流的乘积应不超过 30 mA · s。

（3）可靠性。一方面保护装置的本身应该具有较高可靠性，另一方面保护性能要可靠，不能拒动和误动。

（4）灵敏性。保护装置在应对故障状态时应具备灵敏的反应能力。

三、井下智能化中央变电站

井下中央变电站是煤矿井下供配电的中心，担负着向井下负荷供电的重要任务，它接受从地面变电站送来的高压电能后，分别向采区变电所及主排水泵等高压电气设备馈送电能，并通过变电所内的动力变压器降压后，再向井底车场附近的低压动力和照明供电。由此可见，井下中央变电所是煤矿生产系统的动力枢纽，担负着为矿井生产、通风、安保、照明等提供可靠电力的重大任务，它的可靠运行直接关系着煤矿的安全高效生产。因此将智能组件引入井下中央变电所，建立智能化变电站，对确保安全生产、减员增效、提高设备利用率具有非常重要的现实意义。

1. 矿井智能化中央变电所的组成

矿井智能化中央变电所一般由过程层、间隔层、站控层 3 部分组成。

（1）过程层包括由高压配电装置、低压配电装置、动力变压器等一次设备和智能组件构成的智能设备、合并单元和智能终端，完成井下中央变电所电能分配、变换、传输及其测量、控制、保护、计量、状态监测等相关功能。智能组件包括测量单元、控制单元、保护单元、计量单元、监测单元等。由于煤矿井下环境的特殊性与复杂性，矿用智能组件一般置于井下的开关柜体中。

（2）间隔层一般指继电保护装置、测控装置、故障录波等二次设备，对一次设备进行故障保护和信息测量，即与各种远端输入输出、智能传感器和控制器通信，以实现保护和控制功能。

（3）站控层一般位于矿井地面调度中心，包括站域控制系统、状态监测系统、故障诊断系统、寿命评估系统等子系统，通过对间隔层传输的数据进行处理，实现面向全站或一个以上一次设备的测量和控制功能，完成数据采集和监视控制、保护信息管理、系统故障诊断、装备寿命评估等相关功能，使地面对井下中央变电所各开关的状态、电量参数及故障性质一目了然，促进实现中央变电所无人值守。

2. 矿井智能化中央变电站监测监控系统

矿井智能化中央变电站监测监控系统主要由数据采集、数据通信、上位机管理系统组成。

1）数据采集

矿井智能化中央变电站内的设备主要包括高压配电装置、低压配电装置、动力变压器、电压互感器、整流设备等。对于智能中央变电站，数据监测量主要包括变电站原始数据和变电站监测监控系统内部交换或采集数据两种。原始数据直接来自一次设备，如电压互感器、电流互感器的电压和电流信号、变压器温度以及断路器的辅助触点、一次设备状态信号。内部交换或采集信号如电能数据、保护动作信号等。

2）数据通信

监测监控系统是一个多路遥测遥控系统，涉及远距离监测与控制问题，也就是说监测监控系统的设计，除应考虑站控层设计之外，数据传输、网络结构、线路控制方法等远距离传输的问题也应重点考虑。由于矿井智能化中央变电站监控目标分散，且对象多因而数据通信技术是矿井中央变电所智能化的关键技术之一。煤矿井下常用的通信方法通常包括CAN总线、PROFIBUS现场总线、RS-485通信总线等。

3）上位机管理系统

矿井智能化中央变电站监控中心的上位机管理系统通过通信网络实时接收井下中央变电站智能数据采集单元发送的矿井变电站运行信息，并对各种信息进行可视化处理、实时监测报警、控制与保护、历史数据管理以及被监测设备的故障诊断与寿命管理；与完善的数据库连接，可以实现对中央变电所所有状态数据的记录存储、报表输出和历史数据管理等功能。同时，上位机管理系统通过以太网接口可以实现系统界面的网上发布，以及在互联网环境下任意一台计算机的远程监测监控。

为保证井下供电系统安全稳定运行，矿井智能化中央变电站上位机管理系统应具备以下功能：

（1）实时监测并显示工况参数和状态参数。电监测量：电网频率、各段母线电压、线路电压、电流、有功功率、无功功率，主变压器电流、有功功率和无功功率，功率因数等；非电监测量：变压器绕组温度、断路器触头温度和行程、开关分合闸状态、线路闭锁状态、灭弧室的真空度劣化信息等。状态监测界面是整个中央变电所状态数据最直观的窗口，通过实时显示被监测对象的状态信息，调度人员可以方便地了解中央变电所中所有设备的运行状态和故障信息。此外，完善的状态监测界面应具有实时性强和全面直观的特点。实时性强即监测数据为实时数据，这就要求强大的通信网络支持，能够将所有监测设备的数据可靠传输至上位机；全面直观是指由井下中央变电站多种电气设备构成状态监测数据应该全面，根据不同电气设备的特征应具有灵活的监测界面，既能显示变电站的接线图，又能显示所有的运行数据。

（2）现场运行设备的实时远程监控，实时显示井下变电站设备的工作状态，系统运行方式直观明了。开关断路器的远程控制（遥控、遥调）通过逻辑识别，给出自动分、合闸控制指令，实现开关的分、合操作；通过设置参数即可修改开关整定值，而无须停电操作。

（3）故障定位和报警配有声光报警提示功能，能够精确显示井下故障设备的位置和故障性质，如过流、短路、漏电、监视、过压、欠压、断相等，便于继电保护装置快速动作，及时有效处理故障。

（4）利用数据库技术，实现数据记录功能：包括故障记录、事件记录、操作记录，并能对历史记录进行分析、处理和统计；查询功能：历史记录查询、开关报警记录查询、操作记录查询、登录记录查询等；报表功能：能够生成中央变电站每台开关和变电所的电量统计，包括日报表、月报表及年报表，并具有打印报表功能，方便生产电耗统计。

（5）数据信息的共享。一方面，利用以太网实现监测监控界面在互联网环境下的远程操作和控制；另一方面，利用自动化领域数据共享标准 OPC 技术，实现监测监控平台数据与其他系统的交互共享。OPC 服务器作为一个数据交换平台，具有通用的数据结构，只要服从 OPC 规定，不同的异构通信协议可以统一接入到 OPC 服务器上，实现信息交互。

（6）监测设备的健康评估与寿命预测功能。智能化中央变电站监测监控系统，在传统测控的基础上，实现了中央变电所所有电气设备健康状态的评估和寿命预测。常用的预测模型有基于理化机理的剩余寿命预测模型、隐马尔可夫模型、神经网络模型、比例风险模型和状态空间模型。作为基于状态维修（CBM）和故障预测与健康管理（PHM）的重要内容，电气设备的健康状态和寿命预测是实施精确维修的前提和基础，可以为中央变电站维护保障的科学决策和精确化管理提供有效依据。

四、矿井地面智能变电站及监测监控系统

1. *矿井地面智能变电站*

矿井地面智能变电站是在传统变电站的基础上进行数字化、信息化和智能化改进而成的新型变电站。与传统变电站相比，矿井地面智能变电站以光纤代替了电缆，简化了二次接线，扩大了测控、保护的信息传输量，同时消除了电磁干扰的隐患；基本取消了硬接线，所有开关量、模拟量采集均就地完成，转换为数字量后通过标准规约进行网络传输；电压、电流互感器以电子式代替了电磁型互感器，避免了 CT 饱和、CT 开路、P 短路铁磁谐振等问题，且具有绝缘结构简单，免维护等优点；在电气防误动作方面，以规则代替逻辑，提高了电气防误动作的准确性，保证了矿井地面变电站的连续可靠运行；在通信系统方面，采用了国际通用标准 IEC61850。

2. *矿井地面智能变电站的组成结构*

矿井地面智能变电站采用分层分布式结构，即三层结构两级网络。

（1）过程层主要由智能化电气设备组成，包括智能开关设备、智能互感器、智能化一体装置、智能终端、合并单元、过程层网络设备等。合并单元简称 MU，是指对一次互感器传输过来的电气量进行合并和同步处理，并将处理后的数字信号按照特定格式转发给间隔层设备使用的装置。过程层 MMS 或 GOOSE 网络按电压等级组网，多使用双网星型结

构，实现间隔层与智能终端之间的信息交换、间隔层设备之间的信息交换。主变压器采用双重化保护，互感器、合并单元也应采用双重化配置。智能终端主要采集断路器设置、刀闸位置等开关量，利用电缆硬接线，就地采样并转化为数字量后采用光纤传输到 COOSE 网，同时接受来自 GOOSE 网的控制命令。

（2）间隔层主要由各配电支路继电保护装置、测控装置、故障录波装置、电能计量装置、集中式处理装置等二次设备组成。间隔层按照不同的电压等级和电气间隔单元，相对独立地分布在各个开关柜的保护室中，进行测控、保护及故障记录，并通过过程网络获取过程层设备的 MMS 或 GOOSE 信息，实现设备控制互锁及互操作功能。根据《智能变电站继电保护技术规范》要求，35 kV 及 10 kV 开关柜保护一般按常规跳闸方式设计，采用保护、测控单元一体化形成智能终端，站控层设备故障不影响间隔层保护动作。每套保护装置之间，保护柜之间，保护柜与其他设备之间，采用光电耦合和继电器接点进行连接，没有电的直接联系。保护装置具有在线自动监测功能，包括保护硬件损坏、功能失效、运行状态和二次回路异常等。主变压器单独配置故障录波装置，以网络方式或点对点方式接收采样数据及录波信息。

（3）站控层是全站电气设备监视、测量、控制、管理、评估的中心，包含监控系统、远动系统和数据管理系统。矿井地面智能变电站站控层设备一般为双重化冗余配置，其主要设备一般包括系统服务器及监控工作站 2 台、远动工作站 1 台、网络设备、数据库服务器、全站对时设备、防误闭锁装置、智能规约转换装置、音响报警等装置。站控层的通信也采用双重化冗余以太网络，是独立双星型的拓扑结构，可实现网络无缝切换，并能传输 MMS 报文和 GOOE 报文。运行时，通过监控工作站来完成对过程层一次设备隔离刀闸操作、变压器状态监视和本间隔及跨间隔的顺序控制，实现对全站设备的状态监视、故障诊断及时钟同步等。

3. 矿井地面智能变电站的智能设备

1）矿井地面智能变电站一次设备智能化

智能变电站数据和信息采集的对象是一次电气设备，所以一次设备需要智能化。一次设备智能化通常是将一次设备本体与智能组件相结合，利用标准的信息接口，实现集测控保护、状态监测、信息通信于一体的一次设备综合信息化，可满足矿井地面智能变电站电力流、信息流及业务流一体化的需求。智能化一次设备主要包括以下几种：

（1）主变压器智能化。主要包括油中溶解气体在线监测、油中微水在线监测、温度负荷在线监测、局部放电在线监测等单元，实现对变压器油溶解气体、油中微水、局部放电、温度负荷趋势、风扇状态、油泵状态等的在线检测功能。其中，根据油色谱可以区分是放电类型还是过热类型，根据微水检测可以鉴别油的受潮状态，根据局部放电监测可以反映电晕、沿面放电等多种缺陷。

（2）开关设备智能化。智能化开关设备是指在现有普通开关柜的基础上，配置在线监测系统（网络电力仪、智能配电监控/保护模块、网络 I/O），通过网络通信接口与中央控制室的计算机系统联网，从而实现对各供配电回路的电压、电流、功率、功率因数、频率等参数的监测，并能对断路器的分合闸状态、故障信息进行监视与控制，通过远程监控软件还可实现“遥控、遥测、遥信、遥调”功能。

（3）避雷器设备智能化。避雷器在线监测系统实现了避雷器的全电流、泄漏电流以及动作次数计数的在线监测功能。

（4）电容性设备智能化。容性设备状态监测系统主要实现介质损耗因数、电容量以及三相不平衡电流的监测，实时评估其绝缘状态。

（5）电缆监测智能化。电缆监测系统可以监测电缆的局部放电、介质损耗因数、直流分量等参量，实时了解其绝缘状态。

2）矿井地面智能变电站二次设备智能化

矿井地面智能变电站二次设备主要包括主变压器保护装置、测控装置、一体化数字终端、集中计量装置、远动通信装置及规约转换器等。

（1）电子式互感器。电子式互感器是实现矿井地面智能变电站运行数据信息化和数字化的主要设备之一，它可以准确测量电力线路电流和电压，不仅能提高电力系统的自动化水平，还能提高继电保护的动作可靠性。

（2）主变压器保护装置。主变压器保护装置采用双冗余配置，即主护和后备保护一体化的配置方式，并且后备保护也采取与测控装置一体化方式进行配置。当智能变电站的保护系统采用上述配置时，其各侧的一体化装置和智能终端也应采用双套配置方案。

（3）测控装置。测控装置是矿井地面智能变电站间隔层的装置，可接收设备层装置提供的符合 IEC61850-9-2 网络化要求的采样值和 GOOSE 信息，控制命令采用 GOOSE 机制，具有测量、控制、监视、记录、同期等功能。

（4）一体化数字终端。一体化数字终端可以适用于三相断路器间隔、分相断路器间隔、母线 P 间隔以及变压器本体间隔等场合，具有开关量及其他一次设备在线监测量的采集和传输功能，响应间隔层装置的 GOOSE 跳合闸等命令。同时，该终端可提供直流量采集、开关量采集和开关量输出，通过逻辑组合可灵活实现非电量直接跳闸、分接头调挡、刀闸控制、五防控制、一次设备在线监测等组合功能。

（5）集中计量装置。煤矿地面智能变电站的电能计量系统与传统变电站的电能计量系统有所不同，其主要区别在于计量设备和通信网络。常规变电站主要是利用电磁式互感器将感应的电压、电流模拟量通过电缆传送到传统电能表中，经电能表对数据进行处理计算后，采用 DLT645 规约，通过串口以问答方式上传到传统的电能远方采集终端（ERTU），远方的电能系统主站再根据 IEC60870-5-102 规约召唤 ERTU 中的电能数据。而对于智能变电站，采用了电子式互感器+一体化智能终端来完成电压、电流信号的数据采集、信号传送，然后基于 IEC61850-9-2 标准协议将过程层以太网数据传送给支持 IEC61850 标准的计量装置进行数据处理和计算，再经站控层 MMS 网络传送到计量装置终端。

（6）远动通信装置。远动通信装置用于收集全站测控单元、继电保护单元等符合

IEC61850 标准的智能电子设备信息，向调度端和集控站传送；同时接收调度端和集控站的控制命令，向变电站智能设备转发。

（7）规约转换器。规约转换器即可用于多种智能测控装置、智能继电保护单元，又能用于电气设备状态监测单元，它负责将传统规约的遥信、遥测、电度量和故障等信息转换为符合 IEC61850 标准后再进行上传；同时，完成主站控制命令等的下行转换和发送功能。

4. 矿井地面智能变电站一体化监控系统

矿井地面智能变电站一体化监控系统硬件结构由站控层、间隔层、过程层设备的监控单元及网络和安全防护设备组成，按照全站信息数字化、通信平台网络化、信息共享标准化的基本要求，通过系统集成优化，实现全站信息的统一接入、统一存储和统一展示，实现监测与监视、操作与控制、分析与智能报警、管理与维护、诊断与评估等功能。

（1）监测与监视。通过可视化技术，实现对全站运行信息、保护信息、一二次设备运行状态等信息的监视和显示。监测与监视主要包括运行工况监视、设备状态监测、远程浏览等。

（2）操作与控制。监控系统可实现矿井地面智能变电站内各个设备就地和远程的操作与控制，包括顺序控制、无功优化控制、开关闸操作、防误闭锁操作等。调度中心通过数据或图形通信网实现调度控制。

（3）分析与智化报警。监控系统通过对矿井地面智能变电站各种运行数据（站内实时/非实时运行数据、辅助应用信息、各种报警及事故信号等）的综合分析、判断与处理，提供分类告警、故障简报及故障分析报告等信息，其中包含站内数据辨识、故障分析决策、智能告警等。

（4）管理与维护。管理与维护包括源端维护、权限管理、设备管理、定值管理和检修管理。

（5）诊断与评估。诊断与评估的任务是将矿井地面智能变电站各个设备的运行数据（包括电流、电压、温度、局部放电及机械振动等信息）进行整合，并通过智能算法对其进行分析与处理，提取各类故障的特征参数，确定故障发生的可能性，对故障的状态进行判断。此外，通过对设备各种信息的综合分析，判断各设备的健康指数，实现设备的提前维护或更换，保证矿井地面智能变电站的安全运行。

【习题】

1. 简述矿山供电的基本要求、电压等级、负荷分类。
2. 对照矿用高压配电装置、电磁启动器、馈电开关，说明其组成结构。
3. 简述矿用负荷中心智能化控制与保护技术。

项目九　煤矿变频调速装备及应用

由于煤矿井下有易燃易爆气体和粉尘，通用变频器不能在井下应用，在煤矿井下应用的变频器必须具有防爆、防尘功能。近年来，随着变频技术及防爆散热技术的发展，煤矿井下的防爆变频器也在不断完善。本项目包括煤矿防爆变频器和变频器在矿山中的应用 2 个子任务，学习矿用隔爆兼本安型变频器结构、提升机的变频器控制等知识，通过本项目的学习，使学生掌握变频器在煤矿井下的应用。

任务一　煤矿防爆变频器

【学习目标】

知识目标：

（1）掌握煤矿防爆变频器的设计要求。

（2）掌握矿用隔爆兼本安型变频器常用结构。

（3）了解煤矿防爆变频器散热方式。

技能目标：

会对矿用隔爆兼本安型变频器常用结构进行分析。

【任务描述】

矿用隔爆兼本质安全性变频器主要应用于煤矿井下含有甲烷混合气体中，具有启动电流小、输出力矩大、调速平滑、对电网冲击小、易于实现集控等优点，本任务主要是学习矿用隔爆兼本安型变频器结构。

【任务知识】

一、煤矿防爆变频器设计要求

（1）防爆要求。防爆变频器整体设计要符合《爆炸性环境　第 1 部分：设备 通用要求》（GB 3836.1—2021）的要求。

（2）电压等级要求。煤矿井下防爆变频器电压等级要符合煤矿井下电源电压等级要求。我国煤矿井下防爆变频器电压等级主要有交流 660 V、1140 V、3300 V、6 kV、10 kV。变频器电压等级的选择与受电设备功率大小有关，也与井下供电环境条件有关，在实际选型设计时要考虑多方面因素。

（3）电磁兼容性要求。由于井下空间有限，设备较多，强电、弱电线路不能分开布置，容易产生电磁干扰，所以在防爆变频器设计和应用时必须考虑电磁兼容性要求，应满足《调速电气传动系统　第 3 部分：电磁兼容性要求及其特定的试验方法》（GB 12668.3—2012）的要求。

（4）其他要求。其他要求包括防爆变频器的散热、防尘、防震、稳定性与可靠性等方面的要求。

二、煤矿防爆变频器结构形式

煤矿防爆变频器结构形式各不相同，但主要由进出线部分、主体部分（主机机芯及其腔体与操控显示部分）、散热部分等组成。图 9-1 是一种较为典型的低压防爆变频器，前门是快开门，有机电闭锁功能（即门被打开时变频器断电），前门安装显示屏及操作按钮，显示变频器的运行状况和操作控制；后门安装变频器机芯即整流和逆变模块，后门外部是散热器；变频器进出主线及控制线通过接线腔实现连接；壳体具有防爆功能。防爆变频器壳体材料选择、结构、结合面光滑配合程度、螺栓螺母及接线方式等方面均要符合《爆炸性环境　第 2 部分：由隔爆外壳“d”保护的设备》（GB 3836.2—2021）的要求。一般情况下，壳体由钢板焊接成六面体的长方形结构，钢板厚 12～25 mm，对于功率较大的变频器，壳体受力也较大，所以钢板较厚，成本较高。为了降低成本，一般采用加强筋结构。门与壳体之间的接触面长度和间隙宽度要符合防爆标准要求，壳体的引线要使用防爆接线腔，引线要经过密封圈进出防爆壳体，防止接线腔内产生的热量或火花蔓延腔外引起爆炸。矿用防爆变频器结构在实际设计过程中，依据不同的功率、电压等级、散热要求具有不同的结构形式。

图 9-1　矿用低压防爆变频器

三、煤矿防爆变频器主电路组成

防爆变频器主电路由进线电源、滤波部分及变频部分组成，如图 9-2 所示。进线电源通常由隔离开关、快速熔断器、真空接触器组成。隔离开关为变频器送电或断电，快速熔断器的主要作用是过流和短路保护。变频部分的作用是为电动机提供调压调频的电源，使电动机能连续平滑地调速。

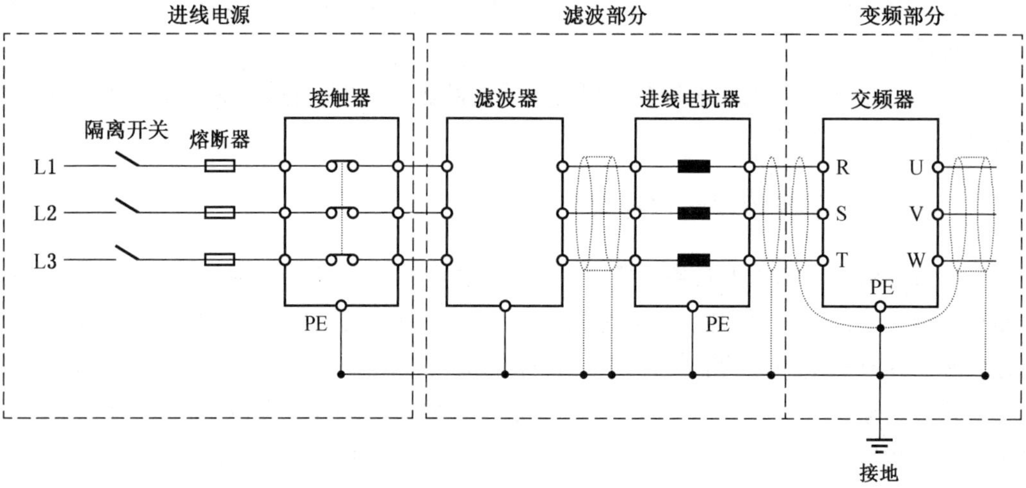

图 9-2 防爆变频器主电路

四、煤矿常用防爆变频器

目前，煤矿防爆变频器种类很多，有不同电压等级的，也有专门用于特定设备驱动的，还有与电动机集成一体式的。以下介绍具有代表性的几种防爆变频器。

1. BPJ 系列矿用隔爆兼本质安全型交流变频器

BPJ 系列矿用隔爆兼本质安全型交流变频器是全数字交流变频器，目前在井下应用较多，适用于交流 50 Hz、电压 AC660 V/1140 V、三相交流异步电动机的调速控制。

BPJ 系列矿用隔爆兼本质安全型交流变频器主要用于煤矿井下局部通风机、水泵、带式输送机、乳化液泵的控制，具有启动转矩大、启停平稳等特点，能实现交流异步电动机在各种负载下的平滑启动、调速、停车等功能，降低启动时机械及电气冲击，延长设备使用寿命。该变频器具有通信功能，使用多台变频器拖动同一负载时，各变频器之间可以自动调节，实现多台变频器之间的动态功率平衡，具有过载、短路、过压、欠压、缺相、过热等保护功能。

2. BPJV 系列矿用隔爆兼本质安全型高压变频器

BPJV 系列矿用隔爆兼本质安全型高压变频器适用于井下功率较大的交流调速控制设备。目前国内有 AC 6 kV 和 AC 3.3 kV 电压等级的高压防爆变频器，AC 3.3 kV 电压等级的防爆变频器应用较多，其功率范围为 800~2200 kW。AC 3.3 kV 高压防爆变频器外形如图 9-3 所示。

BPJV 系列 AC3.3 kV 防爆变频器主要用于井下刮板输送机、转载机、带式输送机等重载启动与调速的场合，以及乳化液泵站的调速控制。该变频器大都采用水冷方式。其主要特点有：①重载平稳启动，消除机械及电气冲击，延长设备使用寿命；②具有多台电机之

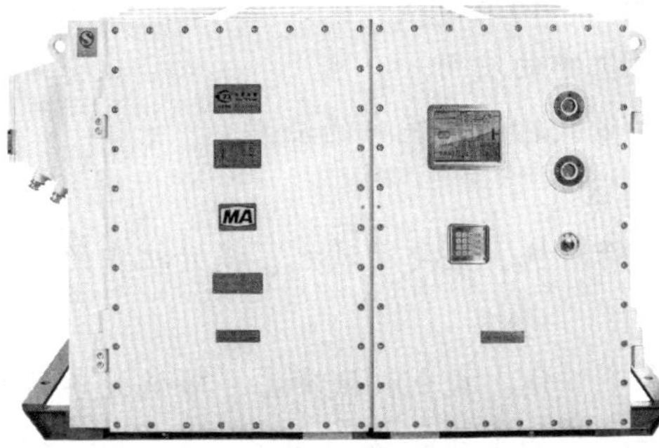

图 9-3　AC 3.3 kV 高压防爆变频器外形

间的功率平衡功能；③变频器具有过载过电压，欠电压、缺相、过热、漏电闭锁、接地、短路、功率器件过热、电机过热等保护功能，具有故障记忆功能。

3. 防爆变频一体机

防爆变频一体机是将变频器与电动机集成在一起，变频器体积相对较小，便于安装调试，国外从 21 世纪初已开始将变频一体机应用于矿井刮板输送机驱动，图 9-4 为国外变频一体机的外形图。我国于 2013 年研发出 1140 V 变频一体机，并在井下刮板输送机和转载机上应用。此后还研发出 3300 V、1600 kW 变频一体机，并应用于井下工作面。

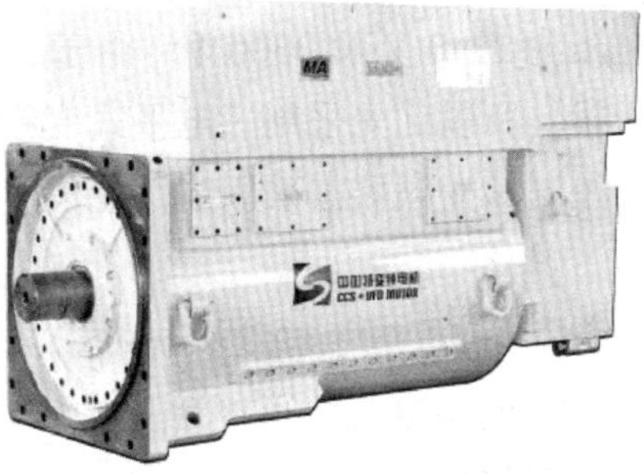

图 9-4　国外变频一体机的外形图

变频一体机的主要特点是：体积较分体机小，具有显著的节能效益、较高的调速精度、较宽的调速范围、完善的电力电子保护功能，以及易于实现的自动通信功能；具有全自动化和远程控制，启动电流小、对电网的冲击小、功率因数高，可靠性高，过流、过压、欠压及过载等多种保护功能。

任务二　变频器在煤矿中的应用

【学习目标】

知识目标：

(1) 了解变频器在刮板输送机中的应用。

（2）了解变频器在主要通风机中的应用。

（3）了解变频器在提升机中的应用。

（4）了解变频器在煤矿带式输送系统中的应用。

技能目标：

能够描述变频器在刮板输送机、主要通风机、提升机中的应用。

【任务描述】

变频调速技术的优势在于节能、减少机械冲击、降低设备维护量，以及延长设备使用寿命。变频调速技术应用于煤矿的采掘设备、固定设备、运输设备等，能节约社会能源、增加煤矿企业的经济效益。采掘设备有掘进机、采煤机、刮板输送机、液压泵站、采区水泵、局部通风机等；固定设备主要有空气压缩机、主要通风机、矿井提升机和主排水泵；运输设备主要包括带式输送机、矿车、电机车等。

【任务知识】

一、变频器在刮板输送机中的应用

刮板输送机一般采用双电机驱动，机头、机尾各 1 台。总体方案是采用“一拖一”控制方式（2 台变频器控制 2 台电机），变频器构成主从驱动系统，实现机头、机尾电动机功率平衡和外部控制正反向。

通常，刮板输送机电源电压为 1140 V 和 3300 V。由于二电平式变频器的输出容易造成电机的绝缘损坏和周围的干扰，所以优先采用三电平式变频器。另外，刮板输送机启动力矩比较大，同时要实现同步控制，变频器需采用高性能矢量控制变频器。采用变频器控制刮板输送机时，系统特点如下：

（1）设定“S”形给定曲线，启停平滑，减少机械冲击，延长设备寿命。

（2）采用三电平变频器技术，输出电流波形接近正波。

（3）采用闭环矢量控制，准确设定转矩。

（4）设备被卡时，可以正反向反复启动。

（5）具有自诊断功能，可在线监控系统状态。

（6）具有功率平衡功能，各变频器之间自动调节，实现多台变频器之间功率平衡。

刮板输送机控制系统硬件主要包括 PLC 控制箱、高压组合变频器、显示系统、煤量扫描仪等。PLC 控制箱对 2 台变频器进行调速，具有刮板输送机速度、电流、转速显示，本地、远程、定速、高速、低速、智能调速等功能。同时控制系统具有网络通信功能，可实现远程监测与控制。变频器控制刮板输送机原理框图如图 9-5 所示。

PLC 选用 S7-300CPU315-2DP/PN 模块，接收变频器及采煤机运行数据，根据采煤机速度、采煤机位置、采煤机电流、刮板输送机电流等主要参数的动态变化，经过内部运算后，对刮板输送机实时变频调速，使刮板输送机始终以最合适的速度运行。变频调速系统采用 2 台高压组合变频器进行联合调速，1 台 BPJV-3×1250/3.3 变频器对刮板输送机 3 台

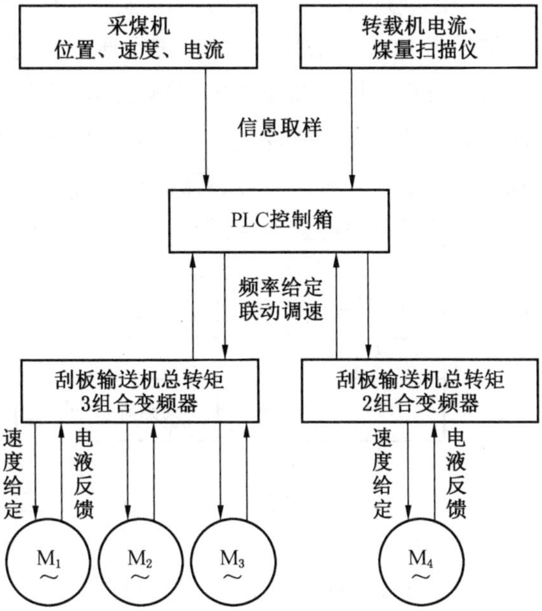

图 9-5　变频器控制刮板输送机原理框图

YBBP-710S-4（855 kW）电动机进行变频调速控制，1 台 BPJV-2×1250/3.3 高压组合变频器对转载机电动机进行变频调速控制，可实现刮板输送机电机的软启、软停以及机头、机尾电机功率协调控制等功能。

二、变频器在主要通风机中的应用

主要通风机是煤矿的关键设备，通风机的轴功率与转速的三次方成正比。当所需风量减少，风机转速降低时，其轴功率按转速的三次方下降。在矿井生产过程中的不同时间和阶段，风量的需求不同。为适应这个变化，风量调节是矿井主要通风机正常运行和经济运行所必需的。

采用变频控制时主要通风机特点如下：

（1）实现软启软停，减少了机械损失，延长了设备寿命。

（2）取消了启动用的限流电抗器。

（3）启动电流减小，避免了启动电流对电网和电机的冲击。

（4）可以根据风量需求自动调节，实现了自动控制。

（5）优化了电机启停性能，减少了风机倒机切换时间，极大地提高了矿井的安全性。

图 9-6 所示为通风机变频控制系统框图。控制系统硬件主要包括 PLC、变频器、传感器、触摸屏等。控制系统核心部分采用西门子 S7-300 系列 PLC；变频控制部分采用西门子 MM430 型号的变频器；另外，需要利用传感器对通风机的风量、风压进行监测。为了实现人机交互控制，PLC 与变频器之间采用一路串口通信，PLC 与触摸屏之间采用另一路

串口通信。手动控制需要在触摸屏进行设置，且需要现场操作人员确认。触摸屏选择手动控制以后就会发送相应的信号到 PLC，PLC 与变频器进行通信实现运行、加速、减速、停止控制。全自动运行方式时，PLC 根据现场通风机监测传感器监测到的实时信号，包括风压、风量信息，计算当前所需要的风量，并计算出当前通风机运行的速度，通过与变频器通信实现对变频器输出频率的调整。同时，当传感器监测到通风机出现故障时，比如监测到风量、风压异常信号，就会通过触摸屏显示当前故障并报警，提示工作人员进行处理。

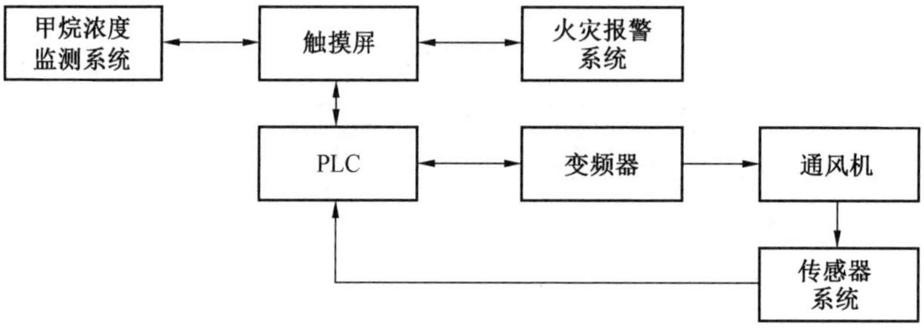

图 9-6　通风机变频控制系统框图

三、变频器在提升机中的应用

矿井提升机是煤矿生产过程中的重要设备，提升机安全可靠运行，直接关系煤矿的生产状况和经济效益。矿井有竖井提升机和斜井提升机之分，竖井提升系统，提升大重型负载，一般选用高电压、大功率电动机；斜井提升系统一般应用在中小型矿井，配用功率大于 220 kW 的，选用高压电动机；配用功率小于 200 kW 的，选用低压电动机。变频拖动的提升机系统能频繁启动、停止、正转、反转、调速，并能实现重载启动，在保证提升设备安全可靠的情况下，按照设计的提升速度图工作。

提升机采用重载型高性能矢量控制变频器，变频器容量、电压的选择，要按系统电机的额定电压和额定电流选用。应当注意，变频器的额定电流一般是按 4 极电动机的技术参数设计的，6、8 极同样功率电动机的额定电流比 4 极电动机的额定电流大。另外，提升机有时因车厢内装载超重或斜井中矿车脱轨等原因造成提升机超载。因此，变频器容量选择时要放大一级或两级。

设计变频器控制回路时，不仅要满足提升机安全连锁的条件，也要满足提升速度图的要求，还要考虑司机的操作习惯。利用变频器连续调速功能，可以很方便地实现提升机按给定速度图运行，而且在启动和调速换挡过程中也非常平稳。提升机变频调速控制的优点如下：

（1）实现无级平稳加减速，提高提升机系统的安全性。

（2）司机操作简单方便，可实现自动控制。运行时，只需简单地给出松闸和启动命令，启动后提升机自动按运行段加速、高速、减速运行，到终点后自动停车。

(3) 用变频器内置的编程软件实现连续调速，提升机加减速时平稳无冲击，减少设备故障，维修量减少，维修费用降低。

(4) 节约电能，减少绕线电动机转子外串电阻的能耗，减速或重物下放时电动机处于发电状态，能量可通过变频器回馈到电网，节能效果显著，节能率达 15%～30%。

图 9-7 为提升机变频控制系统框图，系统主要由上位机、操作台、PLC 控制器、信号采集模块、变频器等组成，信号采集模块包括提升机深度信号、驱动电机转速信号与液压信号的采集功能，通过模数转换后传输到 PLC 控制器，PLC 控制器根据反馈信息，以变频调速的方式控制电机转速，实现提升机的调速控制功能。工作人员通过操作台触摸屏或上位机实现系统参数的设定与数据的监测。

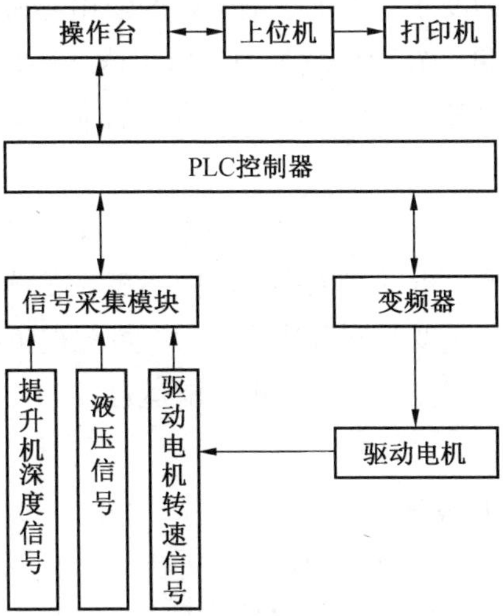

图 9-7　提升机变频控制系统框图

提升机变频控制系统主要实现的功能有：可实现提升机的自动控制、半自动控制、手动控制功能，并自由切换；可设置变频器完成提升机的无级调速；具有完整保护功能，可及时紧急停车；用户可离线编译系统程序；上位机直接连接管理系统，实时反馈提升机的运行状况；通过各信号传感器实时采集并显示各工作参数，及时发现故障并准确定位。

四、变频器在煤矿带式输送系统中的应用

带式输送机是煤矿中应用最广泛的一种设备，也属于大惯性负载之一。带式输送机敷设方式分为水平、上行、下行和混合几种方式，最大长度可达数十千米。带式输送系统是由电动机经减速器带动滚筒旋转，通过滚筒的摩擦力带动输送带运行。带式输送机所选配的电动机，电压分为高压、低压，驱动方式有单驱动和多驱动。

带式输送系统选用重载型高性能矢量控制变频器，变频器容量、电压等级按系统电动机的额定电压和额定电流选用；多台驱动时要具有同步功能。由于带式输送机常因超载等原因运行或启动，故要求变频器启动转矩为额定转矩的 2 倍以上，并能在 1.5 倍额定电流

时连续运行；加减速运行曲线为S形，使加减速平滑；具有完善数字控制功能，为井上远程控制提供技术支撑；另外，带式输送机上的变频器，大多属于大功率设备，工作时功率大，发热严重，要求散热性能好。此外，运行时会产生大量的高次谐波注入电网，故要求变频器具有一定的滤波功能，在高次谐波下也能正常工作。

变频驱动调速的带式输送系统有如下优点：

（1）实现带式输送机的软启和软停。启动时，变频器输出频率较低，带式输送机以较低的速度启动，逐渐过渡到正常工作状态，减少了对机械的冲击。停止时，变频器逐步降低频率，带式输送机平滑地停止运行。

（2）降低了输送带强度的要求。采用变频器调速驱动之后，由于启动变得平稳，减少了启动过程中对输送带强度的要求，增加了输送带的使用寿命。

（3）降低了设备的维护量。在启停过程中，由于速度连续可调降低了冲击，系统运行更加平稳，输送设备的损坏也随之降低，减少了设备的维护量，滚筒和托辊的寿命成倍地延长。

（4）节能效果明显。一般情况下，煤矿带式输送机设计时留有很大裕量，但装煤时，由于煤的密度或煤量存在差异，电动机大部分时间不需要在额定功率下运行，产生大量的无功功率，造成能源浪费。经过变频器调速改造后，可根据负载情况及时调整电动机的工作状态，使电动机处在最佳工况点工作，实现节能运行。

【习题】

1. 简述煤矿防爆变频器的结构。
2. 简述变频器在刮板输送机中的应用。
3. 简述变频器在主要通风机、提升机中的应用。
4. 简述变频器在带式输送系统中的应用。

项目十　矿井通信网络技术

通信网络技术的快速发展给人们的生活方式和生产方式带来了颠覆性的变革，在物联网、大数据、云计算等众多技术的共同推动作用下，智慧矿山已经成为矿山建设的主要方向。矿井通信网络是智慧矿山建设的重要保障，矿井通信网络技术的发展对煤矿智能化的建设具有重要意义。本项目包括矿井常用的通信技术和智慧矿山“一张网”融合通信网络2个子任务，学习常用的有线通信技术、无线通信技术等知识。通过学习，使学生了解通信网络技术在煤矿井下的应用，同时明白通信网络技术会给煤矿生产方式带来巨大变化，且在煤矿生产和安全管理中发挥着越来越重要的作用。

任务一　矿井常用的通信技术

【学习目标】

知识目标：

（1）了解常用的有线通信技术。

（2）了解常用的无线通信技术。

技能目标：

会分析矿井 WiFi 通信系统图。

【任务描述】

随着通信技术的发展，新的技术不断涌现，矿井仅有的电话语音通信已经不能满足安全生产的需求，出现了多种不同的通信方式，如各种工业现场总线通信，电力载波通信、工业以太网通信等，通信介质也逐渐由金属铜导线变为光纤。有线通信可实现固定点设备的数据采集与远程遥控，承担固定岗位人员的电话调度等多种职能。矿井无线通信技术的发展大致经历了以下几个阶段：超低频透地通信、中频感应通信、VHF 漏泄通信、移动蜂窝通信等。随着公网移动蜂窝通信技术的发展，矿井无线通信技术也在逐步演变。本任务主要学习矿井有线通信技术和无线通信技术的种类。

【任务知识】

一、矿井常用的有线通信技术

1. 调度电话通信

20 世纪中叶，我国煤矿生产调度通信技术尚处于起步阶段，为实现独立通话功能，部分矿井采用人工磁石电话、共电式矿用人工电话。20 世纪 70 年代以后部分煤矿开始使用本安型矿用自动交换机和具有拨号盘的脉冲拨号话机，经历了模拟步进制、纵横制矿用自动交换机到空分制程控矿用交换机的发展。

进入 20 世纪 90 年代，随着通信网络技术的更新换代，矿用数字程控调度电话开始推广应用，系统由调度机、安全耦合器、本安自动电话机等组成。一般在地面调度室设总机，井上、井下各主要地点设分机。数字程控调度电话功能进一步丰富，除具有一般行政交换机功能外，调度台还具有适应煤矿生产专业特点的无阻塞通话、强插、强拆、群呼来电声光提示、录音等特殊功能，无中继电缆通信距离可达 10 km，同时还陆续出现了井下抗噪声电话机、井下扩播电话机等多种产品。井下话机起初主要为隔爆型，后来逐渐被本质安全型取代。在本质安全型电话系统中，电话线入井前通过接入安全耦合器，满足了井下线路的本质安全性能。2010 年左右，基于软交换技术的调度电话开始用于煤矿，用 TCP/IP 协议的分组交换代替了传统的电路交换，用通用的服务器代替了专用的交换机架构，符合“三网融合”的技术演进路线，具备了与其他通信网络融合的能力。

2. 应急广播通信

20 世纪 80 年代开始，我国就开始研究应急扩音电话，矿井陆续采用工作面扩音电话、选号扩播电话等产品。2010 年，为贯彻《国家安全监管总局国家煤矿安监局关于建设完善煤矿井下安全避险“六大系统”的通知》（安监总煤装〔2010〕146 号）的要求，煤矿开始普遍安装新一代应急广播通信系统。该系统由地面广播主控设备、功放设备、麦克风、井下广播设备、扩音电话、井下电源等组成。应急广播作为调度电话的有效补充手段，实现了井下全方位广播功能。应急广播通信系统具有全域广播、分区广播、定点音乐播放、定时广播、定时打铃、双向对讲、区域语音告警等功能。

3. RS-485 串行通信

RS-485 总线因其接口简单、组网方便、传输距离远、通过隔离可以实现本质安全等特点在煤矿井下通信中得到广泛应用。美国电子工业协会（EIA）制定并发布了 RS-485 标准，并经通信工业协会（TA）修订后命名为 TIA/EIA-485-A，习惯上称之为 RS 标准。RS-485 通信网络一般采用主从通信方式，即一个主机带多个从机。通信协议采用按照设备地址查询的方式，一般速率不超过 19200 bps，最大传输速率为 10 Mbps。RS-485 采用差分信号负逻辑，因此具有抑制共模干扰的能力。RS-485 有两线制和四线制两种接线，四线制是全双工通信方式，两线制是半双工通信方式。RS-485 总线网络拓扑一般采用终端匹配的总线型结构，即采用一条总线将各个节点串接起来，不支持环形或星型网络。

4. CAN 总线通信

控制器局域网络（Controller Area Network，CAN）是最早成为国际标准的现场总线技术之一，是国际标准化组织 ISO 确定的串行通信协议。作为有效支持分布式控制或实时控制的串行通信网络，CAN 各节点之间的数据通信实时性强。

CAN 总线采用多主竞争式总线结构，CAN 总线上的节点不分主从，任一节点均可在任意时刻随机向总线上其他节点发起通信。CAN 采用载波监听多路访问、逐位仲裁的非破坏性总线仲裁技术，节点可以根据实时性要求的不同，预先将节点分成不同的优先级，最高优先级的数据可在最多 134 μs 内得到传输，多个节点同时发起通信时，低优先级数据避让高优先级数据，不会对通信线路造成拥塞。

CAN 可实现点对点、一点对多点及全局广播等多种数据发送方式。在严重错误的情况下，节点具有自动关闭输出的功能，避免对其他节点产生影响。器件可被置于休眠模式以降低功耗，再通过总线激活或者内部条件唤醒。CAN 具有多种出错检测措施，采用短帧结构，传输时间短，受干扰的概率低，传输可靠性高。

CAN 总线适用于大数据量短距离通信或者小数据量、长距离、实时性要求比较高、多主多从或者各个节点平等的现场。通信速率低于 5 kbps 时距离最远可达 10 km，通信距离小于 40 m 时通信速率可达到 1 Mbps。CAN 总线传输介质可以是双绞线、同轴电缆。

CAN 总线的通信参考模型只有数据链路层与物理层两层，数据链路层又分为逻辑链路控制子层和媒体访问控制子层。逻辑链路控制子层主要对总线上发送的报文实行接收过滤；对报文的接收予以确认，为数据传输和远程数据请求提供服务；丢失仲裁或被干扰出错时，自动重发恢复管理；接收器出现超载时，发送超载帧以推迟接收下一个数据帧。媒体访问控制子层负责执行总线仲裁、报文成帧、出错检测、错误标定等传输控制规则。

物理层规定了节点的全部电气特性，并规定了信号如何发送。CAN 总线具有显性和隐性两种逻辑状态，传输一个显性位时，总线上呈现显性状态；传输一个隐性位时，总线上呈现隐性状态。

为了抑制信号在总线端点的反射，要求在总线两个端点上分别连接终端电阻，阻值为 1200 Ω 左右。

5. 工业以太网通信

工业以太网基于 IEEE 802.3 标准，主要用于工业通信网络。工业以太网是由民用以太网发展起来的，具有技术发展快、协议简单开放、带宽容量大、与互联网无缝对接等优点。

煤矿工业以太网作为整个智慧化矿井的基础支撑平台，一般由地面核心交换机（具备三层以上功能）、井下矿用隔爆兼本安型环网交换机、网管系统等组成。在设计工业交换机时，已经考虑了复杂的工况使用环境，产品具有适用温湿度环境变化，抗电磁干扰能力强等优点。煤矿可根据自身的业务需求建设千兆或万兆速率的工业以太环网。为避免信号干扰和解决传输距离限制，网络传输介质一般选用矿用通信光缆和矿用屏蔽以太网线。

井下工业以太环网是煤矿井下的一条“信息高速公路”，承载不同类型的信息传输，能够实现井下各个业务系统数据的接入。它既可以将生产控制系统的关键设备通过交换机的光口、电口接入井下环网，也可以将部分设备通过 RS-485 接口接入或者通过串口服务器转换为以太网接口接入环网。

通常井工矿在井下、地面会建设多个千兆或者万兆以太环网，构建快速自愈的环网冗余结构，建成可靠性高的工业网络。机房部署两台核心交换机，以双机热备方式运行，实现核心交换机冗余。两台核心交换机分别与地面、井下环网交换机相连接，形成井下和地面多个千兆或万兆冗余环网。当环网中任意一点发生链路故障时，环网可快速重构，自愈时间小于 30 ms，从而保证整个网络中的数据可靠、持续传输。同时应用 VRRP 协议技术，实现路由冗余。在核心机房部署网络管理软件，实现对于各网络节点设备的状态监测、配置及管理，并在工业网核心交换机与外网之间，部署隔离网闸设备，实现两侧双向隔离，提升系统内网络安全。光纤环网建设避免了每个系统独立敷设通信电缆的情况，减少了井下通信线缆的敷设量，降低了施工成本和维护难度。

环网交换机站址规划要根据煤矿井下的具体环境情况综合考虑，不仅要供电方便、位置相对固定，而且是便于维护的场所。煤矿井下巷道通常分为主巷道和支巷道，各个作业面与支巷道相连接。由于主巷道距离长，且长期使用，并常设有配电硐室，环网交换机可以布置在配电硐室。同时主副井井口和井下输送系统机头位置也是部署环网交换机较为理想的位置。对于环网光纤的敷设，要尽量沿着不同的巷道路径敷设，这样可以避免同一个位置的光缆被同时砸断，真正起到冗余的效果，提高了网络的可靠性。在支巷道上设置接入交换机，环网交换机通过光纤与接入交换机相连接，根据支巷道情况，接入交换机数量较多时，多台接入交换机之间根据现场情况采用链形、树形或者环形连接。

煤矿井下的骨干网络承载着不同性质的业务，合理规划矿井虚拟局域网（VLAN）可以降低管理成本，减少广播对网络带宽的占用，提高网络传输效率，有效避免广播风暴的产生，提升网络的安全性。不同的业务划分为不同的 VLAN，通常将工业控制系统、人员和车辆定位管理系统、工业视频监控系统、语音扩播系统、普通上网数据业务划分为不同的 VLAN，有效隔离各业务间的二层互访，通过 VLAN ID 可提供业务识别区分，为不同业务制定不同的 QoS 优先级。一般情况下，建议将工业控制系统、人员和车辆定位管理系统定义为较高的优先级，将工业视频监控系统与普通上网数据业务定义为较低的优先级。

二、矿井常用的无线通信技术

1. 透地通信

透地通信是采用特低频或甚低频电磁波（几百到几千赫兹，电磁波频率越高，地层介质对其衰减越严重）透过地层来实现地面和井下的通信。无线通信方式分为单工或半双工。该系统主要由透地通信系统软件、超低频发射机、环形天线等地面设施及超低频接收机等井下设备组成，可作为井下应急救援通信的手段，但存在信道容量小、电磁干扰大等缺点。后期随着技术的发展可实现双向语音通信，透地深度 400 m 左右。

2. 感应通信

感应通信借助于矿井巷道内敷设的金属导体作为感应线传输电信号，收发信机的天线与感应线之间通过电磁耦合实现通信，工作在中低频段（一般为几十千赫兹到几兆赫兹）。无线通信方式为半双工。

感应通信系统结构简单，由收发信机和感应线圈、对讲机等组成，井上井下电磁耦合传输介质采用电话线缆、钢丝绳、电力线等，常用于应急救援、大巷机车、斜井人车等场所。感应通信具有价格较低、感应线敷设简便、无须中继器等优点，是煤矿井下比较受欢迎的一种移动通信方式。缺点是受环境影响，通话噪声和传输损耗较大，稍远离感应体信号不稳定。

3. 漏泄通信

漏泄通信利用漏泄电缆径向辐射特性和双向中继放大技术，实现无线电波在屏蔽空间和井下巷道的双向远距离传输。漏泄电缆是一种特殊结构的同轴电缆，通过外导体上的孔或槽、网眼，把电波漏泄出来，可与收发信机实现无线通信，传输特性与同轴电缆相近。其工作在高频段或甚高频段（一般为数兆赫兹到数百兆赫兹），无线通信方式为半双工，信号可覆盖距离漏泄电缆 30 m 以内。

漏泄通信系统由地面主站和井下工作站通过无线收发信机、调制解调器及漏泄电缆进行通信。它受环境影响小，信道稳定，利用功率分配技术可以解决无线电波在巷道内的分岔传输，从而建成地下巷道的树形无线通信网。漏泄通信所采用的漏泄电缆造价较高，信号衰减较快，矿井沿途需要不断地接入中继放大器和配套供电设施，从而增加了施工维护难度。漏泄通信最大的缺点是通话质量不好。

4. 无线传感器网络（WSN）ZigBee 通信

ZigBee 通信是一种基于 IEEE 802.15.4 标准，近距离、低功耗的无线网络技术。其传输速率范围 10~250 kbps，理想的连接距离为 10~75 m，网络节点的能耗非常小，因此非常适合电池供电的模式，可以采用休眠的工作状态，进一步节省电池能量。ZigBee 网络支持的节点数量理论上可以达到 65536 个节点，此外还具有延时短的优点，活动设备的信道接入延时为 15 ms。

ZigBee 通信参考模型包括物理层、媒体访问控制层、网络层、应用层 4 层架构。物理层定义的 3 个工作频段：868 MHz、915 MHz 和 2.4 GHz，采用直接序列扩频 DSSS 技术控制无线收发器的激活与关闭，对当前信道进行能量检测，提供链路质量指示，提供信道空闲评估，选择信道频率，发送和接收数据。媒体访问控制层有两种信道访问机制：无信标网络和信标使能网络，无信标网络是避免冲突的信道访问控制机制，信标使能网络用于设备之间的同步。网络层负责网络管理、路由管理、报文及网络安全管理；应用层包括应用支持子层、ZigBee 设备对象和设备对象行规，以及由应用对象组成的应用框架。

ZigBee 规定了协调器、路由器和终端设备 3 种设备类型，其中协调器、路由器属于全功能设备，终端属于简约功能设备。一个网络有一个协调器、多个路由器和多个终端设备。路由器允许其他路由器或终端设备加入网络，为其分配网络地址，提供多跳路由和数据转发等功能。协调器具有路由器的典型功能，还负责重建一个 ZigBee 网络，进行网络配置、频段选择，并协助完成绑定功能，存储绑定表。终端设备不提供任何网络功能，只实现基本的传感或控制功能。

由于 ZigBee 网络成本低，协议简单，具有多跳路由和自组织无线传感器网络特点，结合其功耗低的优势，被广泛应用于煤矿井下人员定位、车辆定位、设备参数检测等。

5. 矿用 WiFi 无线通信

矿用 WiFi 无线通信系统相对于地面场景的应用相对滞后，WiFi 产品技术性能相对较低，系统以光纤环网为骨干网络，在井下设立多个 WiFi 通信分站，实现对巷道的无线 WiFi 网络覆盖。受井下巷道空间的限制，无线通信覆盖距离较小，通常双向基站覆盖距离约为 300 m。采用矿用本质安全型手机能够接入无线网络，实现井下的语音调度通话。工作频段使用 2.4 GHz 自由无线频段，矿井 WiFi 通信系统如图 10-1 所示。

该系统由软交换设备、网关设备、工业以太环网交换机、矿用无线通信基站、WiFi 手机等组成，具有造价低、语音系统容量大、可以实现综合数据业务的扩展等优点。因此，把它作为煤矿综合自动化监控数据传输、光纤以太环网对接和多网合一的网关设备应用，是目前应用较多的宽带数据通信解决方案。该系统可以实现与矿区固定电话、公众移动通信网的联网，可以根据生产需要对联网用户进行统一编号和混合组网。

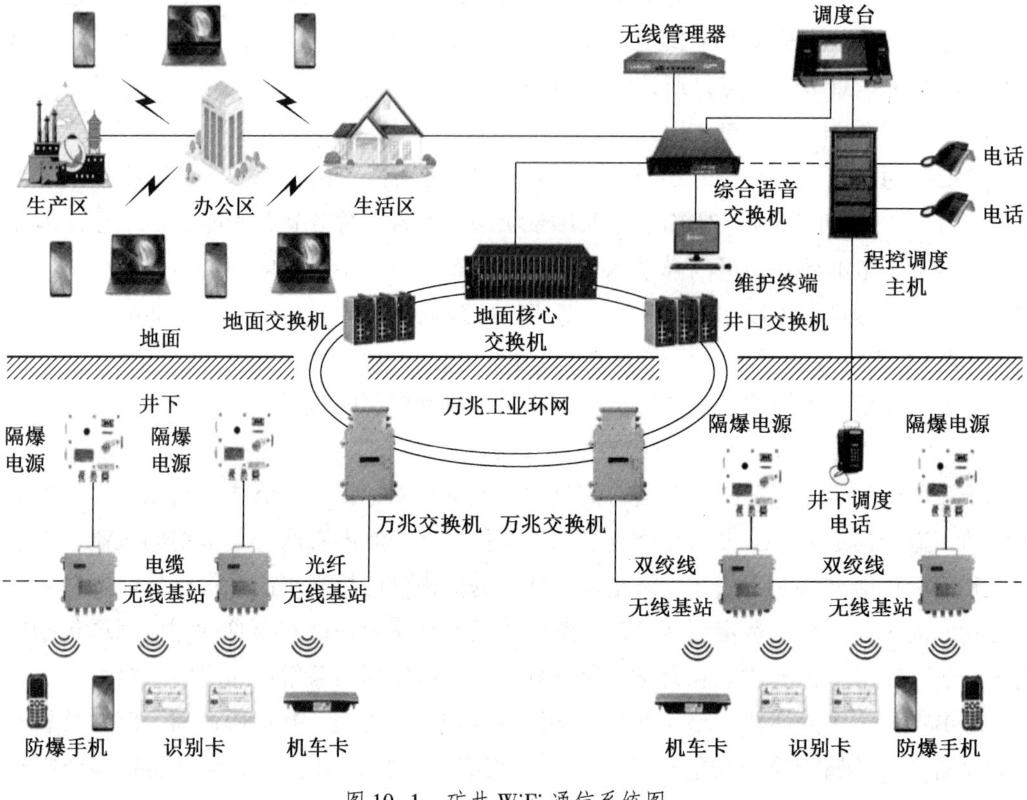

图 10-1 矿井 WiFi 通信系统图

（1）矿用本安型无线 WiFi 基站。它是无线网络的接入点，支持 802.11b/g/n 标准，可提供中继桥接、桥接+覆盖等多工种工作模式，是移动终端与矿用交换机之间的无线通信传输中转站。

（2）矿用本安型 WiFi 手机。它是无线通信系统的终端设备，完成语音或数据信号与无线信号之间的转换。

6. 5G 通信对智慧矿山的作用

在 4G 移动通信网络的部署方兴未艾之时，5G 移动通信技术已经拉开帷幕。移动互联网和物联网作为未来移动通信发展的两大主要驱动力，各类新型业务和应用持续涌现，带来数千倍的数据流量增长以及超过百亿量级的终端设备连接。5G 移动通信作为新一代无线移动通信网络，将构建以用户为中心的服务体系，实现任何人和物在任何时间、任何地点信息共享的目标，支撑庞大的业务量和链接数，真正实现“万物互联”。未来 5G 网络将为用户提供“零”时延的使用体验，百亿设备的连接能力，高流量密度、高链接数密度和高移动性等多个场景的一致服务，最终实现“信息随心至，万物触手及”的总体愿景，形成以人为中心的通信和机器通信共存的时代。到那时，矿山井下所有的固定设备和移动目标都可以承载在这个通信网络平台上，人员不需要下井作业。该系统由于有足够的通信带宽，可以实现所有现场作业设备的远程遥控，现场信息可以实时展现在眼前，将为智慧矿山无人开采提供技术支撑。

任务二　智慧矿山“一张网”融合通信网络

【学习目标】

知识目标：

了解智慧矿山“一张网”通信网络构成。

技能目标：

能够利用互联网等资源查询煤矿通信技术的相关知识。

【任务描述】

智慧矿山建设必须有通信网络做支撑。本任务通过人员定位系统、井下输送带集中控制、压风机控制、风井站监控等系统的接入，学习“智慧矿山”融合通信网络。

【任务知识】

随着矿山智能化技术应用的不断深入，视频、语音以及各类传感器的数量大量增加，要求矿井通信网络向更高带宽方向发展，同时既要满足固定设施的信息传输，也要满足移动设备的信息传输，如井下车辆、工作面设备的数据传输等。矿井网络应选择有线光纤环网与无线宽带相结合的宽带网络架构，同时要融合各类窄带传输网络，即采用 TCP/IP 协议架构，以千兆/万兆工业以太光纤环网为主干网，通过宽带 LTE-4G（或 5G）无线网络全覆盖，实现宽带光纤环网与宽带无线网络相融合，建成煤矿“信息高速公路”。以 ZigBee 等无线低功耗传感器网络节点、RS-485 与 CAN 总线为延伸，建成智慧矿山“一张网”融合通信网络平台，解决目前煤矿信息传输多系统、多平台、多通道、信息采集速度慢、协议多、结构复杂、设备繁杂、各系统通信传输无标准、不兼容的现状。其主要特点是采用“千兆/万兆宽带光纤环网+4G（5G）无线宽带网+低功耗窄带”传输技术对煤矿井下工业自动化信息、视频监控图像、无线电话通信、语音广播、调度指挥、人员及车辆定位管理、安全监测监控系统实现统一接入承载，通过物联网技术进行数据采集分析、诊断、预警，实现集中管控、数据共享、移动互联、业务融合。在统一的“一张网”传输平台上，具备多种通信接口，可将煤矿各子系统的数据进行有机整合，进而实现相关联业务数据的综合分析以及生产状态的实时传输。各类不同信号接入如下。

一、人员定位系统接入

人员定位系统是通过矿环网传输信号然后在调度室通过上位机显示，数据服务器通过交换机与人员定位系统监控计算机建立物理连接。

二、井下输送带集中控制系统接入

输送带集中控制系统采用PLC来进行控制，由上位机进行操作和显示，可以采用软件接入方式与输送带集控计算机建立物理连接。

三、安全监测监控系统接入

安全监测监控系统按《煤炭安全规程》规定不能与其他系统混接，所以采取单独组网建设的方案，但留有工业以太网接口，支持TCP/IP协议传输，软件支持OPC方式，方便接入综合自动化平台。

四、地面10 kV变电所监控系统接入

地面10 kV变电所监控系统的上位机软件通过CAN总线方式与电力保护装置通信读取数据。综合自动化数据服务器可以通过添加网关将CAN总线转化为以太网接入矿环形以太网。

五、井下配电系统监控监测系统接入

井下配电系统监控监测系统的上位机软件通过CAN总线方式与井下综合保护装置通信读取数据。综合自动化数据服务器可以通过添加网关将CAN总线转化为以太网接入矿环形以太网。

六、泵房排水自动控制系统接入

泵房排水自动控制系统主要由隔爆兼本安型可编程控制箱、本安型操作箱、电磁阀、检测传感器等组成。系统为每台水泵配备1台可编程控制箱和1台本安型操作箱，其中可编程控制箱定义为主站，其他为分站，各站点之间一般采用西门子专用线缆连接，构成MPI总线网络，以保证水泵自动控制系统的稳定性和可靠性，各站点既可联网工作，也可

脱离网络独立控制相连水泵的运行。主站可通过以太网接口就近接入矿井以太网的交换机，通过矿井以太网传输和共享数据。

七、压风机控制系统

压风机控制系统采用触摸屏和工业计算机为系统终端进行人机交互。通常以西门子 S7-300 系列 PLC 作为信号采集和处理的核心，使用专门数据归档服务器进行数据存储，实现了压风系统的联机运行、优化运行以及对压风系统故障的监视及其诊断。系统以触摸屏为现场就地显示信息终端，支持 RS-485 通信和以太网通信，可以通过 USB 接口和以太网接口下载程序；支持以太网通信、MPI 通信、Profibus 通信等多种通信接入方式。

八、风井站监控系统

风井站控制系统可采用 PLC 接入方式连入工业以太网，可保证通信的稳定性和可靠性，软件接入采取 OPC 接入方式，实现与风井站上位机之间的通信，通过服务器的数据整合和管理，实现风井站的监测和控制。

【习题】

1. 简述矿井常用的有线通信技术和无线通信技术。
2. 简述智慧矿山“一张网”通信网络的构成。

项目十一 煤 矿 机 器 人

煤矿灾害重、风险大、井下人员多、危险岗位多、生产系统庞大复杂，作业环境恶劣，靠人工操作机械的方式无法有效减少井下一线作业人员，无法实现无人则安。用机器人替代井下作业、安控和应急救援人工作业是建设智慧矿山的新要求，研发应用煤矿机器人有利于减少井下作业人数、降低安全风险、提高生产效率、减轻矿工劳动强度，有利于解决煤矿招工难等问题，对推动煤炭开采技术革命、实现煤炭工业高质量发展、保障国家能源安全供应具有重要意义。本项目包括煤矿机器人的种类、煤矿机器人的常用功能和控制方法、几种在用煤矿机器人 3 个子任务。通过本项目的学习，使学生进一步地了解煤矿机器人的作用。

任务一 煤矿机器人的种类

【学习目标】

知识目标：

(1) 了解煤矿机器人的种类。

(2) 了解煤矿井下机器人的应用。

技能目标：

能够利用互联网等资源查询煤矿机器人的相关信息。

【任务描述】

国家矿山安全监察局进一步完善扶持政策、制定标准，支持煤矿企业与国内外科研单位、机器人制造企业开展合作，为煤矿机器人研发应用营造良好环境。煤矿作业类机器人属于重载防爆机器人，其他领域尚无可借鉴的技术和产品。煤矿安全生产控制和应急救援类机器人属于极端复杂环境机器人，不仅要有必备的感知检控功能，还要有可靠的防爆、运移、导航、避障、路径规划和抗颠覆及自救等功能。本任务让学生了解煤矿机器人的种类。

【任务知识】

原国家煤矿安全监察局在 2018 年第 41 次局长办公会议上审议通过了《煤矿机器人重点研发目录》。该目录结合煤矿机器人研究现状，重点研发应用掘进、采煤、运输、安控和救援 5 类 38 种煤矿机器人，对每种机器人的功能提出了具体要求。

一、掘进类

（1）掘进工作面机器人群。基于信息化、网络化和智能化技术的矿井掘进工作面机器人群，具备井巷掘进作业设备机群自主决策控制功能，实现工作面掘进、临时支护、钻锚、运输等多机器人高效协同，一键启动、自动掘进。

（2）掘进机器人。掘进机器人能够自主决策、智能控制，具备定位导航、纠偏、多参数感知、状态监测与故障预判、远程干预等功能，实现掘进机高精度定向、位姿调整、自适应截割及掘进环境可视化。

（3）全断面立井盾构机器人。面向煤矿建井工程的全断面立井盾构机器人，具备自主掘砌与迈步、矿井围岩与环境感知、模板与撑靴等设备状态监测及自动调控等功能，实现立井全断面机器人化掘进。

（4）临时支护机器人。掘进巷道围岩状态智能感知、自主移动定位临时支护机器人，具备支撑力自适应控制、支护姿态自适应调控、多架协同及远程干预等功能，确保掘进巷道临时支护及时可靠，提高掘进效率及安全性。

（5）钻锚机器人。由锚杆机、锚杆仓及智能控制系统组成的钻锚机器人，实现锚杆间排距自动定位、机单元自动或遥控行走、钻孔、填装锚固剂、锚杆装卸、锁紧锚杆等功能，满足井下巷道的快速支护要求。

（6）喷浆机器人。集成行走、扫描、泵送、配料、搅拌及喷射等工序的喷浆机器人，具备巷道复杂作业区域的快速扫描、空间建模、网架识别、喷射区域智能划分、臂架运动智能控制及喷射路径智能规划等功能，实现井下巷道喷浆支护自动作业。

（7）探水钻孔机器人。自主或遥控移机、精确定位及自动装卸钻杆的探水钻孔机器人，具备自动调整钻姿、智能钻孔规划、钻孔定位、自动纠偏钻进、孔口防喷、钻屑参数与钻孔水情实时监测及遥控作业功能，提高探水钻孔施工的精度。

（8）防突钻孔机器人。自主或遥控移机、精确定位及自动装卸钻杆的防突钻孔机器人，具备自动调整钻姿、智能钻孔规划、钻孔定位、钻进速度与瓦斯压力自适应、钻孔轨迹与孔口环境甲烷浓度实时监测、自动防喷孔及遥控作业功能，提高防突钻孔施工安全性。

（9）防冲钻孔机器人。自动上下钻杆、遥控操作的防冲钻孔机器人，具备自主或遥控移机、精确定位、自动调整钻姿、智能钻孔规划、钻孔定位、自适应钻进、钻屑参数与地压实时监测及遥控作业功能，实现高地应力环境下大孔径防冲钻孔施工自动化。

二、采煤类

（1）采煤工作面机器人群。适合煤矿复杂地质与环境条件的采煤工作面机器人群，具备回采工作面设备机群自主决策控制、煤岩界面的自主识别等功能，实现工作面采煤机、刮板输送机、液压支架、转载机及超前支架等设备自主运行、多机协同联动作业。

（2）采煤机机器人。能够自主决策、智能控制的采煤机机器人，具备精准定位、采高检测、姿态监测、远程通信控制、煤岩识别、状态监测与故障预判、可视化远程干预等功能，实现采煤机自主行走、自适应截割及高效连续运行。

（3）超前支护机器人。巷道围岩智能感知、自主移动超前支护机器人，具备支撑力自适应调整、支护姿态控制、多机协同及远程干预等功能，确保采煤工作面推采过程中巷道稳定，提高开采效率及安全性。

（4）充填支护机器人。用于工作面充填区支护与充填一体化的机器人，具备输料和充填过程实时监控、充填率自动判别及充填体形态自动识别等功能，实现可靠支护条件下的自主充填作业，确保充填率和质量符合要求。

（5）露天矿穿孔爆破机器人。适用于露天开采的穿孔爆破机器人，具备爆破系统三维模拟、孔位自动定位、孔深自动检测、穿孔过程远程控制与监测等功能，实现露天矿爆破作业无人化。

三、运输类

（1）搬运机器人。矿用物料自动识别、抓取、搬运和码放机器人，具备物料识别定位、路径规划、自主移动、安全避障及远程干预等功能，实现生产物料的按时、按需搬运，提高搬运效率。

（2）破碎机器人。工作面大块煤岩体破碎或人工构筑物破除机器人，具备机动能力、破碎目标自动辨识、定位、闭锁、破碎及效果评判等功能，实现精准、高效破碎作业。

（3）车场推车机器人。具备矿车位置及数量识别、运行方向判断、自主规划摘挂钩及推车动作、安全闭锁确认等功能，实现车辆的摘挂钩分离及推车作业机器人化。

（4）巷道清理机器人。具有刷帮、起底、破碎、铲装功能的巷道清理机器人，实现自主或遥控移机、巷道变形快速检测、精确定位作业位置、变形巷道修复及评测等功能，提升巷道清理工作效率。

（5）煤仓清理机器人。储煤筒仓自动化清理、疏通机器人，具备蓬煤、粘壁、冻煤趋势预判、目标识别、清理等功能，安全有效地替代人工解决落煤不畅和煤仓阻塞难题。

（6）水仓清理机器人。水仓煤泥自动挖掘、脱水、运输机器人，具备煤泥自动清挖、自动输送、固液分离、煤泥块装运等功能，实现水仓煤泥及时、高效清理。

（7）选矸机器人。运输过程中矸石及其他非煤杂物智能分拣机器人，具备目标破碎、自动识别、精确定位、快速选拣、分类投放等功能，实现煤矸高效分离。

（8）巷道冲尘机器人。巷道冲洗降尘机器人，具备自主行进、巷道煤尘量自动检测、自主规划冲洗作业流程、自适应设定冲尘参数及环境监测等功能，替代人工对巷道进行自动冲洗。

（9）井下无人驾驶运输车。煤矿井下无人驾驶运输车，具备精确定位、安全探测、自主感知、主动避障、自动错车、风门联动等功能，实现井下运输车无人化驾驶。

（10）露天矿电铲智能远程控制自动装载系统。露天矿电铲智能远程控制自动装载系统，具备矿区环境感知与三维重现、无线通信与远程监控、自动装车对位、移动铲位、故障智能识别与报警等功能，实现露天电铲作业智能化与无人化。

(11) 露天矿卡车无人驾驶系统。适用于露天煤矿的运输卡车无人驾驶系统，具备远程无线通信、GPS 定位、自主行走、导航避障、装载自动识别等功能，实现矿用卡车的无人驾驶和卡车车队的智能调度。

四、安控类

(1) 工作面巡检机器人。适用于井下回采工作面作业环境的巡检机器人，具备自主移动、定位、图像采集、智能感知、预警、人机交互等功能，实现煤壁、片帮、大块煤、有害气体、温度、粉尘、设备状态等监测。

(2) 管道巡检机器人。瓦斯、风、水等管道巡检机器人，具备气体测定、管壁检测、缺陷定位、清淤、除垢及封堵等功能，为管道维护、检修及更换提供依据。

(3) 通风监测机器人。基于巷道断面变化观测的回风巷通风状况监测机器人，具备围岩断面变形判识、积水探测、通风参数采集、智能分析及危险预警等功能，对巷道维护和通风系统调整提供依据。

(4) 危险气体巡检机器人。井下环境中危险气体巡检机器人，具备复杂巷道自主行走、定位、危险气体浓度与浓度分布、环境温度感知、数据处理与预警及人机交互等功能，替代人工巡回检测。

(5) 自动排水机器人。井下巷道排水机器人，具备复杂地形泵体自主或遥控行走、精准对接、快速接管、自动排水与追水、远程干预等功能，实现巷道涌水的快速排水。

(6) 密闭砌筑机器人。井下巷道密闭砌筑机器人，具备自动或遥控行走、精确定位、快速掏槽、自动砌筑、填充与抹面、作业环境监测等功能，替代人工实现井下掏槽及砌筑施工。

(7) 管道安装机器人。井下风、水管路安装机器人，具备管路抓取、精确调位、快速连接、遥控操作等功能，替代人工实现井下风、水管路的自动安装。

(8) 皮带机巡检机器人。皮带自动巡检机器人，具备自动行走、自主定位、皮带运行参数检测、温度与烟雾感知、煤流监测、环境参数监测及预警等功能，替代人工实现皮带运输的智能化监测。

(9) 井筒安全智能巡检机器人。井筒安全智能巡检机器人，具备自主井壁爬行、环境参数检测、支护缺陷与危险源识别、井壁裂纹等状态评估和预警，提升建设期及服役期井筒的安全保障能力。

(10) 巷道巡检机器人。具有设备设施巡检、环境探测等功能的巷道巡检机器人，实现自主移动、精确定位、设备运行工况检测、设施状况诊断、巷道变形检测、有害气体检测等功能，替代人工对巷道进行巡检。

五、救援类

(1) 井下抢险作业机器人。巷道塌方、堵塞等狭小空间快速抢险救援作业机器人，具备自主行走、精确定位、井下环境识别、挖掘、钻扩、运送、远程遥控等功能，实现抢险作业无人化。

（2）矿井救援机器人。适用于煤矿井下水、火及瓦斯灾后救援机器人，具备自主行走、导航定位、被困人员生命探测、音视频交互、紧急救护物资输送等功能，实现害后的恶劣环境被困人员自主搜寻。

（3）灾后搜救水陆两栖机器人。灾后搜救水陆两栖机器人，具备 GPS 拒止环境下导航定位、陆基自主或遥控巡检、透水事故后水下航行器自动分离、被困人员搜索等功能，实现透水事故后井下快速搜救。

任务二　煤矿机器人的常用功能和控制方法

【学习目标】

知识目标：

（1）了解煤矿机器人的常用功能。

（2）了解煤矿机器人的控制方法。

技能目标：

能够利用互联网等资源查询煤矿机器人的相关信息。

【任务描述】

本任务从煤矿机器人的常用功能和控制方法，进一步说明煤矿机器人是实现无人值守、无人巡检、无人排险、无人驾驶而替代人工操作的智能机器载体，将在未来煤矿智能化系统中占有重要位置。

【任务知识】

一、煤矿机器人的常用功能

1. 移动图像采集功能

在低照度、高湿度和粉尘环境下，通过巡检仪上搭载的摄像机采集巷道内的图像，包括带式输送机、缆线、管路、机电设备等。图像在显示控制箱显示并存储，通过对图像的浏览分析，判断带式输送机是否发生故障、故障位置、损坏程度、是否需要停机检修以及有无违章操作等情况。

2. 声音采集功能

机器人可实时采集巷道内的声音，经网络实时传输至机头的控制显示箱播放并存储。带式输送机在运行过程中，故障部位往往产生较明显的声音异常，通过对采集的声音进行分析，判断带式输送机是否异常，从而达到及时发现故障，避免故障扩大。

3. 烟雾检测功能

巡检仪上搭载有烟雾传感器，当遇有烟雾产生时，会及时报警。

4. 温度探测功能

托辊异常摩擦或输送带打滑等故障可能引起带式输送机温度上升，矿用巡检机器人采用矿用本质安全型红外温度传感器，可快速检测其温度，无接触，无磨损。

5. 故障报警智能分析功能

机器人具有学习能力，可以不断完善数据库，并针对报警信号进行深入分析判断，识别出异常报警类型。

6. 其他功能

（1）按煤矿防爆要求设计，巡检仪能实现自动充电，真正达到无人值守目标。

（2）显示控制箱上留有与带式输送机控制系统的通信接口，出现故障时可以紧急停止带式输送机的运行。

（3）巡检仪上留有通信口，可以方便地集成具有标准通信口的检测仪器，实现对带式输送机巷道的特定检测。

（4）可以接入井下工业以太网环网，实现在地面监控中心对井下带式输送机设备的远程监视。

二、煤矿机器人的控制方法

1. 井下机器人自适应变阻力跟踪控制方法

针对井下非结构环境下机器人易碰撞或冲击，对周围设备或人员造成安全隐患的问题，研究机器人与环境的接触阻力变化规律，分析机器人控制参数对接触阻力的作用规律，提出基于变阻力跟踪的非结构环境下的机器人自适应力跟踪控制方法，避免机器人在井下的碰撞和破坏，保障其运行的安全及对周围设备和人员无损害。

2. 井下机器人自我状态识别、避障和自主平衡方法

研究井下机器人未知区域扫描探测方法、障碍识别方法，基于SLAM算法优化自主定位及建图方法，构建模拟试验平台，研究机器人自我状态识别、避障和自主平衡装置。

3. 井下长时可靠供电及自主寻径无线快速充电方法

依据煤矿井下电气设备安全规范，井下机器人的电池容量与防护壳体受到严格要求。因此研究井下长时可靠供电及自主寻径无线快速充电技术成为突破煤矿机器人应用的关键技术。关键研究内容包括：①防爆电源轻量化长时可靠供电；②机器人的无线自主寻径充电方法；③研制无线充电装置并完成相关防护设计。

任务三　几种在用煤矿机器人

【学习目标】

知识目标：

（1）了解矿用隔爆兼本安型轨道式巡检机器人的功能和特点。

(2) 了解矿用隔爆兼本安型轮式巡检机器人的功能和特点。

(3) 了解智能井筒监测机器人的功能和特点。

技能目标：

会描绘煤矿井下在用机器人的功能。

【任务描述】

本任务介绍了矿用隔爆兼本安型轨道式巡检机器人、露天矿轨道巡检机器人、矿用隔爆兼本安型轮式巡检机器人、智能井筒监测机器人、井下运输安全预警机器人、矿用履带式消防侦察机器人、矿用履带式消防灭火机器人、选矸机器人等，进一步了解它们的功能和特点。

【任务知识】

一、矿用隔爆兼本安型轨道式巡检机器人

矿用隔爆兼本安型轨道式巡检机器人（图 11-1）主要由机器人本体、基站、轨道系统和地面工作站组成。机器人本体吊挂在轨道上在巷道内往复运行，能够完全代替巡检工巡检。机器人搭载多种传感器，实时采集现场的图像、声音、红外热像及温度数据、烟雾、多种气体浓度等参数；机器人具有智能识别功能，采用智能感知技术算法，能够准确判断设备当前运行状态，并基于大数据分析预警技术，对煤矿设备运行故障超前预判、预警，减少故障停机时间。

图 11-1　矿用隔爆兼本安型轨道式巡检机器人

1. 主要功能

(1) 智能识别分析功能。机器人智能识别输送带跑偏故障；智能识别煤矿井下水泵房、变电所等安装的指针仪表、数字显示表数据，以及旋钮、旋杆、阀杆、指示灯状态等。

(2) 音频分析功能。机器人实时采集巡检现场声音，识别出异常声音并报警。

(3) 红外热像图采集及温度异常报警功能。机器人搭载红外热像仪，实时获取被检测设备的红外热像图，存储并分析被检测设备的发热情况，预警输送带电机、减速机、滚筒、托辊、水泵前后轴、巷道沿线电缆等温度异常。

(4) 移动图像采集功能。在低照度、高湿度和粉尘环境下，通过机器人上搭载的多个摄像机采集巡检巷道沿线的图像。

(5) 烟雾检测功能。机器人上搭载有烟雾传感器，实现巡检巷道的烟雾检测报警。

(6) 环境探测功能。搭载环境探测传感器，实现对现场 CO、H_2S、CH_4、O_2、易燃、有毒危险气体的检测分析。

(7) 自主避障功能。机器人避障系统能够感知障碍物，具有响应快、灵敏度高的特点。

2. 特点

(1) 机器人采用模块化驱动设计，体积小、重量轻、爬坡角度大，适用于各种复杂的煤矿井下环境。

(2) 采用钢丝绳牵引发电方式，真正实现 24 h 无人值守。

(3) 采用多种检测方式及数据处理算法，实现多种智能化分析识别功能。

(4) 采用先进的无线移动通信技术（可选 5G 通信模式），通信距离远，抗干扰性强，既能保证图像及数据的实时传输，又符合防爆要求。

(5) 可靠性高，安装、操作、使用方便，维护简单，对减员增效、减轻巡检人员的劳动强度具有重要意义。

(6) 解决了关联位置信息的图像和声音的采集、传输与存储，保证了图像和声音的有效性。

二、露天矿轨道巡检机器人

露天矿轨道巡检机器人（以下简称巡检机器人）主要由机器人本体、基站、充电站、轨道系统、监控平台 5 部分组成。机器人本体吊挂在轨道上往复运行，能够完全代替巡检工可靠巡检。巡检机器人采用耐低温设计，保证在极寒条件下充足的动力输出。巡检机器人搭载多种传感器，实时采集现场的图像、声音、红外热像及温度等参数；具有智能识别功能，采用智能感知技术算法，能够准确判断设备当前运行状态，并基于大数据分析预警技术，对设备运行故障超前预判、预警，减少故障停机时间。

1. 主要功能

(1) 图像采集功能。低照度高清摄像机配合补光系统可实现低照度下清晰成像。

(2) 红外热像图采集功能。机器人搭载红外热像仪，实时获取判断托辊、输送带面、线路可视部分、滚筒、电机等温度异常情况，存储并分析被检测设备的发热情况，预警输送带托辊等温度异常。

(3) 音频分析功能。利用高灵敏度拾音器采集声音，判断托辊、滚筒、电机等异常音频，通过智能分析处理，判断现场设备情况。

(4) 双向语音对讲功能。机器人搭载先进的双向语音对讲系统，可实现实时语音对讲，声音在 110 dB 以上，清晰、洪亮；独特的“电子噪声动态闭环抑制电路”设计，彻底消除电子噪声。

（5）智能防撞与避障功能。采用激光避障传感器，机器人遇到障碍自动停止并报警，具有视角大、响应快、灵敏度高的特点。

（6）自动充电功能。采用自动充电技术，长距离巡检路径中可分布多个充电站，电量低时可自行寻找最近充电站，自主充电。

（7）多传感器融合检测。机器人搭载外部耐低温型温湿度传感器，可实时感知机器人所处环境的温湿度；同时，机器人内部搭载温度和姿态传感器，可实时获取机器人本体内部温度、姿态、加速度等数据，并将采集到的数据上传至指挥中心。

（8）精准定位功能。机器人采用精准里程定位算法，与基于 RFID 的定位算法技术相结合，定位精度最高可达厘米级，并实时上传自身位置信息，方便监测与管理。

2. 特点

（1）具备超低温适应能力，能够在露天低温环境可靠工作。

（2）稳定、安全吊挂式轨道行走方式，占用空间小，不影响人员通过，环境适应性好。

（3）多种定位检测方法相结合，里程计算和 RFID 定位技术相配合，定位精度可达厘米级。

（4）具备姿态分析功能，实现自动调速，保证机器人在各种复杂路况下平稳运行。

（5）具有自动或手动巡检功能，当检测到异常情况自动报警。

（6）能够与其他监控平台连接，实现数据交换共享。

（7）采用先进的无线移动通信技术（可选 5G 通信模式），通信距离远，抗干扰性强。

（8）具备与矿方设备对接融合功能，便于智能矿山一体化系统整体性集成。

（9）具备手机 App 就地控制功能，方便现场操作。

三、矿用隔爆兼本安型轮式巡检机器人

矿用隔爆兼本安型轮式巡检机器人由机器人本体、无线基站、远程工作站等组成，主要应用于煤矿井下等场所，可代替巡检工人对设备及环境进行巡检，极大地提高了煤矿行业的安全管理及智能化水平。图 11-2 为矿用隔爆兼本安型轮式巡检机器人的应用。

矿用隔爆兼本安型轮式巡检机器人主要功能：

（1）视频分析功能。可根据用户要求对现场仪表、阀门等设备进行识别分析。

（2）音频分析功能。通过现场声音采集，智能分析异常声音，故障自动语音提示。

（3）环境检测功能。机器人搭载多种气体探测传感器，实时检测现场环境中甲烷、一氧化碳及氧气等多种气体浓度。

（4）热成像检测功能。机器人搭载热成像仪，实时检测现场电机、轴承等设备表面温度，且高温预警。

（5）语音提示功能。针对机器人巡查出的故障、自身的异常进行语音播报，同时支持

双向对讲功能。

（6）云台升降功能。机器人防爆云台可实现自动升降，提高了机器人巡检适应性和巡检质量。

（7）数据查询功能。通过上位机可以进行查询机器人巡检实时状态、历史记录、异常记录等信息。

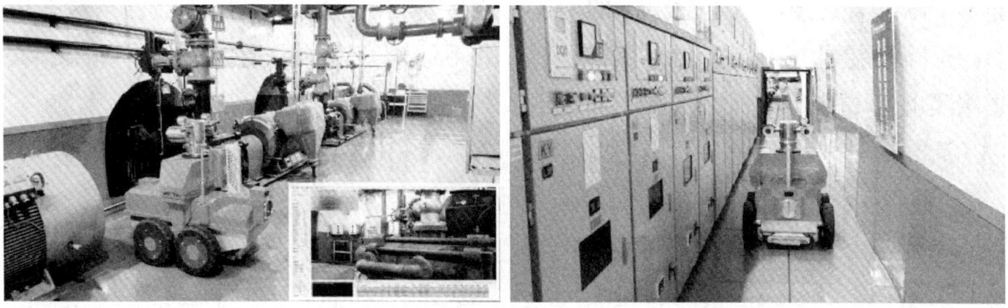

图 11-2　矿用隔爆兼本安型轮式巡检机器人的应用

四、智能井筒监测机器人

智能井筒监测机器人融合多种智能传感技术，可实时采集分析井筒罐道偏移、罐耳磨损等情况。通信分站将数据和图像传输到计算机，工作人员及时掌握设备工作状况，可以满足生产单位对井筒内设备工作状态实时、全面的监测要求。

智能井筒监测机器人主要功能：

（1）音频分析功能。音频分析井筒设备机械异响、管路砂眼漏水等，发现异常声音报警。

（2）视频分析功能。视频分析罐道、罐耳、固定螺栓、井壁、管线等设备及环境状况，发现异常报警。

（3）云台一体摄像机。云台采用闭环控制和特殊结构设计，旋转速度快，定位精度高，误差小。

（4）张力监测功能。监测提升载荷（钢丝绳张力）可有效防止因提升机箕斗粘煤、二次装载以及副井提升操作人员判断不准确造成超载，还可避免因超载时静荷重，导致旋转力矩过大引起制动力矩不足无法制动，发生坠罐、过卷等事故。

（5）无线传输功能。支持无线 WiFi 传输，数据速率最高可达 150 Mbps，采用先进的漫游算法，移动监视终端在基站间实现快速漫游切换，保证音、视频数据长距离无阻碍传输。

（6）存储功能。支持井筒、井下、地面多路同时访问井下现场实时信息，并具有存储功能，方便回放查看。

五、井下运输安全预警机器人

井下运输安全预警机器人（图 11-3）可用于斜井绞车和无极绳绞车等系统。井下运输安全预警机器人通过传感器与视觉分析相结合的检测手段，能够实时监测人员入侵及巷道异物，发现异常及时报警；通过无线通信，将巷道沿线的图像上传到操控室，保证绞车司机能够清晰、直观地察看运输沿途的情况，避免盲目开车，防患于未然；与绞车电控系统联动，保障斜巷提升系统安全、稳定运行。井下运输安全预警系统由井下安全预警机器人、矿用隔爆兼本安型计算机、无线基站组成。

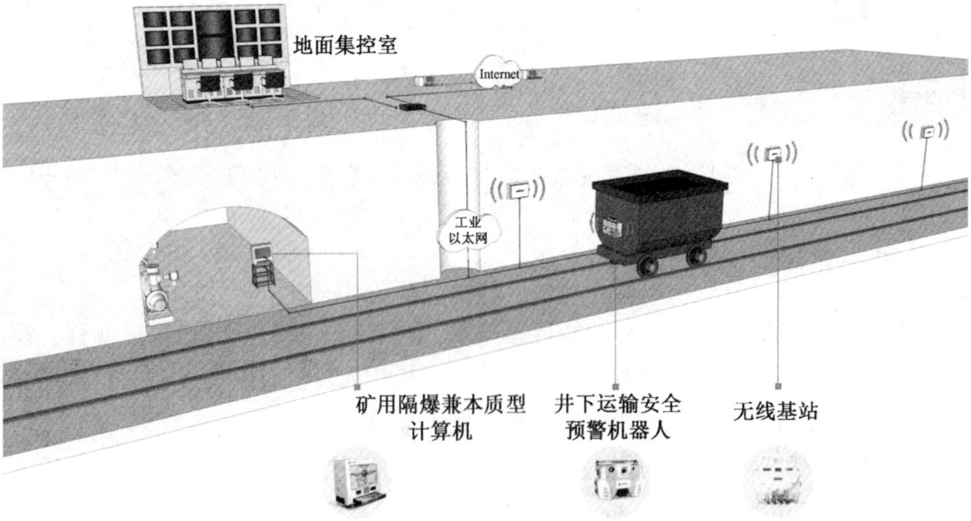

图 11-3　井下运输安全预警机器人

1. 主要功能

（1）巷道内人员检测分析功能。绞车拖拽矿车运行时，井下运输安全预警机器人通过采集巷道内可见光图像，融合 3D 激光传感器，并基于深度学习的卷积神经网络进行分析识别，能够检测出矿车前端的巷道内是否有人员，预防发生人员伤亡事故。

（2）轨道上异物检测分析功能。井下运输安全预警机器人通过采集巷道内可见光图像，融合 3D 激光传感器，能够检测出矿车前端的轨道上是否有大块异物，并发出报警信号到计算机，绞车控制系统获取该报警信息后可控制绞车停车，预防发生安全事故。

2. 特点

（1）视觉分析系统辅助检测，能够准确、快速分析出障碍物的类型，如行人、轨道上的石块等。

（2）检测到行人、障碍物及时报警，并可与绞车控制联动。

（3）前端传感器单元便携设计，方便固定到矿车车头，易于拆装。

（4）搭载低照度、高清摄像机，将实时图像传输至绞车房，绞车司机通过监控屏幕对巷道内情况一目了然，图像清晰、无卡顿。

（5）可接入工业以太环网，实现在调度室内对巷道情况进行远程监控。

六、矿用履带式消防侦察机器人

矿用履带式消防侦察机器人主要用于矿井危险作业区域的环境探测和火灾灾情侦察，可以代替救援人员深入灾害事故现场进行侦察和搜救，有效地解决救援人员在上述场所面临的人身安全、数据信息采集不足等问题，对提高救援安全性、减少人员伤亡具有重要意义。

1. 主要功能

（1）环境探测功能。机器人搭载多参数传感器能实时采集现场环境参数，检测甲烷、二氧化碳、一氧化碳、氧气、温度、湿度、差压 7 种环境参数，并实现超限报警。

（2）图像采集功能。采集现场图像并实时上传。

（3）热源检测功能。通过红外热成像实现对热源的检测与跟踪。

（4）音频采集功能。通过高增益拾音器，实时采集现场声音，了解被困人员情况，为指挥调度人员提供救援决策依据。

（5）互联网功能。网络通信功能强，可接入互联网，将数据传输到指挥中心，为救援决策提供可靠的数据支撑。

（6）无线遥控功能。遥控装置由矿用本安型手持终端和矿用隔爆移动通信装置组成，操控人员通过手持终端经隔爆通信装置架设的无线网络，向机器人本体发出指令，可远程控制机器人的行走，采集现场环境参数，实时观测火场周边环境。

（7）自主避障功能。避障系统自动识别障碍物距离，灵敏度高、检测距离远。

2. 特点

（1）采用履带式载体机构设计，负载能力大，越障能力强，适应复杂环境和地形。

（2）机器人本体采用耐高温、防爆、防水设计，满足煤矿井下工况需要。

（3）移动速度快，机动性强，作业效率高。

（4）模块化设计，扩展方便，可以搭载多种探测设备，满足不同现场需要。

（5）移动式中继通信装置，具有抗干扰性强，移动方便，通信距离远等特点。

（6）监控摄像头采用 360°云台视频信号，全数码控制，实现多方位视频监视。

（7）音频监控系统具有高灵敏度、低噪声、低失真、监控范围宽的特点。

（8）高清无线图传系统，实现视距、非视距远程实时视频监控，辅助机器人运动和云台遥控。

（9）低功耗、高亮度照明系统增加矿井黑暗环境作业可视距离及范围。

（10）云台采用闭环控制和特殊结构设计，旋转速度快、定位精度高、误差小。

七、矿用履带式消防灭火机器人

矿用履带式消防灭火机器人可以代替救援人员深入矿井火灾事故现场进行灭火救援，

有效地解决救援人员在火灾现场面临的人身安全、数据信息采集不足等问题，对提高救援安全性、减少人员伤亡具有重要意义。

1. 主要功能

（1）图像采集功能。2 路摄像头采集现场图像并实时上传。

（2）音频采集功能。通过高增益拾音器，实时采集现场声音，了解被困人员情况，为指挥调度人员提供救援决策依据。

（3）互联网功能。网络通信功能强，可接入互联网，将数据传输到指挥中心，为救援决策提供可靠的决策依据。

（4）无线遥控功能。遥控装置由矿用本安型手持终端和矿用隔爆移动通信装置组成，操控人员通过手持终端经隔爆通信装置架设的无线网络，向机器人本体发出指令，可远程控制机器人的行走，采集现场环境参数，实时观测火场周边环境。

（5）现场救援功能。机器人具有一定的负载能力，可拖载救援车进入灾害现场，及时对被困人员实施救援。

（6）自主避障功能。避障系统自动识别障碍物距离，灵敏度高，检测距离。

2. 特点

（1）采用履带式载体机构设计，负载能力大，越障能力强，适应复杂环境和地形。

（2）消防灭火机器人本体采用耐高温、防爆、防水设计，满足煤矿井下工况需要。

（3）可远程控制消防炮回转、俯仰、自动扫射，多种喷射方式，喷水、泡沫自由切换。

（4）越障能力强，能够进行大角度爬坡越障。

（5）移动式中继通信装置，具有抗干扰性强、移动方便、通信距离远等特点。

（6）音频监控系统具有高灵敏度、低噪声、低失真、监控范围宽等特点。

（7）高清无线图传系统，实现视距、非视距远程实时视频监控，辅助机器人运动和云台遥控。

（8）低功耗、高亮度照明系统增加矿井黑暗环境作业可视距离及范围。

八、选矸机器人

选矸机器人是将待选原煤通过原煤供给系统平铺到平面输送带上，采用视频分析和大数据智能识别对煤与矸石进行数字化识别，再通过高压气源分拣执行机构对 50～300 mm 粒级煤与矸石进行筛选。在实际生产中可以根据生产产品指标要求，灵活调配煤与矸石的分拣，达到效益最大化。

选矸机器人能够替代原有人工捡矸的工作方式，降低工人的工作强度和职业危害；提高煤炭利用率，提升企业生产效率和盈利能力。选矸机器人能够对矸石自动识别、分拣，并进行自动分流处理；通过数据远程监测和管理，实现真正意义上的自动化生产。

1. 识别原理

如图 11-4 所示，待选原煤放入原煤供给装置，通过整料排队装置将原煤平铺到输送带上，高清摄像机将输送带原煤图像传输到服务器端，服务器通过智能算法和大数据识别引擎，对煤与矸石进行数字化识别，控制高压气源分拣执行机构，对矸石进行精准、高效筛选，达到效益最大化。

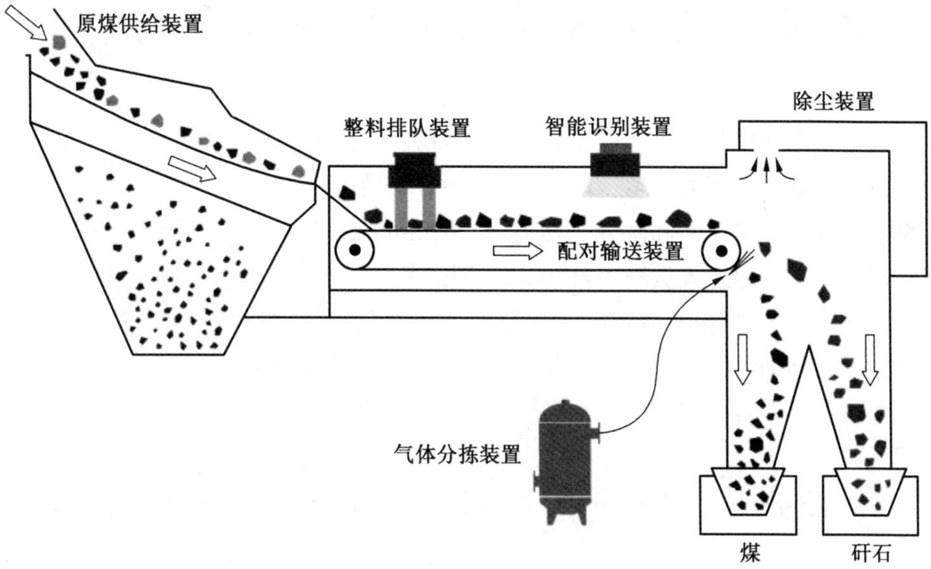

图 11-4　选矸机器人的应用

2. 特点

（1）分选精度高。煤中带矸和矸石带煤率低，分选精度接近浅槽分选机精度，远高于动筛、跳汰及其他干选设备的精度，尤其相比于人工筛选，机器人分拣不仅精度高，而且效率高。

（2）分选粒度宽。有效分选上限达到 300 mm，下限至 50 mm，能够满足绝大部分场所需要。

（3）处理能力大。输送带运行速度最快可达 3 m/s。

（4）智能化程度高。大数据智能控制算法，故障可自检，实现设备的智能化无人运行。

（5）识别准确率高。选矸准确率大于 85%。

（6）环保。采用智能图像识别系统，识别系统小巧、功耗低；除尘系统能够最大限度避免二次污染。

【习题】

1. 简述目前煤矿井下机器人的应用。

2. 简述煤矿机器人开发面临的问题。

3. 简述矿用隔爆兼本安型轨道式巡检的功能和特点。

项目十二　煤矿移动目标定位系统

矿井人员和车辆定位技术是煤矿智能化关键技术之一。为遏制煤矿井下超定员生产，避免或减少煤矿重特大事故发生，国家要求煤矿必须装备矿井人员定位系统。煤矿井下人员定位系统在遏制煤矿井下和采掘工作面等重点区域超定员生产、遏制重特大事故发生，搜寻遇险遇难人员，防止人员进入盲巷等危险区域，控制作业人员超时下井，特种作业人员管理，领导下井带班管理，持证上岗管理，井下作业人员考勤等方面发挥着重要作用。本项目包括煤矿移动目标定位的分类和特性、移动目标定位技术在煤矿中的应用2个子任务，通过本项目的学习，使学生对煤矿移动目标定位系统有了一定的了解。

任务一　煤矿移动目标定位的分类与特性

【学习目标】

知识目标：

(1) 了解煤矿移动目标定位的分类。

(2) 了解煤矿移动目标的特性。

技能目标：

能够利用互联网等资源查询煤矿移动目标定位的相关知识。

【任务描述】

在采掘、运输环节中存在大量的移动管理对象，包括采煤机、掘进机、带式输送机、机车、胶轮车、提升机、车皮直至各种井下作业人员，以及沙石、水泥、木料、钢料等。本任务主要介绍煤矿移动目标的分类和主要特性。

【任务知识】

一、煤矿移动目标定位的分类

煤矿生产移动目标种类较多，随着物联网在矿山的推广应用，移动目标的精准定位需求也越来越迫切。根据移动目标属性和功能的不同，可将煤矿移动定位目标大致分为人员、运输车辆和移动设备三大类。其中，移动设备又可分为两种：一类是在工作过程中频繁移动的设备，如采煤机、掘进机等，其定位目的是实现自动化采煤生产过程中的协同控制；另一类是相对静止的设备，移动不频繁，其定位目的是进行设备虚拟仓储的管理。

二、煤矿移动目标定位的特性

1. 目标定位移动速度快慢差异大

移动性是煤矿移动目标最基本的特点。移动速度具有多样性，设备移动速度相对较慢，如采煤机的移动速度通常每分钟小于 20 m，人员的步行速度一般每分钟小于 100 m；车辆移动速度相对较快，车辆、胶轮车的正常运动速度可以达到 20 km/h 以上，在一些极端情况下，有些车辆运行速度能达到 50 km/h 以上。所以在进行各类移动目标的监控系统设计时，就应充分考虑各类移动目标的不同特点，针对不同情况进行分类设计，采用相应的定位检测技术。

2. 定位精度要求不同

在煤矿生产管理中，对于不同移动目标要求定位的精度不同，即使是同一种移动目标在不同的时间区段、不同的位置区域，要求的定位精度也是不同的。如车辆的定位在井下巷道的直线区段，由于车辆运行速度较快，每秒钟都会有十几米的移动距离，定位精度要求相对较低，能够确定在 10 m 范围内，即可以满足定位管理的要求；但是在关键路段—道岔口、红绿灯管理区域，定位精度要求就高些，需要定位到 1 m 的范围内。人员定位与设备定位也具有同样的特点，在平时井下作业人员考勤管理与调度作业中，仅需要知道人员的大致位置，实现合理调度作业即可，但是在事故救援过程中，则需要知道被救援人员的精准位置，便于救援工作的开展，提高救援效率。采煤机在刮板输送机上往复运动，采煤机等设备定位精度需要精确到厘米级，因此定位精度需要根据不同的移动目标与场合有不同的要求。

3. 目标的移动规律不同

井下不同的移动目标，都具有一定的移动规律。有的移动目标是在一个限定区间内移动，范围较小；有的移动目标是在全矿井下移动，范围较大。如采煤机在一个工作面采煤作业的时候，仅限于在配套刮板输送机上往返移动；有轨机车在井下有轨的运输线路上运行，运行区域与路径受轨道的限制；无轨胶轮车则不受轨道的限制，可以在规定的运输线路上来回作业；井下作业人员也是根据岗位的不同，移动范围差别较大，在一个固定岗位的操作人员一般在工作区域的范围内移动，而安全检查和设备点检与巡视人员则在规定的关键检查与巡视区域移动。

任务二　移动目标定位技术在煤矿中的应用

【学习目标】

知识目标：

（1）了解采煤机、井下车辆等定位技术。

（2）了解煤矿人员定位技术。

技能目标：

掌握煤矿人员定位系统及车辆定位系统的应用。

【任务描述】

移动目标定位技术被广泛应用于煤矿安全与生产管理的多个环节。随着煤矿物联网技术的推广，矿井智能化技术水平的提升，移动目标定位的精度将进一步提高，将为井下车辆的无人驾驶，设备的远程遥控，特种机器人的协同作业提供技术支撑。

【任务知识】

一、采煤机的定位技术

在综采工作面自动化采煤作业中，需要对采煤机的位置进行精准定位，实现采煤机的记忆截割、追机拉架等控制功能。这些功能全部以采煤机在工作面的位置为标准，因此采煤机的位置检测非常重要，目前典型的定位方式有红外线对射定位、采煤机绝对值编码器定位、采煤机惯性导航定位几种。

1. 红外线对射定位

红外线对射定位是目前在支架电液控制系统中被广泛采用的定位方式，实现采煤机与支架之间的相对位置的确定。它是在采煤机特定位置安装红外线发射装置，在支架上安装红外线检测传感器，当红外线发射装置发出的红外线信号，被对应的红外线检测传感器接收到，并将此信息传送给相连的支架控制器，判断此时采煤机的位置在本支架对应的位置。系统根据采煤机的位置和运行方向实现自动追机拉架等控制。这种位置检测方式也存在较大的局限性，主要表现在以下3个方面：

（1）定位精度低。这种定位方式一般定位精度为1.5～2 m，一般是和支架宽度相对应。

（2）有漏检的现象。受地板起伏变化影响，采煤工作面存在一定的坡度，起伏变化不可避免，而红外线发射装置受发射广角的限制，在定位过程中有时会出现检测不到的现象。此外工作面粉尘很大，经过一段时间的运行，发射端和检测端都会存在煤尘积聚的情况，红外线光不能有效穿透，信号逐渐变弱，甚至失效，因此需要经常清洁，否则会影响系统的运行。

（3）安装的数量多，成本高，维护难度大。采用这种方式，每个支架都需要安装一个红外线检测传感器，工作面一般有100～200个支架，一百多个传感器的维护就会给工作面带来很大的工作量。

2. 采煤机绝对值编码器定位

采煤机绝对值编码器定位是目前在自动化工作面中被逐渐采用的一种精确定位方式。它是通过安装在采煤机传动轴的绝对值编码器来确定采煤机在刮板输送机上的相对位置。这种定位方式的优点是检测精度高，成本低，而且可以同时检测采煤机运行速度和运行方向，一个传感器检测多个功能参数，不受外部环境粉尘和地板起伏变化的影响。缺点是传感器出现故障后更换难度较大，传感器的抗震要求高，传感器检测的数据需要传输给控制系统，对于通信网络的依赖性较高。

3. 采煤机惯性导航定位

基于惯性导航与轴编码器组合的采煤机惯性导航定位技术，通过惯性导航提供姿态角参数，轴编码器提供速度参数，解算出东北天坐标系下的位置坐标。这种定位方式的优点主要体现以下3个方面：

（1）测量参数多，不仅可以检测采煤机的位置，还可以检测采煤机的三维姿态，通过控制器可以计算采煤机的运行方向和运行速度。

（2）偏差范围小，工作面检测水平位置偏差小于0.5 m。

（3）安装简单，安装于采煤机内，并提供配套电源和相应的通信接口。

不足之处在于两个方面：

（1）对导航仪要求苛刻，需要采用军工级的检测传感器，价格昂贵，不具备大面积推广的条件。

（2）需要不断地修正数据。导航解算时以惯性导航装置坐标系代表采煤机坐标系，此定位方法误差主要集中在高度方向及垂直于采煤机运动方向。行走速度为5~15 m/min，我国煤矿大部分长壁工作面长度为100~300 m，从工作面的一端到另一端需10~60 min，要求陀螺仪零点漂移不能超过0.01%/h。另外，生产时采掘设备与煤岩相互作用产生的振动很大，有时振动加速度会超过100*g*（*g*为重力加速度），对单纯的惯性导航产生较大的偏移。

二、连采/综掘工作面的定位技术

1. 连采工作面定位技术

连采工作面为双巷掘进工作面，主要设备有：连采机、梭车、锚杆机、破碎机、铲车、带式输送机及两部巷道局部通风机等，皆属于移动目标。连采机通过“切槽”和“采垛”工序来完成巷道的掘进，锚杆机通过与连采机循环换位完成巷道支护工作，梭车在连采机与破碎机之间往复运行完成运煤工作，最终破碎机将煤装载至带式输送机。多个设备之间协同作业，相互之间的位置检测、避障都非常重要。如何有效地实现连采工作面的远程控制，将操作人员从工作面高粉尘的恶劣环境中解放出来，一直是人们积极探索的热点问题。连采机工作面的远程遥控作业与自动化控制已经成为煤矿采掘作业的主要发展方向。

连采工作面设备虽然属于移动的车辆，但是和其他运输车辆还有一定的差别，移动速度相对较慢，位置区间相对固定，设备之间需要配合作业，所处的环境粉尘大、照度低，能见度低，而且区域内还有作业人员，很容易造成相互干涉与碰撞。因此对于相互之间的位置检测和身份识别非常重要。由于彼此之间距离较近，每台车辆的四周关键位置都需要安装检测传感器，用以判断相互之间的距离与身份，以及与煤壁的距离。通常，在距离远近不同的位置采用两种传感器配套，近距离采用多个雷达、超声波等非接触测距传感器检测距离，距离较远的时候采用有源卡和读卡器来识别身份，同时检测大致距离，实现设备之间的接近定位与报警。

在连采生产作业过程中，梭车要完成自动装卸煤工作，既要与连采机对接装煤，也要与破碎机对接卸煤，设备间的相对定位准确才能实现有效对接而不发生干涉、碰撞。这就需要信息交互并且彼此身份识别，通常采用多种不同检测原理的传感器相互结合使用，避免一种同类型的传感器在相似环境同时动作，造成误判。例如：由非接触的近距离磁感应接近传感器来检测到位信号，由射频卡读卡设备来完成身份识别，二者相互配合，两种传感器信号同时有效时认为设备到位，可以进行下一步动作。如果只有一个传感器信号触发，也可能是其他物体接近，不能进行下一步的操作。

2. 掘进工作面定位技术

掘进是煤矿巷道的挖掘作业，巷道掘进施工是一个复杂的多工序交替进行的过程，快速掘进是保证矿井高产稳产的关键技术措施。综掘机是一种集合掘进、装岩、运煤甚至支护、钉道多种功能为一体的综合机械化设备，在现代煤矿机械化生产中是掘进工作面的关键设备。在综掘机远程遥控作业过程中，要测量综掘机与前方煤壁的距离，判断截割头与前方煤壁的相对位置，控制向前移动的步距；判断机身是不是与巷道平行，监测综掘机与左右煤壁的距离；检测机身的俯仰角与翻滚角变化，控制机身的姿态变化。通过采用先进的检测技术与控制技术等，综掘机具备了精准定位、远程遥控、姿态调整、断面自动截割技术等功能。综掘机作业时工作环境恶劣，尤其是工作中产生的粉尘严重影响激光的传输，超声波或者雷达测距比光学系统在粉尘大的环境测距有着明显的优势，采用超声波或者雷达传感器测量机身与煤壁之间的距离是掘进机实现定位的有效手段。

三、煤矿设备定位与仓储管理技术

煤矿生产有地面部分，也有井下作业场所，设备位置分布相对广泛，且煤矿经常搬家倒面，设备跟着开采作业的推进不断移动，设备从地面库房出库之后，一旦应用到现场就无法实现有效管理，造成固定资产流失或者重复采购等的浪费。煤矿虚拟仓储管理系统通过完善的设备管理体系，采用先进的管理模式，实现全方位的设备资源管理，对促进煤矿生产、提高生产效率发挥着至关重要的作用。煤矿虚拟仓储管理系统集设备定位、设备的在线监测以及区域管理于一体，将所有的设备实现精准定位，全部纳入库存管理的范畴。

利用 RFID 标签以及读卡器基站等相关技术和设备，在每个设备上嵌入一个 RFID 电子标签，能够实现对设备的监测和定位，以电子化的方式获取货品的信息，并通过计算机网络、无线自组织网络等通信方式将信息自动输入货品数据库系统中；实现对井上库房维修站、煤矿大门口及煤矿井口设备的区域管理，也可对井下实现片区管理，主要片区有连采工作面、综采工作面、井下变电所与水泵房、皮带集控室以及其他辅助设备区域。在计算机管理软件的支持下，实现对仓库各个作业环节的数字化信息采集，并通过仓库信息管理系统对其进行集中监控和管理，从货品入库、货品上架、货位管理、货品出库及货品盘点等各个环节都实现了信息的数字化管理。设备信息可及时更新，可以准确掌握设备的动态分布以及移动轨迹，避免设备闲置、重复采购，降低库存消耗，并将这些信息保存到数据库中，提高管理效率。

基于物联网技术的煤矿虚拟仓储管理系统很好地解决了传统的仓储管理中的入库、出库错误，入库、出库的效率低下和设备积压等问题，极大地提高了仓储中心的自动化、信息化、智能化水平。

四、井下车辆定位关键技术

由于煤矿井下收不到北斗和GPS定位信号，井下车辆需要考虑其他定位方式。矿井车辆的运行速度一般在40 km/h以下，平直巷道定位精度通常在20 m之内，但是在交通路口、避车硐室等信号管控的区域，定位精度需小于1 m。根据矿井车辆的行走速度和不同区域定位精度需求，需要采用多种技术相结合的定位方法，实现井下车辆的位置监测。

通常采用的检测方式有：无线信号定位、雷达测距传感器定位、磁敏传感器定位、视频图像识别定位等多种方式。井下的运输车辆主要分为无轨胶轮车和有轨电机车，由于工作方式的不同，定位方式也有较大的差别。

1. 无轨胶轮车定位方式

无轨胶轮车在巷道中运行时没有固定的轨道，需要在运输巷道、交岔路口、井底车场、关键区域等不同的行进路段进行定位。由于不同的路段或区域定位精度要求不同，所采用的定位方式、技术路线也不同。因此，无轨胶轮车在井下定位需要采用多种位置检测技术相结合的模式。目前常用的定位方式主要有以下两种。

1）无线信号、磁感应传感器与视频图像识别技术相结合的定位方式

井下无轨胶轮车在不同的区段位置采用不同的定位传感器检测技术，在巷道中主要采取无线信号的定位方式，在交岔路口、拐弯处、停车场等采取磁感应传感器与视频图像识别的定位方式。车辆在井下大巷中行驶，通常速度较快，通过在巷道中布设ZigBee或WiFi或UWB无线定位基站，采用场强定位（RSSI）或飞行时间（TOF）定位或信号到达时间（TOA）定位以及时间差（TDOA）定位等多种模式实现车辆的位置检测。这种定位方式要将车辆定位范围和巷道的具体情况相结合，根据基站无线信号覆盖范围确定定位基站的敷设间距，对于精度要求较高的区域需要有多个定位基站无线信号交叉覆盖。但是，这种定位方式受多径效应和网络延迟等多种干扰因素的影响，定位精度相对较低，无法满足车辆在交岔路口、错车点等关键位置的定位精度要求。由于井下巷道空间狭窄，车辆容易拥堵，因此在交岔路口的信号灯管控就显得更为重要。为了实现车辆的有效管控，需要在每个路口、弯道、错车硐室等关键路段实现车辆的精准定位，通常采用磁敏传感器检测技术，如地磁传感器、地感线圈等检测方式。在车辆的停车线前方埋设传感器，当车辆进入传感器检测范围之内，传感器动作输出开关量信号，检测精度一般小于2 m，还可以根

据传感器的前后布置，判断车辆的行走方向，通过控制器的逻辑判断，控制红绿信号灯的自动变化，指挥车辆的通行。随着矿车数量的不断增加，超速、闯红灯现象时有发生。为了有效识别违章车辆，将基于图像识别的监控技术应用在井下的车辆定位管理中，通过车牌识别技术，对进入监控区域的车辆进行身份识别和定位，实现车辆的位置调度与管理。

2）车载终端里程测量与地标校正相结合的定位方式

主要由智能车载终端采集编码传感器或者霍尔传感器检测的脉冲信号，完成车辆移动速度、行驶方向与累积行走里程的计算，并将计算结果上传给上位机平台软件进行分析显示。由于车辆在行驶过程中会产生累积测量误差，为了消除累积误差，在入井口、出井口、车辆的行走沿线、交岔路口、拐弯处、停车场等关键位置设置地标器，机车每次路过地标定位传感器，智能车载终端读取地标定位传感器信息，对位置坐标进行自动修正校准，再通过无线网络将车辆的位置信息上传到集控中心。这种定位方式采用了高精度编码器测量和地标修正技术，随着定位传感器布设的密度加大，修正的次数也就越频繁，定位的精度也就越高。但这种方式对通信网络的依赖性较高，在所有车辆经过的行走巷道需要实现全部无线网络覆盖，网络传输要稳定可靠，网络传输延时要小，并且有足够的传输带宽，网络通信要满足快速移动目标稳定通信要求。目前矿井宽带无线 LTE-4G 是一种可行的通信网络平台，可以满足车辆快速移动和快速传输要求。

2. 有轨机车的定位方式

有轨机车在轨道上运行，其定位方式和无轨胶轮车有一定的区别，通常采用以下3种：

1）基于无线信号检测与轨道计轴器检测相结合的定位方式

这种方式是在机车上安装一个定位标识卡，在巷道中布设 ZigBee 或 WiFi 或 UWB 无线定位基站，定位基站接收到标识卡信息后发给调度计算机，通过计算机软件判断机车的位置。通常采用信号强度（RSSI）或飞行时间（TOF）或信号到达时间（TOA）或时间差（TDOA）等不同的定位方法实现车辆的位置检测。为了配合机车运行关键位置的精确检测，在相应位置安装轨道计轴器对经过列车的车轮进行检测，从而确定列车的位置与区段占用情况、空闲情况，可实现过车机车车皮数、速度、方向的测量。以上两种方式相结合，是矿井下有轨机车常用的定位检测方法。

2）基于无线覆盖环境下车载终端测速与轨道计轴检测相结合的定位方式

由安装在机车上的车载终端，接收机车行程编码器或者霍尔传感器的检测信号，计算机车运行速度，再以行驶速度、运行方向和运行时间来计算机车运行距离，以计轴器位置检测作为关键点校正，实现有轨机车的精确定位，并通过无线通信系统上传到监控中心。这种方式定位精度高，但需依赖于全巷道的可靠无线通信覆盖和可靠低延时通信技术作为支撑，可应用于井下电机车无人驾驶技术领域。

3）车载终端读取地标卡位置通过无线网络实时发送位置信息的定位方式

这种方式要求整个巷道有稳定可靠的无线网络覆盖，在车上安装 RFID 读卡设备，沿运行轨道间隔布置有源或者无源 RFID 地标定位卡，通过读入的定位卡位置实现车辆定位，并实时将接收到的位置信息通过无线网络发送到系统平台。

五、煤矿人员定位系统

井下人员移动主要有两种方式，一种是人员行走，另一种是人员乘坐车辆移动。人员在步行的情况下，移动速度较慢，目前常用的人员定位技术有 RFID 射频技术、ZigBee 定位技术、WiFi 定位技术以及 UWB 定位技术等，其定位原理和方法本章前面章节已详细描述，在此不再赘述；在乘坐车辆移动的情况下，人员和车辆同时移动，移动速度较快，要将移动车辆和乘客的信息相结合，将车辆的位置作为乘客的位置信息同步变化，因此需要将乘车人员变化的信息实时动态反馈到系统平台。

1. 煤矿人员定位系统组成

煤矿人员定位系统采用分布式管理系统，同时作为一个子系统接入煤矿安全生产综合监控系统中，如图 12-1 所示。

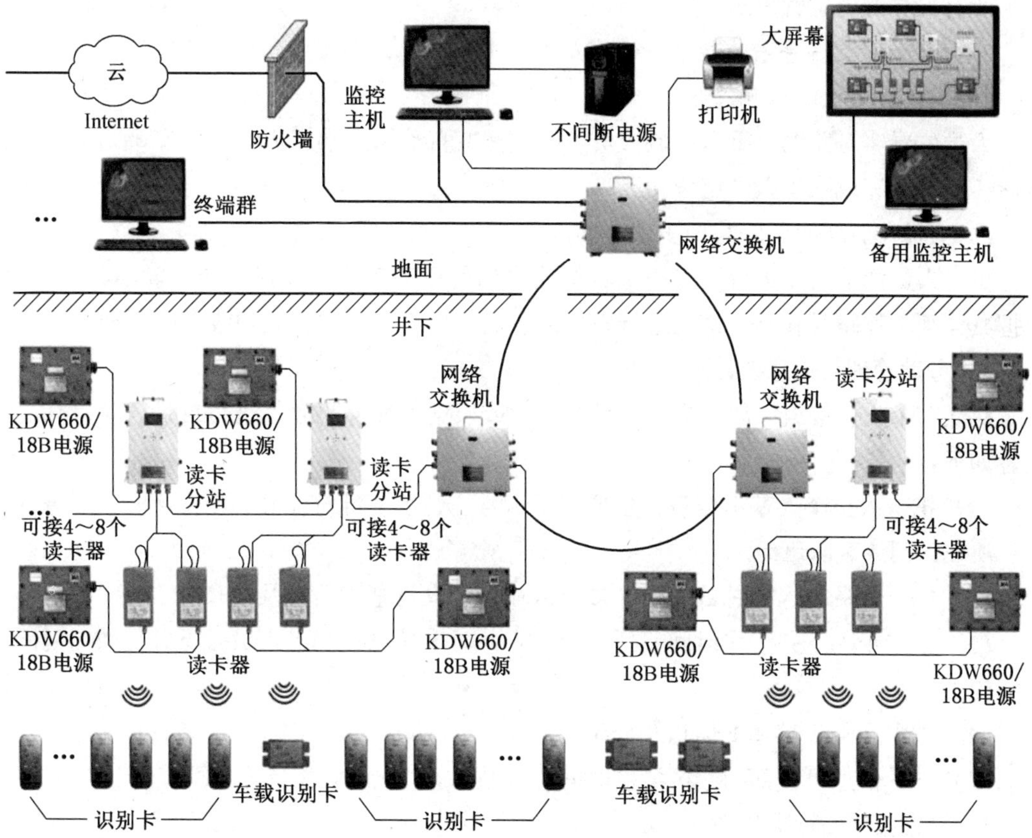

图 12-1　煤矿人员定位系统

煤矿井下人员定位系统一般由定位基站、标识卡、电源箱（可与分站一体化）、传输接口、主机（含显示器）、服务器、系统软件、打印机、大屏幕、UPS 电源、远程终端网络接口、电缆和接线盒等组成。

定位基站中，读卡模块是采集射频标识卡的关键部件，通常采用微处理器控制，读卡模块内部集成了无线接收电路和发生基波信号的功率输出电路。定位基站将接收到的标识卡发来的识别码信息在其内部经读卡模块的解调、带通滤波整形后由输出电路输出序列串行信号。通过转换模块实现与主控机之间的信息交流。地面主机在收到来自分站的人员信息后，通过平台软件，在巷道布置图上实时显示人员动态分布形象。同时，还将下井人员的下井时间、单位、姓名等形成报表，生成劳资部门需要的考勤表等。

定位识别卡按其结构可分类为帽卡、胸卡、腰卡、腕卡和矿灯卡等类型；按供电方式可分为无源卡和有源卡；按信号传输方向可分为单向式、半双工式和全双工式；按工作频率可分为低频卡和高频卡。可按照不同的定位需求和环境条件选择不同的定位识别卡。定位识别卡需符合矿用本安型要求，主要是下井人员佩戴，当井下人员入井后，只要在井下网络覆盖范围内，在任何时刻任意地点，基站都可以感应到信号，并上传到服务器，实现井下所有人员的定位管理。

2. 煤矿人员定位系统主要功能

1）人员位置实时监测

人员位置实时监测，重点区域人员实时监测，自动识别乘车人员，在车辆进入监测区域后，可自动完成乘车人员定位功能。

2）人员位置实时跟踪与历史轨迹回放

可对人员活动路线进行实时跟踪，描绘出当前运动轨迹，或对其历史轨迹进行回放，掌握其详细工作路线和时间，在进行救援或事故分析时可提供有效的线索或证据。

3）考勤管理与信息统计

对煤矿个人、班组、部门进行考勤统计，或根据工种、职务等进行统计，统计信息和内容如下：

（1）携卡人员个人基本信息，主要包括卡号、姓名、身份证号、出生年月、职务或工种、所在部门或区队班组。

（2）携卡人员出入井总数统计，重点区域携卡人员基本信息及分布。

（3）携卡个人下井工作时间、地点及出入井时刻信息；携卡人员月下井次数与时间信息统计。

（4）携卡异常人员基本信息及分布。

（5）统计信息可按部门、区域、时间、分站（读卡器）、人员等分类查询。

4）异常报警与救援指挥

（1）可以限制下井人员出入时间及地点，如果超过授权时间或进入未经授权的地点都会触发报警设备发出警示，以便调度人员迅速做出反应，采取安全措施。

（2）井下人员或设备出现异常情况时，可通过定位卡向系统发出报警求救信号，地面监控界面立即显示出报警提示，能准确定位警报发出人所在地点，并实施救援。当有灾害发生时，可通过系统向所有人员发出紧急指令，指挥井下人员迅速撤离，并可动态掌握撤离情况，进行精准搜救。

5）信息存储与检索

系统软件可自动生成人员信息数据库，实现各类数据快速检索与查询。同时井下人员定位基站也具有数据存储功能，当与地面中心站失去联系后，基站仍能独立工作，自动存储人员监测数据，当通信恢复后监控主机可提取数据自动完成数据修复。

【习题】

1. 简述煤矿移动定位目标的分类和特性。
2. 简述移动目标定位的作用。
3. 简述采煤机、综掘工作面、井下车辆等定位技术。
4. 简述煤矿人员定位系统的组成。

附录 智能化综采工作面设计规范（NB/T 10742—2021）

1 范围

本文件规定了智能化综采工作面设计的基本要求、工作面巷道设计、设备选型、控制系统设计、配套生产系统设计要求等内容。

本文件适用于智能化综采工作面的设计。

2 规范性引用文件

下列文件中的内容通过文中的规范性引用而构成本文件必不可少的条款，其中，注日期的引用文件，仅该日期对应的版本适用于本文件，不注日期的引用文件，其最新版本（包括所有的修改单）适用于本文件。

GB/T 8286 矿用隔爆型移动变电站

GB/T 15663.3 煤矿科技术语 第3部分：地下开采

GB/T 15663.10 煤矿科技术语 第10部分：采掘机械

GB 20815 视频安防监控数字录像设备

GB/T 24506 液压支架型式、参数及型号编制

GB 25974.1 煤矿用液压支架 第1部分：通用技术条件

GB 25974 煤矿用液压支架 第3部分：液压控制系统及阀

GB/T 28518 煤矿用阻燃通信光缆

GB/T 34679 智慧矿山信息系统通用技术规范

GB/T 35056 煤矿巷道锚杆支护技术规范

GB/T 35060.1 滚筒采煤机通用技术条件 第1部分：整机

GB/T 37611 综采综放工作面超前支护系统技术条件

GB/T 37768 中厚煤层综采工作面总体配套技术条件

GB/T 37806 薄煤层综采工作面总体配套技术条件

GB/T 37808 综采综放工作面常规供电系统设计规范

GB/T 37809 大倾角综采工作面总体配套技术条件

GB/T 37815 综采综放工作面智能降尘系统技术条件

GB 50052 供配电系统设计规范
GB 50086 岩土锚杆与喷射混凝土支护工程技术规范
GB 50215 煤炭工业矿井设计规范
GB 50383 煤矿井下消防、洒水设计规范
GB/T 50417 煤矿井下供配电设计规范
GB 50419 煤矿巷道断面和交岔点设计规范
GB 50450 煤矿主要通风机站设计规范
GB/T 50518 矿井通风安全装备配置标准
GB 50533 煤矿井下辅助运输设计规范
GB 50536 煤矿综采采区设计规范
GB 50810 煤炭工业给水排水设计规范
GB 51024 煤矿安全生产智能监控系统设计规范
GB 51179 煤矿井下煤炭运输设计规范
GB/T 51272 煤炭工业智能化矿井设计标准
AQ/T 1019 煤层自然发火标志气体色谱分析及指标优选方法
AQ 1021 煤矿采掘工作面高压喷雾降尘技术规范
AQ 1023 煤矿井下低压供电系统及装备通用安全技术要求
AQ 1026 煤矿瓦斯抽采基本指标
AQ 1027 煤矿瓦斯抽放规范
AQ 1029 煤矿安全监控系统及检测仪器使用管理规范
AQ 1048 煤矿井下作业人员管理系统使用与管理规范
AQ 1049 煤矿建设项目安全审核基本要求
AQ 1056 煤矿通风能力核定标准
AQ 6201 煤矿安全监控系统通用技术要求
AQ 6210 煤矿井下作业人员管理系统通用技术条件
MT/T 83 滚筒采煤机　产品型号编制方法
MT/T 84 滚筒采煤机　型式和基本参数
MT/T 105 刮板输送机通用技术条件
MT/T 106 顺槽用刮板转载机通用技术条件
MT/T 114 煤矿用多级离心泵
MT/T 154.5 液压支架产品型号编制和管理方法
MT 157 煤矿用隔爆水槽和隔爆水袋通用技术条件
MT/T 188.1 煤矿用乳化液泵站　第 1 部分：泵站
MT/T 188.2 煤矿用乳化液泵站　乳化液泵
MT/T 188.3 煤矿用乳化液泵站　卸载阀技术条件

MT/T 188.4 煤矿用乳化液泵站　过滤器技术条件
MT/T 188.5 煤矿用乳化液泵站　安全阀技术条件
MT 209 煤矿通信检测控制用电工电子产品　通用技术要求
MT 287 煤矿信号设备通用技术条件
MT 312 液压支架通用技术要求
MT/T 323 中双链刮板输送机用刮板
MT 550 大采高液压支架技术条件
MT/T 552 端头液压支架技术条件
MT/T 556 液压支架设计规范
MT/T 661 煤矿井下用电器设备通用技术条件
MT/T 899 煤矿用信息传输装置
MT/T 1112 煤矿图像监视系统通用技术条件
MT/T 1115 多基站矿井移动通信系统通用技术条件
MT/T 1127 煤矿工作面生产监控系统通用技术条件

3　术语和定义

GB 50215、GB/T 15663.3、GB/T 15663.10、GB/T 51272、AQ 1049 界定的以及下列术语和定义适用于本文件。

3.1　智能化综采 smart fully mechanized mining

应用新一代技术通信、物联网、云计算、大数据、人工智能等先进技术，采用具有自主感知、自主决策和自主控制执行能力的采煤机、液压支架、刮板输送机、转载机、破碎机、带式输送机等智能化开采、运输装备，以综合智能控制系统为核心，以可视化远程监控为手段，实现工作面采煤、支护、运煤等作业过程智能化（工况自造应和工序协同控制）或一键启停操作模式（包括无人跟机作业、有人安全巡视）的安全高效综合机械化采煤方法。

3.2　综合智能化控制系统 integrated smart control system

以综采工作面智能设备自主感知数据信息为基础，依托通信网络、大数据、物联网、人工智能等先进技术支持，形成对综采工作面采煤机控制系统、液压支架电液控制系统、刮板输送机控制系统等单机控制系统的集成、实现采煤工作面各系统间数据交互、远程监测、协同控制和协调运行的综合智能化控制平台。

3.3　记忆截割 memory-cut

采煤机按照学习和记忆的示范刀运行参数进行自动导航、自动截割煤壁、自动清浮煤、自动斜切进刀等。

3.4　自动跟机 automatic follow-up

综合智能化控制系统通过传感装置感知采煤机位置与方向、液压支架跟随采煤机智能移架、智能推移刮板输送机、智能喷雾等动作，实现采煤机与液压支架的协同控制。

3.5　机架协同 rack coordination

依托综合智能化控制系统、采煤机控制系统、液压支架电液控制系统，通过数据交互，控制采煤机、液压支架协同动作。

3.6　智能化集控 smart centralized control center

地面指挥控制中心和工作面智能化集控中心的统称。

3.7　地面指挥控制中心 ground command and control center

在地面调度室的综采工作面智能化集控中心，能够与工作面智能化集控中心的信息联络和数据共享，实现对远端智能化综采设备的运行数据监测、视频监视和远程操控。

3.8　工作面智能化集控中心 smart centralized control center for working face

设立在智能化综采工作面巷道设备列车上的集中控制室，能够实现对远端智能化综采设备的运行数据监测、视频监视和远程操控，实现与地面指挥控制中心的信息联络和数据共享。

4　智能化综采工作面设计

4.1　基本要求

4.1.1　智能化综采工作面应选择适宜的煤层地质条件和生产条件。工作面地质生产条件除应满足 GB 50215、GB 50336 等有关煤矿设计的国家标准要求之外，还应满足：在煤层地质构造简单、煤层厚度、近水平煤层、煤层倾角小于 8°、顶底板中等稳定以上的条件下，宜采用智能化综采。

4.1.2　专项设计和作业规程编制除应符合 GB/T 34679、GB/T 51024、GB/T 51272 等煤矿智能化有关国家标准要求之外，还应满足以下要求：

a）智能化综采工作面应有专项设计，并编制专项作业规程。

b）智能化工作面专项设计主要包括巷道设计、设备选型配套设计、控制系统设计和配套生产系统设计。

c）智能化工作面专项作业规程主要包括生产系统及装备布置、智能化生产作业工艺流程、工序要求和安全保障措施等内容。

4.1.3　智能化综采工作面设备选型配套和生产系统设计除应符合 GB/T 34679、GB/T 37611、GB/T 37768、GB/T 37806、GB/T 37808、GB/T 37809、GB/T 37815 等标准要求之外，还应满足：智能化综采工作面应具备自主感知、自主控制和自主执行功能；具备远程监测、视频智能化控制、协同控制、故障诊断、预警预报等能力。

4.2　工作面巷道设计

设计除应满足《煤矿安全规程》、GB 50086、GB 50536、GB 50419、GB/T 51272、GB/T 35056 之外，还应满足如下要求：

a）巷道净断面设计尺寸满足井下设备列车所有设备安设、移动的要求，匹配工作面智能化集控中心所在位置的行人通道尺寸、安全间隙和检修空间。

b）配置远程供液站的智能化综采工作面，应在进风巷合理位置设计专用硐室。

4.3 设备选型

4.3.1 智能化综采工作面采煤机选型除应满足 GB/T 35060.1、MT/T 83、MT/T 84 性能要求之外，还应满足以下要求：

a）配备具有采煤机开机、停机、启停记忆截割功能的智能控制系统，控制延时应不超过 300 ms，信号状态反馈时间不大于 500 ms。

b）采煤机通信接口宜配置 RJ45 类型接口，相关割煤参数数据开放式传输；宜具有通信、惯性导航、智能调高、防碰撞检测等智能感知和电缆拖拽功能。

c）应配备姿态检测、滚筒高度测量、机载无线遥控、采煤机位置定位、远程控制、协同控制等装置，实现智能控制。

d）通信接口宜配置 RJ45 类型接口，相关割煤参数数据开放式传输，采煤机电缆内布置应不少于 4 芯专用传输光纤。

e）应具备牵引电机电流、截割电机电流、行走参数、牵引电机油温及轴承温度等运行工况数据传输及故障诊断功能。

4.3.2 智能化综采工作面液压支架选型除应满足 GB 25974.1、GB/T 24506、MT/T 154.5、MT 312、MT 550、MT/T 552、MT/T 556 之外，还应满足以下要求：

a）应配备电液控制系统，实现跟随采煤机智能移架、推溜，具有远程控制、智能补液、智能喷雾降尘、工况数据在线监测与实时上传等功能。

b）远程控制延时应不超过 300 ms，信号状态反馈时间不大于 500 ms。

c）配套的电液控制系统宜使用网络型综合接入器，开放式传输相关数据。

d）单台液压支架移架循环时间应不大于 10 s，成组移架循环时间应不大于 15 s。

e）配置护帮板的液压支架，应具有压力、行程、护帮板与采煤机滚筒防干涉的检测装置。

f）配置压力、位移、倾角等传感器实现顶板状态实时感知、煤壁片帮预测、伸缩梁（护帮板）防碰撞等智能感知与控制功能。

g）液压支架应实现远程控制、遥控器控制。

4.3.3 智能化综采工作面超前液压支架选型除应满足 GB 25974.1、GB/T 24506、MT 312、MT/T 556 之外，还应满足以下要求：

a）智能化综采工作面应配套自移式超前液压支架，并配备电液控制系统，具有架间通信功能，具备就地控制、遥控和远程控制功能。

b）配套的电液控制系统宜使用网络型综合接入器，并开放式传输相关数据。

4.3.4 智能化综采工作面泵站及供液系统选型除应满足 MT/T 188.1、MT/T 188.2、MT/T 188.3、MT/T 188.4、MT/T 188.5 之外，还应满足以下要求：

a）宜配备自动水处理、自动配比、自动供液、自动反冲洗、高压过滤站、流量自动调节、浓度在线监测、液位自动控制等装置。

b）配置的通信接口宜采用 RJ45 类型接口，并开放式传输数据。

c）应配备自动控制系统，具备上控、单控、联控模式，具有运行参数监测、智能联动、协同联动等功能，远程控制响应时间小于 300 ms。

4.3.5　智能化综采工作面刮板输送机、破碎机、转载机、带式输送机选型除满足 GB 51179、MT/T 105、MT/T 106、MT 323 之外，还应满足以下要求：

a）配置的通信接口宜采用 RJ45 类型接口，并开放式传输数据。

b）应配置智能控制系统，具有远程控制、运行参数监测功能，控制响应时间小于 300 ms。

c）远程集中控制，响应时间不大于 300 ms，状态反馈时间不大于 500 ms。

d）带式输送机应配置自移式机尾，具有煤流量监测、异物识别、自动变频调速功能。宜配置智能摄像仪和自动巡检机器人，实现运行状态实时检测和自动预警。

e）刮板输送机宜配置防止采煤机电缆脱槽的装置，应具有软启动控制、自动控制、远程控制、运行状态监测、链条自动张紧、电缆拖拽等功能。

f）刮板输送机煤流负荷均衡智能控制、具备断链监测及故障诊断功能。

g）智能化综采工作面刮板输送机循环移溜时间应不大于 10 s，成组移溜循环时间应不大于 20 s。

4.3.6　智能化综采工作面视频监控设备选型除应满足 GB 20815、AQ 6201、MT/T 1112、MT/T 1127 之外，还应满足以下要求：

a）配置的通信接口宜采用 RJ45 类型接口，并开放式传输数据。

b）应根据综采工作面煤层厚度合理选取视频摄像仪，宜具有视频增强、跟随采煤机自动切换画面、自动清洗、低照度、宽动态、强光抑制、水雾穿透等功能。

c）配备视频监控系统，控制响应时间小于 300 ms 或 500 ms。

d）摄像仪应具备视频数据高速上传功能。

e）摄像仪内应配备红外夜视及辅助照明补光灯。

f）摄像仪应配置防尘装置。

g）摄像仪宜具有特征信息识别、自动特征提取、人员识别眼踪和预警功能。

4.3.7　智能化综采网络通信设备选型除应满足 GB/T 28518、MT 209、MT 287、MT 899、MT/T 1115 之外，还有以下要求：

a）地面与工作面智能化集控中心应设置专用网络传输通道，能满足工作面所有监控数据实时上传要求。

b）网络通信设备选型应满足工作面千兆网以上建设要求。

c）应选用网络型交换机进行通信。

d）工作面智能化集控中心至工作面刮板输送机机头，监控中心至工作面刮板输送机机尾之间通过矿用光缆连接，形成工业以太环网，确保网络传输的可靠性。

e）使用4G/5G、UWB等无线网络通信技术实现数据通信、视频监控、精准定位、数据传输及远程控制功能，与有线传输互为补充。

f）应具备网络设备通信状态显示及故障诊断。

g）增加网络安全设备，防止病毒、黑客攻入造成危害。

4.3.8　智能化综采工作面语音通信设备选型除应满足GB 34679、MT 209之外，还应配备网络型语音通信设备，实现井上下语音通信。

4.3.9　智能化集控中心设备选型除满足GB 51024之外还应满足以下要求：

a）工作面智能化集控中心应配置综合自动化、采煤机监控、液压支架电液控监控、集成供液与超前支架监控、煤壁视频监控、液压支架视频监控等主机。

b）工作面智能化集控中心应配置自动化控制操作台、液压支架操作台。

c）工作面智能化集控中心应配置集成运输设备远程集中控制和语音通信的控制箱。

d）工作面智能化集控中心应配置采煤机远程集中控制箱。

e）地面指挥控制中心应配置数据存储中心。

f）选用网络型交换机进行通信。

4.3.10　智能化综采工作面其他设备选型除应满足GB 8286、MT/T 661之外，还应满足以下要求：

a）组合开关、变频器、移动变电站配置的通信接口宜采用RJ45类型接口，并开放式传输数据，实现数据监测、上传及远程控制功能。

b）设备列车上应安装高亮度防爆LED专用照明灯，间距不超过15 m。

c）智能化综采工作面内应安设专用高亮度防爆LED泛光灯，安设位置在液压支架上，间距不超3台液压支架，要求布置合理，确保照明效果。

d）机载摄像仪处应安装专用高亮度防爆LED泛光灯。

e）宜选用自移式设备列车，实现自动化控制。

4.4　控制系统设计

4.4.1　智能化综采工作面综合智能化控制系统应满足以下要求：

a）实现对采煤机控制系统、液压支架电液控制系统、集成供液系统、运输控制系统、网络通信控制系统、语音通信系统等的集成，应具有在工作面智能集控中心对综采工作面所有设备的监控功能，监控功能包括：设备控制模式、运行状态、通信状态及主要运行参数。

b）工作面自动化控制系统检修或出现故障时，各子系统应互不影响，且能单独开机。

c）应具有实时通信检测功能，设置检测及校验，当通信失败或是校验出错的情况下，单机设备保护锁定，不能启动及操作（就地模式除外）。

d）应具有一键启停功能，实现对综采工作面泵站、带式输送机、破碎机、转载机、刮板输送机、采煤机、液压支架的一键顺序启停。

e）一键启动前，应具有对采煤机、刮板输送机、转载机、带式输送机的语音或视频安全确认功能。

f）宜通过电液控制系统实现转载机、带式输送机自移机尾和工作面端头支架的自移联动控制功能。

g）应具备就地操作、遥控控制、远程自动控制模式，并实现几种模式互锁；在就地模式下，不应遥控控制；在遥控模式下，不应远程自动控制；但遥控、远程自动控制模式下均允许就地控制。

h）应具有设备启动语音预警功能，应具有设备启动语音预警功能，设备送电及启动前均发出预警信号，液压支架动作前应有声光报警。

i）应具有设备运行参数的临界值报警和保护功能，并及时提示系统操作员。

j）应具有采煤机位置限制功能，在液压支架自动跟机时限制采煤机位置跳变，当位置跳变大于设定值时液压支架能立即停止自动跟机功能，同时可在两端头设置位置临界，限制采煤机行走范围。

k）应具有密码权限控制功能，未经授权的用户无法进行远程控制。

l）应具有疲劳提醒功能，当操作台处于无人值守时，系统自动报警，到达设定时间后，将自动停机保护。

m）应具有可靠的闭锁保护功能，防止人为误操作。

n）应具有可靠的急停保护功能，当工作面出现异常时，按“急停”按钮，工作面所有设备立即停车。

o）应具备故障自诊断功能，并实时显示故障信息、各项保护运行状态。

p）应具有历史故障查询、故障记录与存储功能。

q）应具备故障报警功能。

r）应具有远程急停、闭锁控制功能。

s）应具有所有设备的运行状态、操作命令等系统数据的存储功能，方便按时间和类型快速查询。

4.4.2　智能化综采工作面采煤机控制系统应满足以下要求：

a）在远程遥控模式下，应具有通信安全检测功能，在通信失效时，自动进入安全停机状态。

b）应具有采煤机运行工况数据监测和显示功能，监测及显示内容包括：启停状态、通电状态、通信状态，各电机的电压、电流、功率，左右截割和牵引电机温度，牵引方向、速度，变频器冷却水流量、压力，油箱温度，左右滚筒采高或卧底量，采煤机在工作面位置，各种故障显示及存储等，并能分各部件显示。

c）应具有采煤机远程控制功能，主要包括：采煤机滚筒升、降、左牵、右牵、加速、减速、急停等功能。

d）应具有全工作面自动记忆截割功能。

e）应具备三角煤区域机架协同控制功能。

f）应具备故障自诊断功能，并实时显示故障信息、各项保护运行状态。

g）应具备故障报警及设备启动语音预警功能。

h）应具备采煤机与液压支架之间的联动互锁及位置显示功能。

i）应具有远程急停、闭锁控制功能。

j）应依据刮板输送机负荷、甲烷浓度等环境信息，自动控制采煤机割煤速度。

4.4.3　智能化综采工作面液压支架电液控制系统设计除应满足 GB 25974.3 之外，还应满足以下要求：

a）具备数据实时监测、上传、显示功能，显示内容主要包括：通信状态、控制模式、架号、压力、倾角、行程、电磁阀动作状态等。

b）具有液压支架远程快捷控制功能，主要包括：推溜（单架或成组）、降架、移架、升架，液压支架跟机自动化控制启停。

c）支架远程控制延时不大于 300 ms。

d）具有全工作面自动跟机功能，可以远程开启或关闭跟机自动化功能，具备跟机运行参数配置功能。

e）具备三角煤区域机架协同控制功能。

f）具有压力监测，自动补压功能。

g）具备故障自诊断功能，并实时显示故障信息。

h）能够依据刮板输送机的负荷大小，自动调整推溜范围、次数。

i）具有防止采煤机滚筒与护帮板相互干扰功能。

j）具备动作预警功能。

k）具有远程急停、闭锁控制功能。

4.4.4　智能化综采工作面超前液压支架电液控制系统设计除满足 GB 25974.3 之外，还应满足以下要求：

a）实现数据实时监测、上传、显示功能，显示内容包括超前液压支架通信状态、架号、立柱压力、电磁阀动作状态等参数。

b）具备就地、遥控、远程控制功能，实现单架控制、成组控制和自动化控制。

c）具备故障自诊断功能，并实时显示故障信息。

d）具备动作预警功能。

e）具有远程急停、闭锁控制功能。

4.4.5　智能化综采工作面集成供液系统有如下要求：

a）应具有数据实时监测、上传、显示功能，显示内容包括控制模式，泵站电机温度、电压、电流等运行参数，进出口压力、流量，水箱水位，油箱泊位，混合箱液位、乳化液浓度，电动阀的开关状态等。

b）应具有远程控制功能，实现单台泵启停控制、多台泵组合一键启停控制功能。

c）应具有自动跟随泵站出口压力变化多台泵站的联动智能控制功能。

d）应具有泵站启动语音预警功能。

e）应具备故障自诊断功能，并实时显示故障信息。

f）应具有远程急停、闭锁控制功能。

g）配备远程配液站的，应具有远程供液、配液控制功能。

h）宜具有水质监测预警及处理功能。

4.4.6 智能化综采工作面运输设备配套控制系统有如下要求：

a）应具有刮板输送机、转载机、破碎机和带式输送机运行工况数据监测、上传、显示功能，工况数据主要包括：通信状态、运行模式、启停状态、速度、油温、油位，冷却水流量、压力，电机电压、电流、温度等。

b）应具备远程控制功能，实现单台运输设备启停控制、多台运输设备组合一键启停控制功能。

c）应具有设备启动语音预警功能。

d）应具备故障自诊断功能，并实时显示故障信息。

e）应具有远程急停、闭锁控制功能。

f）刮板输送机、带式输送机宜具有根据煤流负荷自动调速功能。

4.4.7 智能化综采工作面视频监控系统应满足以下要求：

a）监控视频支持多路视频画面同步显示，应能够根据需求进行设置。

b）应实时监测、显示摄像仪通信状态。

c）采煤机、液压支架跟机视频画面应能够跟随采煤机运行位置自动切换。

d）煤壁视频应始终显示采煤机滚筒及周边煤壁监视画面，支架视频应始终显示液压支架自动跟机移架、推移刮板输送机监视画面。

e）应具备远程控制功能，实现监视画面选取等功能，配置云台摄像仪的，还应具备监视角度调整、焦距调整等功能。

f）在远程干预时，应能够及时切换至干预区域监视画面。

g）关键位置增加视频 AI 识别报警，并自动提醒，必要时可以和一些闭锁控制联动。

h）所有的视频都支持全量存储，并支持通过选择时间灵活地完成历史回放。

4.4.8 智能化综采工作面网络通信系统应满足以下要求：

a）综采设备（液压支架、采煤机、刮板输送机、转载机、破碎机、泵站、供电设备等）应具有数据的集成、上传功能。

b）应具有智能化综采工作面设备与监控中心各主控计算机的通信状态监测、显示功能。

c）应具有系统通信状态诊断功能，当子系统通信中断时，系统自动报警，并退出联动控制模式，转换到分机控制模式，同时显示通信故障点位置。

d）应具备将综合智能化控制系统远程控制指令实时传输功能。

e）智能化综采设备与综合智能化控制系统之间数据传输宜采用 TCP/IP ModbusTCP/

IP、EIP 通信协议。

4.4.9 智能化综采工作面语音通信系统应满足以下要求：

a）应具有井上下对讲、综采设备启动语音预警双向传输等功能。

b）应具有工作面语音系统监测和状态显示，主要包括语音闭锁状态显示、急停状态显示和闭锁液压支架架号显示。

4.4.10 应具有工作面组合开关和刮板输送机变频控制器运行工况数据监测和显示，主要包括：运行状态、电流、电压、功率、漏电、缺相、过载、各种故障状态、数字信号的反馈等。

4.5 配套生产系统设计要求

4.5.1 工作面开采系统应遵守本文件 4.3.1、4.3.2、4.3.5、4.4.1、4.4.2 4.4.3 等要求。

4.5.2 工作面支护系统应遵守本文件 4.3.2、4.3.3、4.3.4、4.4.1、4.4.3、4.4.5 等要求。

4.5.3 矿井供电系统除应满 GB 50052、GB/T 50417、AQ1023、MT/T 114 相关规定之外，还应满足以下要求：

a）矿井供电系统配备远程监控系统，具备数据实时监测、故障自诊断、远程操作等功能。

b）宜采用地面集中自动化控制，具备值守功能。

4.5.4 矿井运输系统除应满足 GB 50533、GB 51179 相关规定之外，还应满足以下要求：

a）矿井主运输系统配备远程监控系统，具备煤炭计量、数据实时监测、故障自诊断、远程操作等功能；宜采用地面集中自动化控制，具备值守功能。

b）工作面运输系统遵守本文件 4.3.5、4.4.6 等要求。

4.5.5 矿井通风及灾害防治除应满足 GB 50383、GB 50450、GB/T 50518、AQ 1021、AQ 1026、AQ 1027、AQ 1056、AQ/T 1019、MT 157 之外，还应满足以下要求：

a）主要通风机配备远程监控系统，具备数据实时监测、故障自诊断、远程操作等功能；宜采用地面集中自动化控制。

b）局部通风机配备远程监控系统，具备数据实时监测、故障自诊断、远程操作及自动切换等功能；宜采用地面集中自动化控制。

c）瓦斯抽采系统配备远程监控系统，具备数据实时监测、故障自诊断、远程操作等功能；宜采用地面集中自动化控制。

d）粉尘监控系统应具备粉尘监测与净化水幕联动控制功能。

e）防灭火监测系统应具备采空区实时测温、气体动态监测功能。

f）冲击监测系统应具备实时监测、综合预警功能。

4.5.6 矿井供排水系统除应满足 GB 50810、GB/T 50451 相关规定之外，还应满足以下要求：

a）矿井排水系统配备远程监控系统，具备数据实时监测、故障自诊断、远程操作等功能；

b）宜采用地面集中自动化控制，具备值守功能。

4.5.7　矿井电话调度、安全监测监控等系统应满足 GB 50215、GB 51024、AQ 1029、AQ 1048、AQ 6210 相关要求。

参 考 文 献

[1] 赵文才，付国军. 煤矿智能化技术 [M]. 北京：煤炭工业出版社，2020.
[2] 霍丙杰. 煤矿智能化开采技术 [M]. 北京：应急管理出版社，2020.
[3] 程健，刘坤. 煤矿自动化工程 [M]. 徐州：中国矿业大学出版社，2018.
[4] 葛世荣，黄盛初. 卓越采矿工程师教程 [M]. 北京：煤炭工业出版社，2017.
[5] 杨玉中，吴立方，何俊，等. 煤矿瓦斯重大灾害预警理论及应用 [M]. 北京：北京师范大学出版社，2010.
[6] 范京道. 智能化无人综采技术 [M]. 北京：煤炭工业出版社，2017.
[7] 程居山. 矿山机械 [M]. 徐州：中国矿业大学出版社，1997.
[8] 顾永辉，范延瓒. 煤矿电工手册：第二分册　矿井供电（上） [M]. 3 版. 北京：煤炭工业出版社，2015.
[9] 武强，董书宁，张志龙. 矿井水害防治 [M]. 徐州：中国矿业大学出版社，2007.